ちくま文庫

理不尽な進化 増補新版

遺伝子と運のあいだ

吉川浩満

筑摩書房

理不尽な進化　増補新版——遺伝子と運のあいだ　目次

まえがき　7

序　章　進化論の時代　11

進化論的世界像——進化論という万能酸　12

みんな何処へ行った？——種は冷たい土の中に　16

絶滅の相の下に——敗者の生命史　25

用語について——若干の注意点　28

第一章　絶滅のシナリオ　31

絶滅率九九・九パーセント　32

遺伝子か運か　36

絶滅の類型学　43

理不尽な絶滅の重要性　73

第二章　適者生存とはなにか　91
誤解を理解する　92
模範解答と哲学的困惑　94
お守りとしての進化論　104
ダーウィン革命とはなんだったか　145
第三章　ダーウィニズムはなぜそう呼ばれるか　173
素人の誤解から専門家の紛糾へ　174
グールドの適応主義批判——なぜなぜ物語はいらない　182
ドーキンスの反論——なぜなぜ物語こそ必要だ　196
デネットの追い討ち——むしろそれ以外になにが？　206
論争の判定　241
終　章　理不尽にたいする態度　259
グールドの地獄めぐり　260
歴史の独立宣言　266
説明と理解　288

理不尽にたいする態度 330
私たちの「人間」をどうするか 392

文庫版付録 パンとゲシュタポ 415
「ウィトゲンシュタインの壁」再説 416
理不尽さ、アート&サイエンス、識別不能ゾーン 421
反響その一——絶滅本ブーム、理不尽な進化本ブーム 425
反響その二——玄人筋からの批判 426
私たちは恥知らずにならなければならないのか 430

あとがき 436
文庫版あとがき 442
解説 養老孟司 446
参考文献 xii
人名索引 viii
事項索引 i

マルティナに

まえがき

この本は「理不尽な進化」と題されている。ちょっと変なタイトルかもしれない。進化が理不尽であるとは、どういう意味だろうか。

私たちはふつう、生物の進化を生き残りの観点から見ている。進化論は、競争を勝ち抜いて生存と繁殖に成功する者、すなわち適者の条件を問う。そうすることで、生き物たちがどのように姿形や行動を変化させてきたかを説明する。そこで描かれる生物の歴史は、紆余曲折はあれどサクセスストーリーの歴史だ。

しかし本書は、それとは逆に、絶滅という観点から生物の歴史をとらえかえしてみようと提案する。敗者の側から見た失敗の歴史、日の当たらない裏街道の歴史を覗いてみるのである。

どうしてそんなことをするのか。生物の世界では、生き残りという表街道よりも、絶滅という裏街道のほうが、じつはずっと広いからだ。生物の歴史が教えるのは、これまで地球上に出現した生物種のうち、じつに九九・九パーセントが絶滅してきたという事実である。私たちを含む〇・一パーセントの生き残りでさえ、まだ絶滅していないというだけで、いずれは絶滅することになるだろう。

生存を白字で、絶滅を黒字で年表をつくったら、生物の歴史はまったくの黒歴史になってしまうはずだ。四〇億年ともいわれる生命の歴史は、ひと握りの生き残り事例の歴史であるとともに、それを圧倒的に上回るスケールで演じられた絶滅事件の歴史なのである。そうであるならば、むしろ絶滅という観点こそ、生物の歴史を真正面から受け止めるために必要だと思えてこないだろうか。

そうするとどうなるか。生き残りのサクセスストーリーとはまったく異なった眺望が開けてくる。それは、生物の歴史、そしてその進化の道筋というものは、ずいぶんと理不尽さに満ちているという眺望である。

大いなる自然は、生き物たちに恵みをもたらすだけではない。それは生き物たちを特段の理由なく差別したり、えこひいきしたり、はたまたロシアンルーレットを強制したりと、気まぐれな専制君主のようにふるまう。いま私たちが目にすることができる生物の多様性も、こうした理不尽な歴史の産物なのである。

以上が、「理不尽な進化」というタイトルに込められた意味だ。では、絶滅という観点から見えてくる生物進化の理不尽さは、私たちになにを教えてくれるだろうか。それがこの本のテーマである。

全体の構成は次のとおりである。第一章では、絶滅という観点から生物の歴史の理不尽さを味わう。第二章では、第一章で得られた眺望のもとで、私たち非専門家が漠然と描いている通俗的な進化論のイメージの内実と問題点を指摘する。第三章では、専門家の世界へと目を転じ、本物の進化論がもつ意義と有効性をスター研究者たちの大論争を通じて明らかにする。そして終章では、第二章で描いた素人の混乱と第三章で描いた専門家の紛糾の両者が、ともに私たちの自己認識と歴史認識をめぐる同じ難問に由来することを論じる。

本書の主目的は、進化論を解説したり評価したりすることよりも、進化論と私たちの関係について考察することにある。いいかえれば、進化論を通じて私たち自身をよりよく理解しようとする試みである。その意味で本書は、進化論という科学理論についての考察であると同時に、社会現象としての進化論にかんするジャーナリスティックな報告でもある。また、歴史と自己にたいする私たちの認識のありかたを問うという点では、一種の人文書でもあるかもしれない。

だからこの本は進化論にかんする専門書や学術書ではないし、進化論ファンのために未知の進化的事実や新たな進化学説を教えるものでもない。広く一般の読書人に向けたエッセイ（試論）である。とはいえ、詳しい人や専門家にも読んでもらいたいとは思う。これは専門家と非専門家との接点を提示する本でもあるから。

なお、本書には専門書のような註はつけないことにした。その代わり、本文の内容とかかわりがあり、かつ本書を閉じたあとに読んでほしい、あるいは本書を放り出してでも読んでほしいと思える諸作品を、註のかたちで紹介している。註だけを読んでいけば簡単なブックガイドになるという寸法だ。詳しい書誌情報は巻末の文献表に掲載してある。

本書の関心が、いったいどれだけ共有されうるものなのか、正直なところ私にはまったく見当がつかない。ただ著者としては、読者のみなさんに本書の関心が共有され、ともに考えてもらえるきっかけになるなら、これ以上のよろこびはない。

敬愛する小説家の大西巨人は、二〇世紀文学の記念碑的超大作『神聖喜劇』について、次のように言っている。もし自著（『神聖喜劇』）が有志具眼の読者三百人に出会うことができたなら、それは望外のよろこびである。同じように、もしそれが三千部も売れたならば、「以て瞑すべし」であろう。しかし、著書をあえて公に刊行した以上、それが三億部か三十億部か売れることも願望せざるをえない、と。

私も同じ気持ちである。

序　章　進化論の時代

「状況に適応するしかない。〝ダーウィンの法則〟だ。分かったな?」
——ヴィンセント
（映画『コラテラル』マイケル・マン監督）

進化論的世界像――進化論という万能酸

私たちは進化論が大好きである。

この世界にはたくさんの種類の生き物がいる。現代の科学においては、生き物たちはひとつまたは少数の共通の原始的な祖先から、世代交代とともに姿形を変え、枝分かれをしながら現在にいたったと考えられている。これは現代人にとっては常識だが、大昔から常識だったわけではない。ダーウィンの進化論によって初めてわかったことだ。そのようにして進化論は、さまざまな生物の由来と変化のメカニズムを明らかにしてくれる。

進化論は、まずなによりも生物の世界を説明する科学理論である。だが、私たちはそうした枠をはるかに飛び越えて、あらゆる物事を進化論の言葉で語る。実際、身のまわりは進化論の言葉であふれている。「進化」という言葉を見たり聞いたりしない日はないし、「適応」「遺伝子」「DNA」といった言葉もおなじみのものだ。

言葉があふれているだけではない。とくに熱心に勉強したわけではなくとも、私たちは進化論の考え方をなんとなく理解しているように感じている。たとえば、「ダメなものは淘汰されるのさ」とか、あるいは「刻々と変化するビジネス環境に適応できるか」とか、「激動に揺れる東アジアにおける日本の生存戦略とは」とか、「企業のDNA」や「進化する天才」といった言い方を、私たちはたちどころに理解できる。本の業界では「ネット時代における出版社の適応戦略はなにか」といった話題が出たりする。

というわけで、いまやあらゆるものが進化する。携帯電話はスマートフォンに進化し、寄り合いはSNSに進化し、アルコール飲料の進化はついに「第三のビール」を生み出すにいたった。ビジネスも、製品やサーヴィスも、国家や社会制度も、男子も女子も、猫も杓子も進化する。同時にあらゆるものが、適応に失敗し、子孫を残すことができず、「退化」したり絶滅したりする危険にさらされてもいる。

お金をめぐる経済的なトピックだろうと、地位をめぐる政治的なトピックだろうと、恋愛のような個人的なトピックだろうと、進化論ならば「存続か死滅か」という明快かつ厳格、そして究極的な評価軸によって、まとめて引き受けてくれる。その意味で進化論は、生物の世界を説明するための科学理論というだけでなく、この世界そのものを理解するための基本的な物の見方、思考の枠組み、世界像、世界観と呼べるようなものになっているといえるだろう。

実際、進化論の言葉でもってなにかを語ると、なんとなく説得力が増すように感じるのではないだろうか。「勝ち組／負け組」「ガラパゴス化」「強者／弱者」「リア充」「婚活」「非モテ」といった流行語も、環境への適応に成功して生き延びる者／失敗して死に絶える者、という進化論的な文脈のもとに置けば、ずいぶんとわかりやすくなるはずだ。

このような進化論にかんする私たちの日常的なイメージが正しいものであるかどうかは、いまは問わない。そもそも進化論とは何ぞやという話についても、とりあえずは深く考えないでおこう。実際には、メディアや日常会話で交わされる進化論風の語りが正しいものなのかどうか、進化論を社会や個人のありかたに適用する際のやり方が妥当なものなのかどうかは、はなはだ怪しい。

それでもたしかにいえることは、世間に流布している進化論のイメージにいかなる不備があろうとも、進化論的な物の見方やその言葉が喚起するイメージが、物事を「死滅か存続か」という究極的な尺度で測るリアルなものとして私たちに受容されているということだ。日本人は進化論風の話が好きなようで、明治期に輸入されて以来ずっと、この世界の「実相」や「真相」、つまり「きれいごと」ではない本当のありかたを言い当てるものとして重宝されてきた。

究極的なだけではない。それは包括的でもある。つまり進化論はなんにでも適用でき、すべてを含みこむことができる。もっともスケールが大きいように思える物理学的宇宙論さえ、進化論の包括性にはかなわない。進化論にかかれば、宇宙も宇宙論も「進化」

する事物の一員という、数あるレパートリーのひとつにすぎなくなる。これ以上に包括的な視点があるだろうか。私たちにとって進化論は、万物が生々流転する世界において、その栄枯盛衰のメカニズムを包括的に説明してくれる物の見方の筆頭候補、というかほとんど唯一の候補者である。

この究極性と包括性という点において、進化論は史上最強の科学思想だ。だからこそ私たちは進化論のアイデアに魅力を感じ、その言葉で語りつづけるのである。

アメリカの哲学者ダニエル・C・デネットは、進化論を「万能酸《ばんのうさん》」と呼んだ。万能酸とは、どんなものでも浸食してしまうという空想上の液体のことだ（Dennett 1995=2000: 88-9）。この思想をいったん受け取ったら、もう後戻りはできない。進化論という万能酸は、私たちの物の見方をそのすみずみにわたって浸食し尽くすまで、その作用を止めることがない。それは従来の理論や概念を浸食し尽くした後に、ひとつの革新的な世界像――進化論的世界像――を残していくのである。

みんな何処へ行った？——種は冷たい土の中に

もちろん私も進化論が大好きである。

ずいぶん長いあいだ進化論にかんする書物を読んできた。生き物たちの摩訶不思議な姿形や生態をめぐる謎が、進化論という強力な科学理論によって、まるで名探偵の推理にかかったかのように鮮やかに解き明かされていく。そのさまを目の当たりにできることは、なにものにも代えがたい喜びだ。リチャード・ドーキンスの『利己的な遺伝子』や『延長された表現型』といった著作に触れて、知的な興奮を覚えないなんて不可能ではないかとさえ思う[1]。

どうして働きバチは自らの子孫を残すことなく、ひたすら女王バチに奉仕するのだろうか。これでは働きバチは報われないのではないか。いや、それが報われるのである。正確にいえば、働きバチの個体は報われないかもしれないが、働きバチの遺伝子が報われる。働きバチはすべてメスであるが、そうした働きバチ同士（姉妹）は、遺伝子を七五パーセントも共有している。そうすると、自分で生殖をして五〇パーセントしか自分の遺伝子をもたない娘をつくるよりも、女王バチの繁殖を助けて七五パーセントの共通遺伝子をもつ妹を育てたほうが、自分の遺伝子のコピーを効率的に増やすことができるのである。このように、一見不可思議に見える生き物たちの生態が、遺伝学や動物行動学を採り入れた進化論の枠組みによって次々と明らかにされている。

また、地球上の生き物たちが見せる驚くべき多様性が、同じひとつの（もしくは少数の）祖先から枝分かれしてきたものだという事実も、驚くべきものである。ガラパゴス諸島に棲むスズメに似た小型の鳥、ダーウィンフィンチ類は近縁の種の集まりだが、気候条件や餌の種類などによって、それぞれくちばしのかたちや体格が異なっている。まるで用途に合わせて細部までカスタマイズされた特注工具のようだ。かと思えば、リスの仲間のモモンガとオーストラリアの有袋類であるフクロモモンガのように、進化の筋道がまったく異なるのに外見はそっくりという他人の空似のような現象もある（そのせいで名前もそっくりになった）。こうしたことを教えてくれるのも進化論だけだ。

1　高名なリチャード・ドーキンスの諸著作は、どれも進化論にかんする優れた啓蒙書であるとともに、専門家も参照する現代の古典である。なかでも『利己的な遺伝子』『延長された表現型』『盲目の時計職人』『祖先の物語』は必読。また、近年の宗教批判をまとめた問題作『神は妄想である――宗教との決別』は、感情と思考が激しく刺激される作品。ついに自伝も刊行された。

ドーキンスの諸著作のような本格的な書物は、読み進めるのに骨が折れるが、自然や生き物にたいする好奇心を存分に刺激してくれる。それに、生き物たちの不思議な生態とその多様性――アリ、セミ、クジャク、フィンチ、ハダカデバネズミ、そしてクマムシ、等々――は尽きることがなく、どれだけ読んでも飽きるということがない[2]。だが、ふとこんな疑問が脳裏をよぎることがあるのだ。「みんな何処へ行った?」(©中島みゆき)と。

後に詳しく見るとおり、これまでに地球上に出現した生物種のうち、じつに九九・九パーセントがすでに絶滅している。子孫を残すことができず、系統が途絶えてしまったのだ。いま私たちが目にすることのできる生き物の種類は莫大な数にのぼるが、それはこれまでに出現した生物種のうち、わずか〇・一パーセントにすぎない。では、残りの九九・九パーセントの生き物たちはどこへ行ってしまったのだろうか? 彼らはどうしていなくなってしまったのだろうか? こうした疑問がわきおこってくるのである。

ドーキンスの諸著作をはじめとして、優れた進化論の読み物は、生き物たちが長い時間をかけて成し遂げた環境への適応、その結果として彼らがもつことになった驚異的な姿形や生態を余すところなく見せてくれる。それらはまさしく見事というほかないものだ。だが、読んでいくうちに、成功した企業の社史でも読んでいるような気分になってくる。現在の地位を獲得するまでにはそれなりに苦労もあっただろうけれど、あくまでもそれは栄光の軌跡である。そこには、滅んでいった敗者たちに割かれるスペースはない。彼らはただ消えゆくのみだ。そう、見送られることもなく！

これまで地球上に生息してきた生物種の九九・九パーセントが絶滅しているのだとしたら、誕生した種はいずれすべて絶滅するのだといっても過言ではない[3]。そう考えただけでも、滅んだものを消えるにまかせるわけにはいかなくなるのではないか。

試しに、会社の歩んだ栄光の軌跡だけでなく、業界全体の動きを一枚のカンヴァスに

2　個々の生き物を扱った読み物のなかから、とくに推したいものを少数ながら挙げておこう。長谷川英祐『働かないアリに意義がある』、吉村仁『素数ゼミの謎』、長谷川眞理子『クジャクの雄はなぜ美しい？』、ジョナサン・ワイナー『フィンチの嘴――ガラパゴスで起きている種の変貌』、吉田重人・岡ノ谷一夫『ハダカデバネズミ――女王・兵隊・ふとん係』、鈴木忠『クマムシ?!――小さな怪物』など。

3　もちろん例外もある。たとえば恐竜の絶滅は人気の高いテーマだが、それは恐竜そのものに人気があることと天体衝突という事件が興味を惹くためだろう。恐竜の絶滅については、後藤和久『決着！恐竜絶滅論争』が、第一線で活躍する研究者による決定版。絶滅現象そのもの（絶滅生物や絶滅危惧種ではなく）をテーマとした書物は多くないが、古生物学者の平野弘道による労作『絶滅古生物学』と『繰り返す大量絶滅』、地球化学の丸岡照幸による『96％の大絶滅――地球史におきた環境大変動』は信頼できる基本文献。

絶滅した飛べない鳥ドードー。
ルイス・キャロル『不思議の国のアリス』
(一八六五)より

描くとしたら、どうなるだろうか。夜空を切り裂く稲妻を描いたような絵になるのではないだろうか。稲妻はもちろん栄光の軌跡だ。同時に、広く深い暗闇がカンヴァスの全面を覆っているにちがいない。その暗闇を埋め尽くすように塗り込められているのが、滅んでいった者たちだ。絵画の鑑賞者としては、ここで稲妻だけでなく暗闇にも目を凝らしてみたところで、バチは当たらないだろう。絵の具もたっぷり使われている。そうすると、はじめは真っ黒なだけに見えた暗闇にも、じつは微妙な陰翳があるということに気づくかもしれないし、その結果、稲妻の美しさをよりよく堪能することができるようにもなるかもしれない。

「みんな何処へ行った?」という問いは、彼らの所在や現住所を問うているわけではない。

どこにいるかって、それは冷たい土の中に決まっている。なにしろ絶滅してしまったのだから。そうではなくて、この問いは「ここにいてもよかったはずなのに、みんなどうしていないんだ？」と、彼らの不在（彼らについて語られないこと）を問題にしている。そして、彼らをここに存在せしめること（彼らについて語ること）を要求しているのである。

偉大なロックンロールバンド、ザ・ローリング・ストーンズの偉大なギタリスト、キース・リチャーズはかつて、「ロックだロックだと言うけれど、ロールはいったいどこに行っちまったんだ？」と嘆息したことがある。キースはなにもロールの所在を尋ねたわけではない。彼は、ロールの不在（あるはずのものがないこと）を問題にしたのであり、ロックとともにロールをも召喚すること、つまり「ロックンロール」を要求したのである。「みんな何処へ行った？」という疑問は、このキース・リチャーズ的な意味で理解してほしい。

以上は、絶滅という現象にもっと注目してもよいという、いわば消極的な理由だ。そうすることで、進化という現象へのより深い理解が得られるようになるだろう。だが、それだけではない。私たちは絶滅という現象にもっと注目したほうがよいという、積極的な理由もある。進化論の本から離れて、私たちが日々の暮らしで出会う進化論風の語りに目を転じたとき、私たちは絶滅という観点にもっと注目してもよいというだけでな

「ビジネス進化論」（©panco）
※画像はイメージです

く、それを必要としてもいるのだということがわかってくるはずだ。

私たちの日常生活は進化論の比喩的な用法にあふれている。なかでも典型なのはビジネスや処世術、人生訓で用いられる進化論（「ビジネス進化論」）だろう。これらの語り手たちは、進化論が教える生物の世界をモデルとして引きあいに出しながら、私たちに絶え間なく「進化」しつづけるよう命じる。そして厳しい競争を勝ち抜いていこうと鼓舞する。テレビ、新聞、雑誌、ネット、看板、中吊り広告、社員研修等々で、こうしたものを見ない日はない。

彼らはこんな風に語る。いわく、この社会は生き残りをかけたサヴァイヴァルゲームの舞台だ。生物の世界と同じように、そこでは優れた者だけが生き残り、劣った者は消え去る運命にある。ライヴァルとの競争に敗れたら、滅び去るほかない。君たちは恐竜や三葉虫のように滅びていきたいのか。そうなりたくなければ、変化する環境に適応していかなければならない。そして不断に進化をつづけていかなければならない。個人も企業も国家も、ビジネスマンも政治家もアスリートも、みんなこのサヴァイヴァルゲームのプレーヤーなのだ。だから、たえず競争し、適応し、進化をつづけよ、云々。

勇ましい話である。たしかに、努力や心がけ次第で勝ったり負けたりするような世界ならば、こうした訓話もひょっとしたら役に立つかもしれない。しかし、モデルとなる生物の世界は、九九・九パーセントが絶滅する世界である。この事実を前にして、例外中の例外である〇・一パーセントの稀有な成功例ばかりをお手本にするのでは、いかにも危なっかしいのではないだろうか。千にひとつの僥倖《ぎょうこう》に恵まれた者を除いて全員が滅びゆく運命にある世界で、語り手たちはなぜか自分たちがわずか〇・一パーセントを占めるにすぎない勝ち組に属するのだと思い込んでいるようなのである。思わず、本気なのか？　と尋ねたくなる。

まあ、べつに本気というわけでもないのだろう。実際に「進化せよ。さもなければ……」式の訓話を心から信奉している人など、それほど多くはないのかもしれない。とはいえ、こうした訓話が一種の定型句や決まり文句としてすでに確固たる地位を築いていることはたしかだ。また、私たちがこうした訓話をすんなりと理解できてしまうことも、この社会にはそれを説得的な号令として受け入れるノリや雰囲気が存在することもまた、たしかなことである。そうでなければ、このような進化論風の訓話がマスメディアを通じてこれほど大量に流通するはずがない。

結局、私たちが日常的に接する進化論風の語りの多くは、自分たちの願望や人生訓に都合のいいように、生き物たちを勝手に呼びだしているだけなのだろう。考えてみれば、滅んでいった生き物たちにたいしてずいぶんと失礼な話である。もし自分たちがこんな辱めを受けたとしたら、とても黙っていられないはずだ。とはいえ、不当な扱いに耐えかねた恐竜たちが反乱を起こしたり、三葉虫の大群がクレーム電話を寄こしてきたりすることはない。彼らはもうこの世にいないのだから。そこは私たち人間の言いっ放しである。

もし本気で進化論の知見をビジネスや処世術に活かしたいと思うなら、むしろ絶滅を基準として作戦を練りなおしてみるべきではないだろうか。生き残る確率より滅び去る確率のほうが九九九倍は高いのだから、滅び去った者たちに思いを馳せ、滅び去る立場でものを考えてみることは、十分に理にかなったことだろう。それに、後に見るように、大規模な絶滅こそが革新的進化に檜舞台を提供してきたということを、地中に眠る化石記録は語っている。

栄光の軌跡はたしかによいものだけれども、存続に失敗することが生物としてむしろ標準的なありかたなのだとしたら、そうした失敗からこそ多くを学ぶことができるはずなのだ。トーマス・エジソンもヘンリー・フォードもジョン・ロックフェラーも松下幸之助もビル・ゲイツもリチャード・ブランソンも、みんな「失敗から学べ」と言っているではないか。

だからここで、声を大にして「みんな何処へ行った？」と問うてみよう。

生命の歴史は、より優れた存在へと向かう一直線の道のりなどではまったくない。それは波瀾万丈のロング・アンド・ワインディング・ロードだ。その途上で無数の生き物たちが繰り広げてきた破天荒な退場の有様を、本書のなかで少しのあいだ真に受けて(taking seriously ©リチャード・ローティ) みるのも一興ではないだろうか。

絶滅の相の下に——敗者の生命史

そこで、絶滅である。

これから、数多の生物がどのようにしてこの世から退場していったのかを見ていこう。生命の歴史を「絶滅の相の下に」眺めてみるわけだ。

ちなみに、本書はとくに滅んでいった生き物を弁護しようとするわけではないし、生き物を大切にと唱えるわけでもない。ヒトの活動によって生じる環境破壊の影響や絶滅危惧種の保護といった問題も大事なものだとは思うけれども、とりあえずそれらは本書のテーマではない。これから話題にするのは、ヒトがいようといまいと、ヒトがなにをしようとしなかろうと成り立つであろう、絶滅の一般的条件についてである。

また、本書は四〇億年の生命史をくまなくたどろうとするわけでもない。そんなことはとうてい不可能だし、本書の関心事でもない。その代わり、とても単純だが強力な疑問を提出することからはじめようと思う。次章で詳しく紹介するアメリカの古生物学者デイヴィッド・ラウプによるものだ。そうすることで、進化論をめぐる問題の核心にまっすぐに入っていくことができるはずである。

その疑問とは、九九・九パーセントの圧倒的多数派たる絶滅生物は、「適者生存」というスローガンどおりのフェアなゲームの結果として滅び去ったのだろうか、それともなにか別のよんどころない事情で滅んでしまったのだろうか、というものだ。端的にいえば、生き物たちは遺伝子がわるかったせいで絶滅したのか？　それともただ運がわるかっただけなのか？　という疑問である。

この疑問を携えて生物の歴史を眺めてみることで、サクセスストーリーとはまったく異なった眺望が開かれるだろう。これが本書前半（序章～第二章）のテーマである。

だが、それだけではない。この疑問を通じてのみ見えてくる景色があると同時に、この疑問を通じてのみ触れることのできる思考課題というものがある。ここで思考課題とは、ある状況を前にして私たちが否応なく考えることを強いられてしまうような、避けて通ることのできないような問題のことだ。

それが本書後半（第三章〜終章）のテーマである。この思考課題に取り組むことで、私たち素人に誤解や混乱を呼び、専門家たちに反目と争いをもたらす共通の要因が見えてくるのではないかと私は考えている。そしてそれこそ、誤解や争いの原因でありながら、進化論の尽きせぬ魅力の源泉でもあるのだ、というのが本書の見立てである。

進化論は、昔から激しい論争を巻き起こす学問として知られている。議論がヒートアップすると、賢く冷静なはずの学者たちが憎しみに満ちた罵りあいを展開することになる。読み進めるうちにわかってくるように、こうした論争において賭けられているものは、とてつもなく大きい。そして、専門家同士の論争も私たち素人の混乱も、あらわれ方は異なれど、どちらも同じ根っこから生じてくるのではないか、これが私の考えである。

どうも進化論というものは、透徹した思考と厳密な検証による堅固な普遍性を要求するものであると同時に、個人的な信念やアイデンティティといった、私たちのなかにある弱くて脆くて柔らかい部分を針でつつくような刺激を与えるものであるようだ。事ここに至っては、専門家と非専門家のあいだに、じつはそれほど大きなちがいはないのではないかと私は考えている。

進化論はその誕生以来、人びとのあいだに熱烈な愛と憎しみ、肯定と否定の激しい反応を呼び起こしてきた。なぜ進化論はこんなにも私たちを魅了してやまないのか。本書の試みを通じて、その秘密の一端に触れることができればと思う。

用語について——若干の注意点

本書で用いる用語についてひとこと述べておこう。

本書において「進化論」という言葉は、広い意味では、生物が共通の祖先からどのような歴史をたどって枝分かれしてきたか、またその際にどのような原因やメカニズムのもとで姿形や生態を変化させてきたかを探る学問とその思想を指している。狭い意味では、現代の学界で広く認められている標準的な進化学説——チャールズ・ダーウィンの自然淘汰説を基本として、遺伝学、分類学や生態学などを取り入れて成立した、いわゆる「総合説」あるいは「ネオダーウィニズム」と呼ばれる学説——を指す。

ここで、進化研究は「論」（イズム）ではなく、れっきとした「学」（ロジー）であるから、正しくは「進化論」ではなく「進化学」「進化生物学」と呼ぶべきだ、という異論があるかもしれない（石川 2003: 1181）。たしかにもっともではあるが、本書が考察の対象とするのは、科学の内部における専門研究だけでなく、社会における受容のありかたや、その際に生ずるイメージや誤解などをも含んでいる。また、信念や世界観にかかわる「論」（イズム）と専門的な科学的研究にかかわる「学」（ロジー）とが判別しがたくなるようなグレーゾーンについても語るつもりだ。そうした事情から、基本的には総称として「進化論」を用い、あとは必要に応じて使い分けることにした。

なお、ダーウィンが登場する以前にも進化学説は存在していたのだから（ラマルクや祖父のエラズマス・ダーウィンらの学説がある）、「進化論」という呼び名でもってダーウィンの進化論だけを指すのは本来おかしなことかもしれない。だが、こんにち進化論といえばもっぱらダーウィンの進化学説（と、その発展形である現代の標準的な進化学説）を指すことになっており、本書もそうした慣行にならっている。混乱のおそれがある場合には、必要に応じて「ラマルクの進化論」などと補った。また、論じる対象がダーウィン由来の進化論であることを特筆したい場合などには「ダーウィニズム」という呼び名も使っている。一見ややこしそうだが、実際に読んでみるとそれほど困るものではないと思う。

最後に、ダーウィン（とアルフレッド・ラッセル・ウォレス）が見出した進化論の根本概念である“natural selection”について。これには基本的には「自然淘汰」という訳語を用いている（一般には「自然選択」という訳語も多く使われている）。これはジャーナリストでドーキンスの翻訳者でもある垂水雄二の提言にならったものだ（垂水 2009: 98-100）。本来の“natural selection”には、「悪しきものを取り除く」とともに「良いものを選び取る」という働きがある。日本語の「選択」には「良いものを選び取る」という意味しかないが、「淘汰」はその両方の意味を含むため、訳語としては「自然淘汰」が適切であろう、という提言である。また、ライオンのたてがみやクジャクの羽の由来を説明する際に用いられる概念である「配偶者選択」（mate choice）との混同を避けられるという利点もある。とくに強いこだわりがあるわけではないが、本書もそれに従った。

ほかの用語については、その都度、必要に応じて簡単に説明していこう。

第一章　絶滅のシナリオ

幸せな家族はどれもみな同じように見えるが、
不幸な家族にはそれぞれの不幸の形がある。
——トルストイ『アンナ・カレーニナ』

絶滅率九九・九パーセント

生物種はどれだけいるか——推定はむずかしい

この星にはどれくらいの種類の生き物がいるのだろうか。

正確な数は誰にもわからない。専門家による推定値にもかなりの開きがあるが、現在生息している生物種は少なくとも数百万は下らないだろうといわれている。昆虫の数次第では数千万とか億というオーダーになるかもしれないとのことだ（井田 2010: 56-8）。

どうして昆虫の数次第なのかというと、それだけこの星には虫の種類が多いからということらしい。イギリスの高名な生物学者J・B・S・ホールデンが神学者の一団に囲まれて神の特質について尋ねられたとき、ひとこと「甲虫への異常な溺愛」と答えたという逸話が残されているくらいである[4]（Hutchinson 1959: 146）。

推定値にそんなに開きがあるなんてひどいと思うかもしれないが、正確な数など知りようがないのだからしかたがない。既知の種数よりはるかに厖大と思われる未知の種数の推定がむずかしいのはもちろんのこと、既知の種数の総計すら正確にはわからないというのが実情だ（同じ生物に別の名前がついていたりもする）。また、そもそも種とはなにかということについても議論が絶えない。[5] ここではとりあえず、種とは「生き物の種類」の基本単位のことだと、おおざっぱに考えておこう。

さて、それでは、これまでに地球上に出現した生物種の総計はどのくらいになるだろ

4　もっとも、この逸話の出典には諸説あり（ホールデンは実際にこの寸言を好んで用いたが、活字のかたちでは残していないようだ）、古生物学者スティーヴン・ジェイ・グールドが追跡を試みている（『干し草のなかの恐竜』所収「甲虫への特別な肩入れ」）。名言や逸話の類が世に定着する過程で生まれる誤解や創作や伝言ゲームの事例報告として興味深い。ちなみにこのホールデンは一般読者向けの文章も多く残しており、なかでも *Daedalus; Or, Science and the Future* は生物学による人間の改良を論じて物議をかもした。作家のオルダス・ハクスリーは親友で、改造人間で構成される生物学的階級社会を描いた『すばらしい新世界』にも大きな影響を与えたといわれている。

5　生物の分類にかんする問題は、本書の第三章で扱う歴史の問題とともに、進化論が形而上学的な思弁と交わることを避けられない二大トピックだ。詳しくは、生物統計学者で進化生物学者の三中信宏による必読の「思考世界三部作」（『系統樹思考の世界』『分類思考の世界』『進化思考の世界』）のうち、とくに『分類思考の世界——なぜヒトは万物を「種」に分けるのか』を参照してほしい。

うか。つまり、いま生きている生物種だけでなく、すでに滅んでしまった生物種も含めて考えると、どうなるだろうか。これを推定するには、現生生物をおもな研究対象とする生物学や生態学だけではなく、古生物学（paleontology）の助けを借りなければならない。

ほぼすべての種が絶滅する──驚異的な生存率（の低さ）

各地に残された化石記録をもとに、当時の生物の特徴や系統関係などを明らかにする学問が古生物学だ。地層には、絶滅した過去の生物の遺骸や痕跡が化石というかたちで残されている。古生物学は、数万年から数千万年という地質学的な時間尺度でもって地層や化石を眺め、四〇億年ともいわれる生命の歴史を跡づけるのである。

アメリカの代表的な古生物学者のひとりであったデイヴィッド・ラウプは、現在地球上に生息している生物種はおそらく四〇〇〇万種は下らないだろうと推定する。そして、これまで地球上に出現した生物種の総数は、おそらく五〇億から五〇〇億ではないかと推定している（Raup 1991=1996: 17-8）。ここからわかるのは、現在いかにたくさんの生物種が存在していようとも、これまでに出現した生物種の数と比べたら、ほんのわずかなものにすぎないということだ。

ラウプの推定にもとづいて、いまなお存続している生物種を五〇〇〇万から五〇〇〇万とし、これまでに出現した生物種を五〇億から五〇〇億として割り算をしてみよう。すると、いま生きている種はじつに全体の一〇〇〇分の一でしかないということになる。つまり、これまでに出現した生物種の九九・九パーセントはすでに絶滅してしまっているのだ。せっかくこの世に登場してきたというのに、ほとんどの種は冷たい土の中で永遠の眠りについているのである。

なんとも驚異的な生存率（の低さ）ではないか。気持ちいいほどの皆殺しである。母なる大地などと言うけれども、それは一大殺戮ショーの舞台でもあるということだ。地球にやさしくとか言うけれども、地球のほうは生き物にそんなにやさしくないのではないかと思えてくる。ともかく、いま生きている生物種は、倍率一〇〇〇倍の狭き門をくぐり抜けた稀有な存在なのである。

すると、私たちヒトを含む現存種は過酷な生存レースを勝ち抜いたエリート中のエリートなのだろうか。倍率からいえばそういうことになるだろう。また、私たちが漠然と抱いている進化のイメージに照らしてもそういえそうだ。常識的な進化のイメージでは、優れた者たちは生き残るべくして生き残り、劣った者たちは滅び去るべくして滅び去っていくのだし、生き物たちはそのようにしてより優秀に、より完全な存在へと近づいていくのだから。そうでなければ、序章で触れたように、向上心旺盛な野心家たちがビジネスやマーケティングにかんする持論に「たえず競争し、適応し、進化をつづけよ」とばかりに進化論風の味付けをほどこそうと思うこともないだろう。
しかし、そうは問屋が卸さない。事はそんなに単純ではないのである。

遺伝子か運か

遺伝子がわるかったのか、運がわるかったのか——究極の問い

先のデイヴィッド・ラウプは、絶滅のほうから生物の進化を考えるという、きわめてユニークな試みを行った[6]。通常は生き残りと適応の観点から考える生物進化を、絶滅の条件という観点からとらえかえしたのである。そして、絶滅生物たちの厖大な化石記録を前にして、次のような究極的な問い（あるいは身も蓋もない問いといってもいいが）を発する。

長い地球の歴史のなかで、これまでに何十億もの種が絶滅してきた。それらは、適応面で劣っていた（遺伝子が悪かった）せいで絶滅したのだろうか、それとも単に間違った時期に間違った場所にいた（運が悪かった）せいで絶滅したのだろうか。

（Raup 1991=1996: 5）

絶滅した生物は、結局のところ、遺伝子がわるかったのか？　それとも運がわるかったのか？　という問いである。

「遺伝子か運か」という問いを、「実力か運か」と言いなおせば、この問いは私たちにもおなじみのものだろう。人や会社の成功や失敗について、私たちはそれが実力によるものなのか、それともたんに運によるものなのかについてさかんに語る。本人の自己申告がしばしば他人からの評価と食い違ううえに、うらみ・つらみ・ねたみ・そねみ・ひがみ（©クレイジーケンバンド）といった複雑な人間的感情が加わり、議論が白熱することも珍しくない。

幸か不幸か、絶滅生物は自己申告をしない。だから議論が白熱することもなく、また、

6　本書の考察の出発点となったデイヴィッド・ラウプ『大絶滅――遺伝子が悪いのか運が悪いのか？』は、古生物学の知見をもとに絶滅の諸相を解明した意欲作。堅実な調査と統計、そして大胆な推理とシミュレーションが共存する、じつに楽しい書物である。内容的には古くなった部分もあるが、提出する問いの価値は減じていない。なお、生命史における絶滅の意義をテーマにした専門家の論文集に、ポール・テイラー編 *Extinctions in the History of Life* があり、ラウプの同僚デイヴィッド・ジャブロンスキが大量絶滅の進化的意義について論じている。

誰からも見送られることもなく、ただひっそりとこの世から消えゆくのみだ。しかしラウプは大胆にも、絶滅生物を含む生命の歴史そのものにたいして、この問いかけを行ったのである。そして、古生物学の公明正大な観点から、答えを見出そうと試みたのだ。

ちなみに、この「絶滅」(extinction) という言葉だが、専門家による定義は「ある生物の分類群が、生物の進化の途上において、子孫の生物を残さずに滅び去ること」(八杉ほか 1996)、あるいは「生物の系統がその子孫を残すことなく死に絶えてしまうこと」(平野 2006) というものだ。日常的な用法ともそれほどちがいはないので、進化論に詳しくなくとも定義の点で混乱する心配はないだろう。

だが、生物種の絶滅と生物個体の死との (無) 関係についての混乱はあるかもしれない。たとえば、先の絶滅率九九・九パーセントという数字に触れて、みんないつかは死ぬんだから当たり前じゃないかと感じた人もいるだろう。ほぼすべての種が絶滅するという事実は、それについてこれまで考えてみたことがなかったとしても、思わず反射的に「うん知ってるよ」と答えてしまいそうになるくらい、自明なことのように見える。そでもそのとき、私たちの多くは、じつは別のことを考えているのではないかと思う。それは、生物個体 (たとえば私たちの一人ひとり) が寿命を迎えて死ぬようにして生物種も絶滅するのだろうという漠然としたイメージや先入観である。

もし、生物種の絶滅というものを、生物個体の老化や死と同じようなものだと考えれば、たしかにそうなる。だが、生物学的には種と個体の「寿命」を同じようなものと考えるべき理由はない。種の場合は世代を重ねてそのままずっと存続していっても原理的にはかまわない。シーラカンスやカブトガニが何億年も同じような姿形を保っているように。他方で、個体は死ぬようにあらかじめプログラムされた存在だ。つまり、種の絶滅と個体の死のあいだに簡単なアナロジーは成り立たないのである。生物種の絶滅については、個体が寿命によって勝手に死んでいくのとは別の理由ないしは事情が必要なのだ。だからこそ、種はなぜ絶滅するのかとあえて問うことにも意味があるのである。

進化論に詳しい人なら、ほぼすべての種が絶滅するなどという当たり前の話をなんでいまさらと感じるかもしれない。だが、詳しい人のあいだでは常識であるものが、素人のあいだでも常識であるとはかぎらない。それに序章にも書いたとおり、本書が理解したいと願うのは、超一流の専門家による学説だけでなく、私たち素人自身の進化論でもある。この社会で流通している進化論のイメージのなかに、絶滅にかんする概念や考察が占める場所がほとんどないように感じる私は、絶滅についていまさらながらに言い募るくらいいいじゃないかと思うのである。実際、つい先ほど述べたように、ほぼすべての種が絶滅するという基本的な事実からして、私たち素人にはそれほど自明なことではないかもしれないのだ。

だからといって、よりによって「遺伝子か運か」とは、これまたなんとも子供じみた問いかけだと思うかもしれない。これには、問いが子供じみたものだからといって、答えもまた子供じみたものになるとはかぎらないと、いまの段階では答えておくしかない[7]。これから明らかにしていきたいと思うが、遺伝子か運かという問いかけは、生物の進化とその歴史についての常識や通念を考えなおす機会を与えてくれる、じつに生産的な問いなのである。

なお、ここで用いられる「遺伝子」という言葉についてもひとこと述べておこう。ラウプは「遺伝子」を、生物がもつ特徴や能力の全般を指す言葉としておおざっぱに用いている。これを祖先から受け継いだ「生物学的特徴」とか「生き物としての能力」などに置き換えても議論に影響はない。「遺伝子」という言葉を使うのは、あくまで議論を簡単にする（とともに、少し刺激的な見た目にする）ためだ。私も本章でそのように「遺伝子」を用いる。だから、この言葉によってなにか特定の遺伝子について語っているわけでもなければ、生物のありかたはすべて遺伝子によって決まるというような特定の思想を述べているのでもない（相当な部分が決まるとは思うが）。生物の特徴や能力は遺伝子だけでなく環境からも影響を受けるのではないかというのはその通りだが、それはまた別の話である。

運がわるくて絶滅する——最良の推測

私たちの常識では、生物の絶滅というものは、煎じ詰めれば生物同士の競争によって起こる。その競争を通じて、優れたものが選び出され、劣ったものが取り除かれる。それが何度も繰り返されることで、生物はいまのような姿をとることになった……と、だいたいこういう筋道になるだろう。この通念に照らせば、人間による殺戮は別として、恐竜が死滅したのもアンモナイトが滅亡したのも、彼ら自身が弱かったり劣っていたりしたから、いわば、なんらかの落ち度があったからにちがいない、ということになる。だが、もし彼らにとりたてて落ち度がなかったのだとしたらどうだろう。それにもかかわらず彼らが絶滅してしまったのだとしたら、どうだろうか。

ラウプが先の問いに与えたのは、まさしくそのような答えだった。

ほとんどの種は、運が悪いせいで死滅するのではないかと、私は考えている。それまでの進化の過程では予想もつかなかった、生物的あるいは物理的ストレスにさら

7　映画をつくる前の伊丹十三が書いた『問いつめられたパパとママの本』には、子供の問いにたいする大人の応答の好例が詰まっている。素朴ではあるけれど根源的な子供の問いに答えるには、たしかな科学の知識に加え、たとえ話やユーモアの素養、そしてときには華麗なスルー技術なんかも必要であることを教えてくれる。でも彼のように上手にやるのはむずかしい。

され、しかも、ダーウィン流の自然淘汰が適応を準備する時間的余裕もないせいで、種は死滅するのだ。

「遺伝子ではなく運が悪いのだ！」という言い方から、読者のみなさんには、そこにこめられた不確実性を理解していただきたい。遺伝子の悪さよりも運の悪さを支持するというのが、私にできる最良の推測である。(Raup 1991=1996: 229)

じつに興味深い結論である。世に出てきた生物種の九九・九パーセントが絶滅するという事実だけでも十分に強烈なのに、それらはたいてい運がわるいせいで絶滅するというのだから。生物は落ち度もないのに絶滅する。しかも、それこそが普通なのである。だが他方、これは著しく常識に反した主張だと感じないだろうか。ラウプはいったいどのようにして、絶滅の沙汰も運次第という、こんな結論にいたったのだろうか。

そう、本当に興味深いのは、ラウプがこの結論にいたった過程である。その過程で、彼は厖大な化石記録をもとに絶滅現象にかんする考察を行った。彼が行った考察とその結果を理解することで、いっけん非常識とも思えるこの結論が、じつはそれほど非常識的なわけでもないと思えるようになるはずだ。それどころか、いたって常識的であるとすら思えるようになるかもしれない。

ちなみに、進化の話題に運の問題をもちだすことについて、次のような疑問を抱く向きもあるかと思う。お前は自然淘汰説を否定するのかとか、それは苛酷な生存競争を否認する生ぬるい世界観ではないかとか、はたまた進化論の主流派に反対するプロパガンダではないかとか。ある意味もっともな疑問だが、ぜんぶちがう。ラウプは（後に述べるように、私もまた）ダーウィンの自然淘汰説と現代の主流派進化論の有効性を微塵も疑っていない。生ぬるさについては、自由競争第一の考えこそ、じつのところ甘美な幻想にもとづいた生ぬるい世界観ではないかと答えておこう。生存競争はたしかに苛酷なものだろうが、これから紹介する絶滅の有様には、競争のアリーナそのものをぶち壊すような、別の種類の苛酷さがある（本書ではそれを理不尽さと呼ぶ）。つまり苛酷さにもいろいろあるのであり、競争だけで事が済むわけではないのである。

絶滅の類型学

三つのシナリオ――絶滅への道

ラウプは、絶滅生物たちがどのようにして死に絶えるにいたったかを、古生物学上の化石記録や統計データを駆使して調べ上げた（彼はコンピュータを用いた統計解析やシミュレーションを古生物学に導入したパイオニアである)。

そこで彼が注目したのは、絶滅する生物がたどる特有の筋道である。絶滅生物にはみなそれぞれに異なった事情があったにはちがいないが、それでも、絶滅へといたる筋道にはいくつかの特徴的なパターンが見出される。分析の結果、絶滅の筋道は煎じ詰めれば次の三つのシナリオに分類できると彼は考えた。いわば「絶滅の類型学」である。

それは次のようなものだ(Raup 1991=1996: 225)。

1 弾幕の戦場(field of bullets)
2 公正なゲーム(fair game)
3 理不尽な絶滅(wanton extinction)

生物の歴史において、どのシナリオによる絶滅も、ある時ある場所ある規模において起こったし、いまでも起こっていることはまちがいない。しかし、ラウプがとくに重視するのは第三のシナリオだ。それこそもっとも影響力のあるシナリオだと言う。どういうことだろうか。順番に見ていこう。

第一のシナリオ――弾幕の戦場

第一のシナリオは、「弾幕の戦場」と呼ばれる。気の利いたネーミングだ。[8] これは、生物がどれだけ優れているかとか、どれだけ環境に適応しているかといったこととは関係のない絶滅を指す。人口密集地にたいして行われる無差別爆撃をイメージするとわかりやすいかもしれない。はるか上空より飛来する爆撃機から雨のように多数の爆弾が降ってくる。このような状況では誰が倒れるかは確率論的に決まる。そこで犠牲になる人びとは、生き延びる人びとよりも劣っているわけでもなければ、環境にたいする適応の度合いが低いわけでもない。犠牲者はいわばランダムサンプリング（無作為標本抽出）によって決まる。純粋に運のみが生死の分かれ目を左右するのである。

8　渡辺政隆による翻訳も気が利いている。たしかにこのシナリオには「弾幕」(barrage)のイメージがぴったりだ。弾幕というのは、多数の弾丸が雨あられのように飛んでくる「弾丸の幕」のこと。第一次世界大戦のころから、敵の攻撃を防いだり敵を殲滅するために、いっせいに銃砲を発射して弾丸の雨を降らせるような戦法が用いられるようになった。一撃必殺によってではなく、確率論的に弾丸を敵に命中させようとするのである。それを可能にし（てしまっ）た銃砲の「進化」とその社会的影響については、ジョン・エリスの名著『機関銃の社会史』を参照。

およそ六五〇〇万年前、白亜紀末に起こった生物の大規模な絶滅は、地球外からやってきた天体が地球に衝突したことが原因と考えられている。ユカタン半島の先端で発見された直径二〇〇キロにおよぶ巨大クレーター(チクシュルーブ・クレーター)は、その際の衝撃によってできたものだ。この事件は大規模な弾幕の戦場的シナリオをもたらしたと考えられている。

天体や隕石の衝突は、想像を絶するほどのインパクトを地球に与える。白亜紀末の天体衝突の場合、衝突時のエネルギーは広島型原子爆弾の一〇億倍ともいわれるほどで、ほとんどイメージすることすらできない。その衝撃で海水は一気に蒸発し、海底の岩盤も気化、そして巨大なクレーターが形成された。熱波が北米大陸を焼き尽くし、さらに高さ三〇〇メートルもの巨大津波が北米・南米大陸を襲ったという。続いて起こった環境変動も多岐にわたり、その後の生物進化の道筋を大きく変えてしまった(松井 2009)。

とにかく、衝突のインパクトは周囲の生物に壊滅的な打撃を与えただろう。衝突地点の周囲に生息していた生物はひとたまりもなかったにちがいない。他方、遠く離れた場所に生息していた生物は、現場付近に棲んでいた生物ほどには(少なくともその時点では)被害をこうむらなかっただろう。このときに生死を左右したのは、その生物が備える能力の多寡や優劣ではなく、運であったと言うほかない。ここでは絶滅の原因はただひとつ、その生物がたまたまその時その場所にいたことだ。

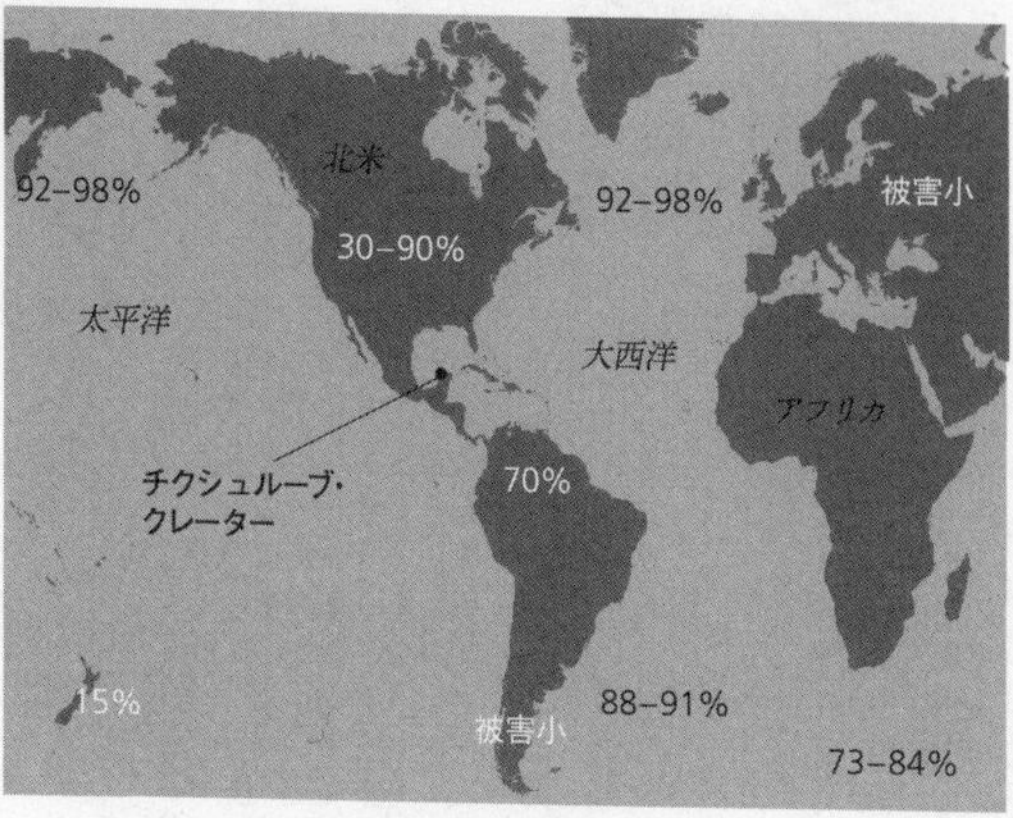

チクシュルーブ・クレーターと、陸上植物（白字）および植物プランクトン（黒字）の地域別絶滅率（後藤 2011 をもとに作成／一部改変）

ちなみに、いまだ人類はこれと同等の規模のインパクトを経験していない。もし経験していたとすれば、あなたと私がこうして本書を通じて対話をすることもなかっただろう。しかし、長い地球の歴史から見れば、この種の事象はそれほどまれなものでもないようだ。地球上には、天体や隕石の衝突だけでなく、火山の噴火や溶岩の流出といった、そこに居合わせた生物に弾幕の戦場的な打撃を与えたであろう事件の痕跡が、けっこうたくさん存在するのである。

第二のシナリオ――公正なゲーム

二番目のシナリオは、「公正なゲーム」と呼ばれる（ラウプ邦訳書では「正当なゲーム」）。これは、同時に存在するほかの種や、新しく生じてきたほかの種との生存闘争の結果として絶滅が起こるというシナリオだ。絶滅の原因として私たちが思い浮かべるのは、まさにこのシナリオではないだろうか。企業同士の市場競争のようなイメージだ。というか、実際には逆で、私たちはこうした市場競争のイメージのほうを生物界にあてはめているのではないかと思う。

市場では数多くの企業が利益を求めてしのぎを削っている。企業同士の関係はさまざまで、持ちつ持たれつの場合もあれば、利害が激しく衝突する場合もあるだろう。また、それぞれの企業内では社員同士の競争もあるだろう。なんにせよ、それぞれの企業は市場経済のルールの下で利益を最大化しようともくろむ。その過程で、利益をあげることができた企業は成長し、それができなくなった企業は倒産、つまり滅んでいくだろう。なかにはズルをする会社や社員も出てくるかもしれないが、もし不正が見つかれば相応の罰を受けることになるはずだ。このシナリオは、一定のルールがすべての参加者にたいして効力をもつ点で「公正」であり、そのルールのもとで競争が行われる点で「ゲーム」なのである。

劇的な例として、ネアンデルタール人の絶滅が挙げられるかもしれない。ネアンデルタール人は、現生人類にもっとも近かったかつての仲間である。二〇万年にわたりユーラシア大陸に散らばって暮らしていたらしいのだが、二万数千年前に絶滅してしまった。数万年前には現生人類と分布域が重なっていたともいわれている。では、なぜ現生人類は生き残り、彼らは絶滅したのか。よく言われるのは、より賢い現生人類との生存競争に敗れたから、というものだ（とはいえ、現生人類との競争とは関係なく絶滅したのかもしれないし、真相はよくわからない。あるいは、なにか恐ろしいことが起こったという説もある。私たちの祖先が皆殺しにしてしまったのだという説だが、広く支持されているわけではない[9]）。

以上、「弾幕の戦場」と「公正なゲーム」という二つのシナリオを紹介した。両者のちがいは、絶滅が選択的であるかどうかだ。ここで選択とは、「取捨選択」という言葉にあるように、なんらかの基準のもとで、あるものを取り別のものを捨てることをいう。だから基準なしの決定は選択的とは呼ばれない。誰が生き延びるかがなんらかの基準によって決まるとき、その決定は選択的である。逆に、なんの基準もなく偶然によってのみ決まるとき、その決定は選択的ではない。このように理解してほしい。

弾幕の戦場における絶滅は、いっさい選択的ではない。絶滅する生物はその能力や環境への適応の度合いと関係なく決まる。「生物は運がわるいせいで絶滅する」というラウプの言葉を聞いたときに真っ先に思い浮かぶのは、このようなシナリオかもしれない。実際、ここでは生物がどれだけ環境に適応していようと、存亡には関係がない。このシナリオに遺伝子の出る幕はない。運がすべてを支配しているからだ。

他方で、公正なゲームにおいては、環境によりよく適応している生物が生き残りやすく、そうでない生物は死に絶えやすい。ここでは、環境への適応の度合いという基準に応じて、生物の存亡がほとんど必然的に決まるのである。私たちの常識的な進化論イメージが想定しているのは、優れた生物だけが選り分けられていくという、この類の選択性だろう。このシナリオに運の出る幕はない。能力（遺伝子）を競うゲームがすべてを支配しているからだ。

弾幕の戦場も公正なゲームも、どちらもわかりやすい。もし絶滅のシナリオがこの二つだけだったなら、話は簡単だっただろう。弾幕の戦場では運だけが物を言い、公正なゲームでは遺伝子だけが物を言うという具合に、生物の存亡は必ず運か遺伝子のどちらかによって決まるし、それ以外にはないのだから。

また、もしそうだったとしたら、「生物は運がわるいせいで絶滅する」というラウプの主張は、ただちに「生物の存亡は運のみによって支配されている」ということを意味することになるだろう。すべては運の問題であり、遺伝子とはなんの関係もないのだ、と。すると、天文学者フレッド・ホイルがダーウィニズムを皮肉ったように、強い竜巻が廃品置き場を通り過ぎたらボーイング７４７がたまたま組み上がってしまったという具合に、生物はまったくの偶然によって進化したのだと主張しなければならなくなるかもしれない（Hoyle & Wickramasinghe 1981=1983）。

だがもちろん、ラウプが主張しているのはそういうことではない。たしかに、弾幕の戦場で犠牲になった生物は、運がわるかったせいで絶滅したとしかいいようがない。その意味でランダム性が運の領域に属することはまちがいない。だが、ここで彼が問題にしている運は、じつはランダムサンプリングとは似て非なるものだ。運は、生物の歴史において、もっと微妙で複雑な働きかたをするのである。

9　ヒトの起源と進化については、「ミッシング・リンク」という言葉で多くの人がこのことを思い起こすことからもわかるとおり、わかっていないことも多い。しかしもちろん研究は進展しており、河合信和『ヒトの進化七〇〇万年史』が最新の発掘成果や学説を紹介してくれる。それによれば、人類は単線的な進化をたどってきたのではなく、複数の人類種が複線的に生まれては消えていったのであり、現生人類はそのうちの生き残ったひとつでしかないということだ。古人類学のクライブ・フィンレイソン『そして最後にヒトが残った――ネアンデルタール人と私たちの50万年史』は、なぜヒトだけが生き延びることができたのかの理由に迫る（もっとも大きな理由は「適切な時に適切な場所にいたこと」、つまり運であるとのことだが、ほかにも考えなければならないことはたくさんある）。篠田謙一『新版　日本人になった祖先たち――DNAから解明する多元的構造』は、アフリカを出た人類がどのようにして日本列島へ渡ったのかを分子遺伝学の立場から追跡する。ついでに、フランク・スペンサー『ピルトダウン――化石人類偽造事件』も挙げておこう。コナン・ドイルからテイヤール・ド・シャルダン神父まで、多数の容疑者を生んだ二〇世紀最大の科学スキャンダルといわれる化石人類「ピルトダウン人」の捏造事件に迫ったノンフィクションである。

第三のシナリオ——理不尽な絶滅

そこで第三のシナリオ、「理不尽な絶滅」の出番である。

このシナリオこそ、話をややこしくすると同時におもしろくもする張本人である。どうしてややこしくするのかというと、これが第一のシナリオ（弾幕の戦場）と第二のシナリオ（公正なゲーム）の組み合わされた複雑なシナリオであるからだ。どうしておもしろくするのかというと、現在の生物の多様性が生みだされるうえで大きな役割を演じたのがこのシナリオだと考えられるからだ。いわば進化（論）のややこしさとおもしろさを一身に体現したシナリオなのである。

さて、理不尽な絶滅シナリオを要約すれば、次のようになるだろうか。すなわち、「ある種の生物が生き残りやすいという意味ではランダムではなく選択的だが、通常の生息環境によりよく適応しているから生き残りやすいというわけではないような絶滅」と。あるいは、ある種の性質をもった生物だけが生き延びやすいという意味では選択性が働いている絶滅だが、普通の意味で「環境に適応したから生き延びられた」とか「適応できなかったから滅んでしまった」とはいえないような状況における絶滅ということもできる。ひとことでいえば、遺伝子を競うゲームの支配が運によってもたらされるシナリオということだ。いまの段階ではちょっとピンとこないかもしれないが、具体例を

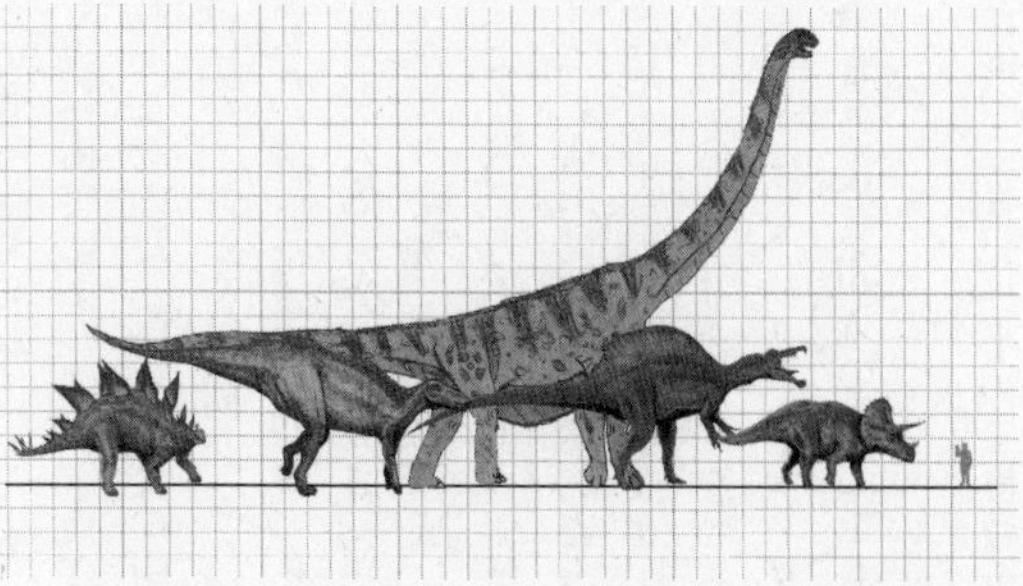

恐竜たち。一マスが一メートル
(Wikipedia 2014 ⓒ Zachi Evenor を一部改変)

見たあとに読み返せば、なるほどと思えるはずだ。

ここで恐竜たちの話をしないわけにはいかない。よく知られているとおり、彼らは約六五〇〇万年前の白亜紀末に一匹残らず絶滅してしまった。そのきっかけが先に紹介した天体衝突であったことも、テレビ番組などでたびたびとりあげられているので、もはや常識に属することかもしれない。

他方で、その絶滅の過程がどのようなものだったのかについては、一般的にはそれほど知られていないのではないかと思う。というより、恐竜の絶滅に過程があったということ自体、ほとんど意識されることがないのではないか。つまり、恐竜たちは天体衝突によって吹き飛ばされるなり焼き殺されるなりして、一挙にこの世から消えてしまったのだと思われているのではないか。

少し不思議なのは、恐竜は図体がデカくなりすぎたせいで自滅したのだ、という説も同じくらい強く信じられているように見えることである。二つの俗説、すなわち恐竜は不運にも天体衝突によって吹き飛ばされたのだという説と、恐竜は図体がデカくなりすぎて自滅をしたのだという説は、両立させることがとても難しい。それなのに私たちは、なんら抵抗なくどちらも同じように信じているようなのである（後に述べるように、このことは私たちの進化論理解がどのようなものであるかをよく語っている）。

もし恐竜が天体衝突によって一挙に絶滅してしまったのなら、彼らは第一のシナリオ、すなわち弾幕の戦場によって絶滅したのだということになる。また、もし恐竜が図体の大きさによる適応力不足によって絶滅したのなら、彼らは第二のシナリオ、すなわち公正なゲームによって絶滅したのだということになる。だが、実際には彼らの絶滅は、弾幕の戦場によるものでも公正なゲームによるものでもなかったと考えられている。つまり彼らは第三のシナリオ、すなわち「理不尽な絶滅」の犠牲になったのである。

以下、実際にチクシュルーブ・クレーターの地質調査を行った惑星科学者の松井孝典と地質学者の後藤和久の記述をもとに、その次第を追ってみよう（松井 2009; 後藤 2011）。

恐竜とは、三畳紀後半の二億数千万年前に登場した一群の生物で、分類学的には爬虫綱の竜盤目（ティラノサウルスやメガロサウルス）と鳥盤目（トリケラトプスやイグアノドン）に加えて、一億数千万年前のジュラ紀後期に出現した鳥類を含めたものを指すとされる（だから窓の外に見えるスズメなども恐竜の子孫である）。だが、一般に恐竜といえば鳥類を除いた「非鳥型恐竜」を指すし、恐竜絶滅にかんする諸研究にもそうした慣用があるので、本書もそれにならおう。

さて、白亜紀末の天体衝突が大規模な弾幕の戦場シナリオをもたらしたことは先にも述べた。だが、事件には続報がある。衝突で巻き上げられた大量の塵は天然のナパーム弾となって大地を焼き尽くしたが、一部の小さな塵は宇宙空間にとどまり、地球へ降りそそぐ太陽光をさえぎることになった。その結果、「衝突の冬」と呼ばれる地球規模の寒冷化が起こったと考えられている。

太陽光の遮断は、数か月から数年にわたってつづいたようだ。それによって既存の食物連鎖が崩壊したことが、恐竜全滅の最大要因だったと考えられている。まず、太陽光がさえぎられたことにより、陸上植物や植物プランクトンといった光合成生物が死滅した。食物連鎖の基底にいた光合成生物の絶滅によって、それらの植物を食べる草食恐竜が絶滅し、そして草食恐竜を食べる肉食恐竜も絶滅してしまった、という次第である。

寒冷化も相当ひどいものだったらしい。天体衝突後一〇年程度のあいだに、最大一〇度の寒冷化が起きたようだ。ひょっとすると、「一〇度の温度差なんて平気だよ」と思うかもしれない。ところが、地球の平均気温というものは一度下がるだけで飢餓や疾病を頻発させるほどの影響力をもつ。ヨーロッパ史で「一七世紀の危機」と呼ばれる飢饉や健康状態の悪化(人間の平均身長も二センチ下がったといわれる)は小氷期という寒冷化が原因だったといわれることがあるが、それでも平均気温の下げ幅は一度にも満たない。それが一〇度も下がったのである。これも恐竜たちを不利にしただろう。

ちなみに、二〇一四年三月、千葉工業大学惑星探査研究センターのチームが、大型レーザー装置を用いた実験をもとに、衝突後に降り注いだ硫酸の酸性雨が大量絶滅の原因であるとの新説を発表した(Ohno et al. 2014)。これまで説明がむずかしいとされてきた海洋生物の絶滅も容易に説明する包括的な仮説として期待されるとのことで、今後の展開が楽しみである。

さてここで、先に掲げた理不尽な絶滅シナリオの要約を思い出してほしい。それは「ある種の生物が生き残りやすいという意味ではランダムではなく選択的だが、通常の生息環境によりよく適応しているから生き残りやすいというわけではないような絶滅」というものだった。

要約の前半部分に「ある種の生物が生き残りやすいという意味ではランダムではなく選択的」とあるように、衝突の冬における絶滅は、明らかにランダムではなく選択的だった。生き残りやすかったのは、当然ながら、光合成を必要としない菌類や寒冷な気候に強い小動物といったものたちである。それにたいして恐竜はこの状況下ではもっとも不利な部類に属する生物だった。そして大事なのは要約の後半部分、すなわち「通常の生息環境によりよく適応しているから生き残りやすいというわけではないような」の部分である。

「通常の生息環境」とは、もちろん太陽光のある環境のことだ。衝突の冬の一時期を除くほとんどすべての期間（何十億年）にわたって地球環境には太陽光はあって当然のものであり、多くの生物を育む源だった。恐竜たちもまた一億数千万年ものあいだ、そうした「環境によりよく適応し」てきたのである。そのようにして築き上げてきた生き方が、天体衝突という不運としかいいようのない事件によって突然、決して「生き残りやすいというわけではない」ということになってしまったのだ。

まず天体の衝突という運の支配があり、そして衝突の冬でのサヴァイヴァルゲームという遺伝子（能力）を競うゲームの支配がやってきた。天体衝突が運の支配する出来事であったのは、それが生物の能力や生態とはいっさい関係のない出来事だからだ。衝突の冬が遺伝子（能力）を競うゲームの支配下にあったのは、それが太陽光の遮断と寒冷化から相対的に影響を受けにくい特徴や生態をもつ生物だけを選択的に生き延びさせたからだ。このようにして、恐竜は理不尽な絶滅シナリオの犠牲となったのである。

以上のとおり、理不尽な絶滅とは、弾幕の戦場のもとでの運の支配と遺伝子を競う公正なゲームの支配とが組み合わされたシナリオである。そうだとすれば、このシナリオによって滅んだ恐竜は運も遺伝子もわるかったということになるのだろうか。一瞬そのように考えそうだが、じつはそうではない。理不尽な絶滅の犠牲者は、つまり恐竜は、むしろ二重に運がわるかったと言うべきである。遺伝子を競うゲームの土俵自体が、運によって入れ替えられてしまうということ、それがこのシナリオの要点だからだ。

恐竜はまず、たまたま起きた天体衝突のときに、たまたま繁栄を迎えていたという点で、運がわるかった（たまたま繁栄していなければ被害は少なかったかもしれない）。さらにふたまわり目の不運が恐竜を襲う。それは、たまたまもたらされた衝突の冬が、たまたま自分にとって徹底的に不利な環境であったというものだ（たまたま相対的に有利になった生物もいた）。彼らはそこで、これまで自分の影に隠れて生きてきたような小物たちが生き延びるのを横目で見ながら滅んでいったのである。理不尽な絶滅の犠牲者はこのようにして二重の不運に見舞われる。

このシナリオを理解する際のポイントは三つある。ひとつめは、生存のためのルールが変更されてしまうこと。衝突の冬では、太陽光の遮断と寒冷化によって、ルールの変更が急激かつ大規模に行われた。二つめは、そのようにしてもたらされた新しいルールの内容は、それまで効力をもってきたルールとは関係がないということ。つまり、それまで何億年ものあいだ培ってきたルールへの適応が、新しいルールのもとでは役に立たないということだ。衝突の冬で起きたルール変更は、有力な生物の多くが前提としてきた太陽光を遮断することで、彼らの能力と実績を白紙に戻すようなものだった。そして最後に、そのようにして設定された新しいルールは、それでもルールとして厳格に運用されるということ。衝突の冬における太陽光の遮断と寒冷化は、これまで文字どおりの日陰者であった、光合成を必要としない生物や寒冷な気候に強い小さな生物だけを、選択的に生き残らせたのである。

生存ルールは運次第——理不尽の含意

ここまでくれば、恐竜が第一のシナリオ（弾幕の戦場）でも第二のシナリオ（公正なゲーム）でもなく、第三のシナリオ（理不尽な絶滅）の犠牲になったということがわかると思う。

理不尽な絶滅は、弾幕の戦場とも公正なゲームとも明確に異なるが、両者と要素を共有してもいる。そこでは、弾幕の戦場で主役となる運と、公正なゲームで主役となる遺伝子（能力）が組み合わされているからだ。

弾幕の戦場を支配するのは端的に運であり、存亡そのものが遺伝子（生物の特徴や能力）と関係なく非選択的に決まる。公正なゲームを支配するのは遺伝子であり、存亡はその生物の遺伝子が表現する特徴や能力に応じて一定の生存ルールのもとで選択的に決まる。しかし理不尽な絶滅では、生存ルールは運次第で決まるにもかかわらず（天体衝突は生物にとっては運の問題以外の何物でもない）、そのようにして決まったルールは生物の特徴や能力つまり遺伝子に応じて選択的に犠牲者を決定するのである（衝突の冬を生き延びられたのは特定の生物だけだった）。いわば、万人に公平なはずの運が不公平にもたらされるのであり、公正なはずのゲームが不公正にもたらされるのだ。

第三のシナリオが「理不尽な」絶滅と呼ばれる理由がここにある。理不尽な絶滅が理不尽であるのは、生物を絶滅に追いやる生存ルールが苛酷であるとか厳しいとかハードルが高いとかいうこと自体に存するのではない。弾幕の戦場をもたらす災害や公正なゲームにおける競争もそれなりに苛酷なものにちがいない。それが理不尽であるのは、従来の生存ルールと新たな生存ルールとのあいだに、また、これまで成し遂げてきた適応とこれから成し遂げなければならない適応とのあいだに、関係がないからなのである。それは苛酷なものである以前に、なにより不公平なものなのだ（しかる後に苛酷で厳しくハードルの高いルールが絶滅生物を追い詰める）。これが、理不尽な絶滅シナリオが理不尽であるゆえんである。

ラウプが「理不尽な」を指すのに用いている“wanton”という言葉は、「気まぐれな」「淫らな」などを意味する英語である。*Oxford English Dictionary* によれば、古い英語の「まちがって」を意味する“wan”と、「もたらす」を意味する“tee”の過去分詞

“towen”が組み合わされた言葉とのこと。理不尽な絶滅シナリオでは、生存ルールが「まちがって」「もたらさ」れるということだ。

上司から納期の短縮を命じられるとき、それは苛酷な要求ではあるかもしれないが、もっともな理由があるかぎりは理不尽な要求とはいえない。しかし、仕事といっさい関係なくビールを買ってこいとか結婚しろなどと言われたらどうだろうか。それは苛酷かどうかという以前に、理不尽な――「まちがって」「もたらさ」れた――要求だろう。

ここで、「変化するルールについてではなく、生物の絶対的な優劣について語れないのか」という疑問がわくかもしれないが、それは考えても詮無い問題だ。いちばん格好いい生き物はなにかとか、いちばん強そうな生き物はなにかといった趣味的な観点でなら、楽しい話ができるだろう（私はそれぞれダイオウイカとクマムシに一票を投じる）[10]。だが、優劣というものはルールに応じて相対的に決まるしかないのだから、絶対的な優劣について論じても意味がない。というか、それは実際には別の話――主観的な好悪にかんする主張――をしているだけなのである。

10　クマムシ博士こと堀川大樹による『クマムシ博士の「最強生物」学講座――私が愛した生きものたち』は楽しすぎる最強生物の紹介。ダイオウイカについては、話題になったＮＨＫスペシャルの内容を収録した『ドキュメント深海の超巨大イカを追え！』がある。

恐竜は自業自得か――先入観が根強い理由

それでもなお、恐竜の絶滅は自業自得なのだという考えは、なかなかに根強いようである。先に挙げたように、恐竜たちは図体が大きくなりすぎたせいで絶滅したのだという俗説がある。これに乗った定型句、たとえば「新聞メディアは絶滅寸前の恐竜だ」といった言いまわしまである。新聞についてはともかく、少なくとも恐竜にかんしては、これは不当な評価ではないだろうか。たしかに、衝突の冬に臨むにあたって恐竜の身体の大きさは不利に働いたにちがいない。だが、そもそも白亜紀末に運わるく天体が衝突しなければ、それは依然として有利なありかただったにちがいないのである（恐竜は当時すでに衰退しつつあったという説もあるが、それはまた別の話）。

あるいは、より一般的な話として、恐竜は環境の変化に適応できなかったから絶滅したのだという俗説もある。たしかに、実際に恐竜は絶滅したのだし、その事実に乗っかれば自業自得の理由などいくらでもつけられそうである。だが、白亜紀末に到来した衝突の冬は「今年の冬はずいぶん冷えますわね」とかそういうレヴェルの出来事ではない、ということを忘れてはならない。なにしろ恐竜は一億五千万年ものあいだ繁栄してきたのだから（それにたいしてヒトの歴史はせいぜい七〇〇万年、現生人類にいたってはわずか二〇万年）、通常の意味での環境への適応などずっと長いあいだ成し遂げてきたはずなのだ。そもそも恐竜が恐竜になったのはそうした適応の結果なのである。

ゲームやスポーツの世界では、ルール変更は多くの場合、現行ルールの漸次的改変というかたちで行われる。こうした環境の下では、ルール変更への対応もプレーヤーの能力のうちに数えられるかもしれない。だが、チェスの駒が重量挙げのバーベルに置き換わるようなことになれば、チェスプレーヤーの能力という概念そのものが崩壊するだろう。趣味や気散じであれば別物になってしまったゲームから降りることもできるだろうが、生物であるかぎり生存のゲーム——生まれ、生殖（できれば）して、死ぬ——そのものは続く。恐竜を襲ったのは、このような理不尽な絶滅であった。

恐竜が受けた試練は、指導者から突然に競技種目の変更を命じられたスポーツ選手に似ている。たとえばNBAのバスケットボール選手が、小学校の運動会で見られるような障害物競争への転向を強制されたとしたらどうなるだろうか。彼の驚異的な身体能力の一部はもちろん障害物競走にも活かされるだろう。跳び箱やハードルを軽々とクリアして観客を驚嘆させるにちがいない。だが、トンネルや輪くぐりはどうだろうか。マイケル・ジョーダンもお手上げであろう。日本の小学生向けにつくられた障害物を彼の巨体がくぐりぬけることは物理的に不可能である。すべての障害物をクリアしなければゴールできない障害物競走において、これは致命的なディスアドヴァンテージだ。失格になるしかない。

それでもなお自業自得説でなければ納得できないという人がいるかもしれない。だが、もし恐竜の絶滅を自業自得とするならば、天体衝突を運の問題ではないと考える必要があり、結局は極端にハードな決定論か神秘的な宿命論に陥ることになるだろう。おもしろいのは、そうなればなおさら恐竜の自己責任を問うことができなくなるということである。すべてがあらかじめ決定されていたり宿命であったりするならば、恐竜がなにをどうしようと関係ないのだから。

このように自業自得説を検討していくと、それは結局のところ私たちの主観的な感覚や信念の問題に帰着するように思う。そのとき問われているのは恐竜の自己責任ではない。問われているのは私たち自身の感じ方や考え方のほうなのだ。いわれてみれば、たしかに私たちの心性には、絶滅を自業自得と考える根強い傾向があるような気がしてくる。それはなぜだろうか。

ラウプはこれを、私たちが地球にたいして抱く好印象のためではないかと述べている（Raup 1991＝1996: 18-9）。地球はそこに住む生き物の都合などおかまいなしにさまざまな災害や異常気象をもたらすが、それにもかかわらず私たちは根本的には地球とその自然にたいして好意的だ。その好印象によって地球とその自然が免責されるとしたら、当然のなりゆきとして、絶滅生物自身に絶滅の原因が帰せられるようになる。

それはあるかもしれない。たしかに私たちはこの星のことを大事に思っている。そうでなければ、地球にやさしくとか自然を大切にとかいう物言いもないだろう。映画などを観ていると、地球には毎年のように存亡の危機が訪れているようなのだが、結局はヒーローやヒロインの活躍によって救われることになる。

だが、それだけではないようにも思う。自業自得説の根強さには、私たちの認知バイアスも影響しているのではないだろうか。認知バイアスというのは、人間が物事を見る際に無意識のうちに抱く特有の先入観で、いわば「脳のクセ」のようなものだ[11]。

それは心理学で「公正世界仮説」(just-world hypothesis)と呼ばれるものである(Lerner 1980)。その名のとおり、世界は(不当な不運に見舞われたりすることのない)公正な場所だとする私たちの信念を指す。世界が公正なものであれば、失敗も成功も本人が自ら招いたものだということになる。努力した者は報われ努力しない者は報われない、あるいは、よいことをした者にはよいことが起き、わるいことをした者にはわるいこと

11　池谷裕二『自分では気づかない、ココロの盲点』は、「あなたが正しいと思うことが間違っている理由」を実証的な調査研究とデータによって示してくれる。古典的なものから最新例まで、私たちの「脳のクセ」(認知バイアス)をドリル風に紹介・解説。題材が認知バイアスであるだけに、感心すればするほど不安になるという興味深い本だ。巻末の認知バイアス一覧も有益(もちろん公正世界仮説の項もある)。

が起こるということだ。この信念のおかげで、私たちは努力や善行が無意味なものではないと信じて、それらを実践することができる。

だが、この世には不運な事故や災害、不当な行為による被害など、公正世界仮説を脅かすような出来事や事態がしばしば生じる。そんなとき私たちはどうするか。あまり楽しい話ではないが、公正世界仮説が脅威にさらされた場合、人は往々にして被害者の人格を傷つけたり非難したりすることで信念の維持を図る傾向があるというのである。たしかに、週刊誌や匿名掲示板などでは凶悪事件の被害者や不慮の事故の犠牲者をことさらに貶めるような報道や投稿がどこからともなくわいてくる。また、地震と津波の被災者に追い討ちをかけるような言葉や行為を私たちはたくさん目にしてきた（Mendoza-Denton 2011=2011）。

不運によって滅んだ生物を死後にいたってなお鞭打とうとする自業自得説の背景には、このような私たちの心理的傾向があるように思う（ラウプの言う地球にたいする無条件の好印象もその一部として理解できるだろう）。

こうした認知バイアスは、私たちが日常的に行っている判断のなかでもとくに重要なものと考えられている道徳的判断にも強い影響を与える。イギリスの哲学者バーナード・ウィリアムズは、「道徳における運」（moral luck）という興味深い問題を提出した（Williams 1981=2019: chap. 2; 吉川 2012）。

ある自動車ドライバーが運転中、広告看板に目をとられて路肩に乗り上げてしまった。ドライバーは大いに肝を冷やすことだろうが、それがたまたま物もなく人もいない場所で起きたとすれば、家に帰るころには笑い話になっているかもしれない。運転時の不注意は責められるべきものだが、そこまで強く咎められることはないだろう。だが、もしその場所で人びとが信号待ちをしていたとしたらどうだろうか。笑い話どころではない。人びとの列に突っ込んだドライバーは、その責任を法的にも経済的にも道徳的にも強く問われることになるだろう。広告看板に目をとられて道を踏み外すという行為への道徳的評価が、それがもたらす偶然的な帰結によって左右されるのである。

ウィリアムズは、画家のゴーギャンの例を挙げている。ゴーギャンは妻子を捨ててタヒチに渡ったが、そこで多くの優れた絵を描き、人びとに認められることになった。家族を捨ててまでして芸術に賭けた彼の勇気ある行動を、後世の私たちは立派なものとみなして称賛する。しかし、もし彼が成功しなかったらどうだろうか。ただのクソ野郎と呼ばれるかもしれない。

ここでは道徳的な善悪が事後的な回顧にもとづいて決定されている。しかし本来、道徳的価値というものは、偶然によって左右されるようなものであってはならない。ある人が偶然によって、たとえばくじ引きによって善人になったり悪人になったりするようでは、道徳という概念そのものが意味をなさなくなる。それは偶然性とは対極にある必然性と一貫性（たとえば高潔な人格）にもとづいて判断されなければならないのだ。このように偶然性と無縁でなければならないはずの道徳的価値が、そのじつ偶然によってもたらされた結果にもとづいて成立しているということを示すのが、この「道徳的な運」である。

恐竜を引き合いに出す自業自得＝自己責任論が、たんなる事実の確認としてではなく、もっぱら貶めたい相手にたいする嘲りとして用いられるという事実は、私たちの道徳的判断が逆説的にも偶然的なものに依存していることを示すよいサンプルである。社会学者の大澤《おおさわ》真幸《まさち》は、この「道徳における運」は理不尽な絶滅の人間版であると述べ、それが人間社会を考える際に重要な示唆を与えることを論じている（大澤 2012）。

ともかく、理不尽な絶滅さえも自業自得としてしまっては、優劣とか適応能力といった概念を無内容で役立たずな言葉にしてしまう。これはもとより自業自得論者の望むところではないはずだ。なぜなら、彼らが好きな能力や責任についての話が空文化してしまうからである（じつはそれこそが密かな望みなのかもしれないという可能性もある。それについては第二章で論じよう）。

私としては、恐竜を無理やりに因果応報や自己責任の枠に押し込めようと奮闘するのはやめにして、彼らは理不尽な絶滅によって運わるく滅んだのだと素直に認めてしまうことを提案したい。とはいえ、いま見たように、私たちの心理的傾向がそれを強く阻むのである。

理不尽な生存――人間万事塞翁が馬

さて、理不尽な絶滅があるなら、当然、理不尽な生存というものもある。次にその例を紹介しよう。

天体衝突の余波は、恐竜だけでなく哺乳類や海生生物にも大きな打撃を与えた。海中を浮遊していたプランクトンの大半も死滅してしまった。太陽光の遮断によって光合成が阻害されたのだから、当然の結果ではある。そんななかで、珪藻類（単細胞の海洋性プランクトンの一種）は例外的にも無事に切り抜けることができた。なぜだろうか。

珪藻類は海洋の湧昇流（深層から表層に湧き上がる海水の流れ）によって季節的に巻き上げられる栄養分に依存して生きていた。珪藻は、湧昇流が栄養分をもたらす季節に生長・増殖し、栄養分がなくなる季節には休眠する。この休眠が、暗闇をやりすごすのにたまたま適していたらしいのだ（Gould 1989=2000: 541-2）。

いわば偶然が偶然を制したわけで、湧昇流の季節変動に対処するために進化した休眠の仕組みが、衝突の冬を生き延びる冬眠の代わりになったのである。給食で集団食中毒が起こった日にたまたま大寝坊をして難を逃れた生徒のようなものだ。

休眠できるというのは確かにひとつの能力であり、それをもって珪藻類が優れていた証しとしてもいいかもしれない。だが、休眠能力はそもそも季節的な変化に対応して進化したものだ。それが後に役立つかどうかを前もって知る術はないし、衝突の冬にそれが役立つであろうことなど、なおさら知るべくもない。宇宙から天体が襲来するまで、太陽光の遮断などというオプションは世界に存在しなかったのである。

むしろ、珪藻類は優秀だから生き残ったというより、新たに設定されたルールのもとで、優秀ということになったのだといえる。恐竜が衝突の冬によって劣っているということになったのと対照的である。新しいルールは、生物がそれまで培ってきた実績をないがしろにし、いわば理不尽に生存者と犠牲者を選んだのである。

じつは大昔の哺乳類――私たちの遠い祖先――もまた、理不尽な生存者の一員である。珪藻類と同じく衝突の冬を辛くも生き延びた哺乳類の一部は、その小さな身体が食糧難と寒冷化を耐え抜くのに功を奏したらしいのだ。いまでこそ、ヒトやウシといった大型動物を多く擁する哺乳類だが、当時は全長わずか一〇センチ程度のものしか存在しなかったといわれる。なぜ大きな身体をもたなかったのか。それは、来るべき天体衝突に備えて……なんてことは、もちろんありえない。彼らの身体が小さなものであったのは、どちらかといえばマイナスの理由から、つまり大地にはすでに恐竜たちが君臨していたからにほかならない。

その意味で当時の哺乳類は、二重に運がわるかった恐竜と対照的に、二重に運がよか

恐竜を見送る哺乳類（想像図／提供：ＮＨＫ）

ったといえる。哺乳類はまず、たまたま起きた天体衝突のときに、たまたま小さな存在だったという点で、運がよかった（もし大きな体軀を獲得していたとしたら、とても乗り切れなかっただろう）。次に、たまたまもたらされた衝突の冬が、たまたま自分にとって相対的に有利な環境であったという点でも、運がよかった。

変な話、会社の人事などでは、こうした理不尽な絶滅と生存のシナリオのほうが、弾幕の戦場や公正なゲームなどよりもはるかにリアリティがあるように感じないだろうか。創業社長が急死し、息子が新社長に迎えられる。破天荒なやりかたで会社を大きくした先代とちがい、二代目は堅実を絵に描いたような人物。社内の雰囲気は一変し、勢力地図が塗り変えられる。先代お気に入りの個性あふれる暴れん坊が干され、一見パッとしないが着実に仕事をこなす何某が抜擢されたりする。逆のパターンもある。真面目一徹だった職人上がりの創業社長が引退し、山っ気たっぷりの息子が新社長に就任する。会社のグローバル化を宣言した若社長は、なにやら怪しげなカタカナ職業の人員を補充して、急に先物取引や企業買収や新規事業の開拓などを始め、(以下略)。このようにして在籍する社員は急激かつ大規模な会社の変化に右往左往することになる。評価の基準が変わることに加えて、新たな基準がこれまで通用してきた基準と無関係であることから、メンバーの評価や地位が乱高下するのである。どんな状況でもそれなりにうまくやる者はいるだろうが、誰もがなんらかのかたちで大きな影響を受けることになる。そして今日もまた、理不尽な異動や理不尽な昇進、理不尽なリストラや理不尽な馘首が生まれていることだろう。

プレーヤーの能力や実績とは無関係に新しいルールが導入される結果、成功をもたらしている長所がそのまま致命的な欠陥に転じたり、欠陥であるものが思いがけず長所に転じたりもする。理不尽な絶滅とは、そのようにして起きる絶滅のシナリオである。

理不尽な絶滅の重要性

支配的なシナリオはどれか——大役を演じる理不尽な絶滅

以上、三通りの絶滅シナリオ（弾幕の戦場／公正なゲーム／理不尽な絶滅）を紹介してきた。生物の歴史において、そのどれもがある時ある場所ある規模において起こった（起こっている）ことはまちがいない。では、もっとも影響力のあるシナリオ、または支配的なシナリオはあるのだろうか。ラウプは、理不尽な絶滅シナリオこそがそれだと答える。

私はこう結論する。よく知られているように、進化にとって絶滅は必須の現象であり、しかも、生物の適応度にはほとんど関係のない選択的な絶滅（理不尽な絶滅）が、いちばん支配的な役割を果たしてきただろうと。（Raup 1991＝1996: 228）

もし弾幕の戦場が支配的なシナリオだったのだとしたら、三葉虫類やアンモナイト類のような、広大な生息域と個体数をほこる生物がつねに生き残るはずだ。しかし、現実には三葉虫もアンモナイトも絶滅した。これらの名士たちがランダムなロシアンルーレットのみによって絶滅したとは考えにくい。そこにはなんらかの選択性が働いているにちがいない。

もし公正なゲームが支配的なシナリオなのだったとしたら、より環境に適応した者、つまり優れた者がつねに生き残り、自らを改良しつづけていくだろう。というより、そうしたゲームをわれわれは公正だとかフェアだとか呼ぶ。しかし、生物の歴史においては時代の覇者――適応に成功した者――が忽然と姿を消してしまうようなことがしばしば起こる。白亜紀末の天体衝突につづいて起こったプランクトンや恐竜の消滅がその一例だ。これらの名士たちが公正なゲームで脱落したとは考えにくい。そこにはなんらかの運が働いているにちがいない。

そこで理不尽な絶滅である。生物史の名士たちをも滅ぼすそのような難事業が可能なのは、ある種の生物だけを生き延びさせるという選択性と、生物の能力や実績などおかまいなしにルールを押しつける気まぐれさを兼ね備えた、このシナリオだけだ。弾幕の戦場や公正なゲームにはとてもそんな真似はできないだろう。

理不尽な絶滅シナリオが絶滅の歴史において占める突出した地位は、大量絶滅と呼ばれる生物の大規模な絶滅事件によるところも大きい。意外に思う人も多いだろうが、ふつう生物はなかなか絶滅しないということが専門家のあいだでは知られている。化石記録中での種の平均「寿命」は、およそ四〇〇万年といわれる（Raup 1991=1996: 133）。現生種の数を仮に四〇〇〇万種とするなら、一年のうちに絶滅する種の数はわずか一種ということになる（四〇〇〇万種でも一〇種）。人間の介在を別にすれば、種の絶滅はまれな出来事なのだ。それなのに、短い期間のうちに地球上の全生物種の数割（場合によっては九割以上）を一気に取り除いてしまうような出来事が、これまでに何度も生じてきたのである。このような狼藉も、弾幕の戦場や公正なゲームにはなしえないだろう。ひとえに理不尽な絶滅の仕業である。

大量絶滅――ビッグ・ファイヴ

理不尽な絶滅シナリオが全地球的規模で猛威を振るうのが、「大量絶滅事変」（mass extinction events）と呼ばれる出来事だ。その名のとおり、多数の生物群が短期間のうちに絶滅してしまう現象で、白亜紀末（約六五〇〇万年前）の天体衝突がもたらした大絶滅もそのひとつである。

これまでに計五度の大量絶滅があったとされており、専門家からは「ビッグ・ファイヴ」などと呼ばれている。それぞれ、オルドビス紀末（約四億三五〇〇万年前）、デボン紀後期（約三億六〇〇〇万年前）、ペルム紀末（約二億五〇〇〇万年前）、三畳紀末（約二億

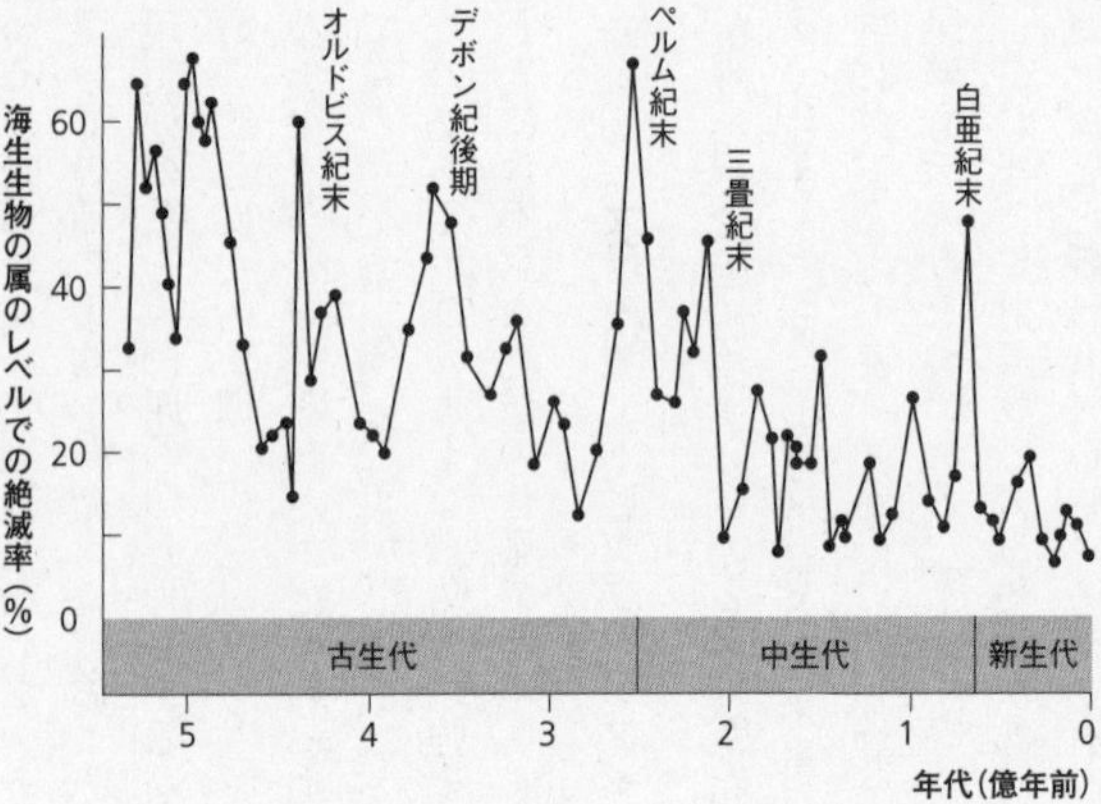

ビッグ・ファイヴ（Sepkoski 1996をもとに一部改変）

一二〇〇〇万年前）、白亜紀末（約六五〇〇万年前）に起こったらしい。原因については諸説あるが、天体衝突のほかにも、気温や海水面の変動、酸素の減少などが考えられている（当のラウプは、二六〇〇万年周期で起こる天体衝突がすべての大量絶滅をもたらしたという大胆な仮説を提唱したが、多くの支持は得られていない）（平野 2006: 7）。

　当然のことながら、自然——太陽も天体も隕石も、地球の自然環境も——は、べつに生き物のために動いているわけではないし、生き物の事情を考慮することもない。彼らは彼らの天文学的あるいは物理化学的な事情で動くだけだ。その結果、自然は（生き物にとって）都合のいい方向に動いたりわるい方向に動いたり、特定のものに有利に動いたり不利に動いたりすることになる。理不尽な絶滅は、こうした自然の事情と生き物の事情の（ミス）マッチングによって起こる。その顕著な例が大量絶滅事変なのである。

ちなみに、白亜紀末に起こった大量絶滅が史上最大の絶滅事件というわけではない。白亜紀末の事件が有名なのは、いちばん最近の大量絶滅事変だということ、それゆえに明らかになっている事実が多いこと、天体衝突というドラマティックな出来事と人気者である恐竜の絶滅を含むこと、などの理由からだろう。

史上最大といわれるのはペルム紀末（約二億五〇〇〇万年前）の大量絶滅で、じつに九六パーセントの生物種が滅んだといわれている。もはや悲惨というより、清々しく痛快な印象すら与える自然界の大掃除である。これだけのことがありながら、生命が毎度しぶとく生き延びてきたというのもすごい話であるが。

ビッグ・ファイヴの仲間入りはしないまでも顕著な規模の絶滅事変をカウントすれば、おそらく二〇回は下らないだろう。そのたびに理不尽な絶滅のシナリオは新たに書き起こされ、生物の進化を思わぬ方向に導いたのである[12]。

進化にとって絶滅とは——絶滅の進化的意義

「生物は運がわるいせいで絶滅する」と言うとき、ラウプはたんに運が大事だと指摘しているのではない。それだけでなく、生物の歴史における運の独特な働きかたに目を向けるよう私たちに促しているのである。そうすることで、恐竜や哺乳類の理不尽な絶滅と生存の事例で見たように、遺伝子を競うゲームが運によってもたらされる事態、二重の不運と二重の幸運、公正なルールの不公正な導入、公平な運の不公平な適用といった、生物の存亡を左右する微妙で複雑な運の働きかたを確認することができる。

それに、絶滅現象、とりわけ大量絶滅事変による理不尽な絶滅は、生物進化の歴史において重大な役割を担ってきたことが知られている。生物の歴史における適応上の飛躍的革新の多くは、大規模な大量絶滅、とくにビッグ・ファイヴの終結後にもっとも顕著に認められる。そうした理不尽な絶滅においては、特定の種のグループ全体がごっそりと消え去るといったことが起こるが、その跡地こそが、つづく革新的進化のためのステージになるのである。ヒトを生みだしたことで全地球的規模の影響力をもつにいたった哺乳類の革新的進化も、恐竜の絶滅という事件が開いた広大な地理的・生態学的な空白によって、はじめて可能になったものである。

その意味で、絶滅、とくに大量絶滅事変《カタストロフ》は、後継者たちに進化的革新《イノヴェーション》のための作業場《ワークプレイス》を提供する。そしてそれは進化的革新の内容を指示《ディレクション》することはないものの、その可能性と限界を規定《プロデュース》するのである。

絶滅生物たちが進化のサヴァイヴァルゲームに参加することはもはやない。すでに絶滅＝退場してしまったのだから当然だ。しかし彼らは、まさに彼ら自身の不在によって、かつて彼らが占めていた空席をめぐるサヴァイヴァルゲームを加速させる。そうしたことがなければ、衝突の冬を生き延びた小さな哺乳類の一部が、その後に私たちのような存在を生みだすこともなかっただろう。

ところで、もし地球外に知的生命体が存在するとしたら、どんな星に住んでいると思うだろうか。多くの人は、過ごしやすく安定した環境を備える惑星だろうと考えるのではないだろうか。これもラウプが教えてくれたのだが（Raup 1991=1996: 224-5）、NASAをはじめとした地球外知的生命体探査[13]（SETI: Search for Extra-terrestrialIntelligence）の研究機関も、かつてはそのように考えていたのだそうだ。だが、「かつて」ということは、いまはちがうということである。いまでは、もし高等な

12　まさに現在、六度目の大量絶滅が進行中とする議論がある。この調子でいけば二〇五〇年には生物種の半分が消滅してしまうと推定する者もいる。詳しくは、ジャーナリストが絶滅研究の現場を取材したエリザベス・コルバート『6度目の大絶滅』を参照。なお、現在の絶滅現象の主原因は私たち人類である。実際、人類は地質学的なスケールで自然環境に影響をおよぼしており、地球はすでに「人新世」――「人類の時代」の意――と呼ぶべき地質年代に入ったとする学説が有力視されている。人新世については拙著『人間の解剖はサルの解剖のための鍵である』第二章を参照。

知的生命体が存在するとしたら、それは安定した惑星環境ではなく、種の絶滅を引き起こす環境の攪乱がたっぷりとあり、それによって種分化が促進されるような惑星環境、つまり理不尽な絶滅が起こるような惑星にちがいないと考えられているとのことである。ビッグ・ファイヴを込みで考えるならば地球はまさにそのような星である。

フェアプレーはまだ早い――ちょっとだけ絶滅寄りに

この章の考察は、地球上に現れた生物種の九九・九パーセントが絶滅するという事実から出発した。そして絶滅研究の権威デイヴィッド・ラウプ博士に登場を願い、生物の絶滅がなぜ、どのように起こるのかについて教えを乞うた。

博士はこんな問いかけを行った。そもそもなぜ生物は絶滅するのか？　遺伝子がわるいのか？　それとも運がわるいのか？　と。そして、生物がどのような道筋をたどって絶滅にいたるのかを調査・考察した。

そこで得られた結論は次のとおりだ。まず、なぜ生物は絶滅するかといえば、たいていは運がわるいせいで絶滅する。そして、そうした絶滅がどのようにして起こるかといえば、それは遺伝子を競うゲームが、運によってもたらされる、理不尽な絶滅というシナリオに沿って起こるのだ、と。

その後、大量絶滅事変やその際に起きた恐竜の絶滅、哺乳類や珪藻類の生存といった例を見ながら、生物の歴史において理不尽な絶滅というシナリオがどのように書き上げられたかを確認した。そこで明らかになったのは、生物の歴史における理不尽な絶滅の独特な地位だ。それは、実績ある優良種を問答無用で退場させてしまう一方で、まさにそのことによって、生き残った生物が革新的進化を遂げる機会を提供したりもするのである。

さて、これまで描いてきたような絶滅にかんする事実と考察は、進化という現象や進化論のアイデアについての私たちの理解にどのような意義をもちうるだろうか。また、それは本書の残りの章でどのような役割を演じることになるだろうか。それを確認して本章を終えることにしたい。

13　地球外知的生命体探査とは、宇宙人（生物）を探すプロジェクトのこと。第一人者による鳴沢真也『宇宙人の探し方――地球外知的生命探査の科学とロマン』には熱いメッセージがほとばしっている。他方で、バージェス頁岩研究のスターのひとりサイモン・コンウェイ＝モリスの「宇宙人と交信しようとしている人は、最悪の事態を想定すべきだ」という警告も興味深い。たしかに宇宙人が大航海時代のコンキスタドールみたいな連中（人間みたいな連中）だったらどうするのだろう。ちなみに、「なぜ宇宙人は見つからないのか」という観点から書かれたスティーヴン・ウェッブ『広い宇宙に地球人しか見当たらない75の理由』もおもしろい。

まずは進化についての全体的なイメージの水準で話をしよう。妙な言いかたになるが、私は、進化についてのパブリックイメージが、もうちょっとだけ（本書の言う意味で）絶滅寄り、理不尽寄りになったらいいなと思っている。というのも、私たちが日常的に接する進化の話題は、生存寄り、競争寄りに偏りすぎているように思うからだ。もちろん私は、生物の世界が競争を通じた生存のゲームであることを否定しない。問題は、それがどのような競争を通じた、どのような生存のゲームであるかを理解することである。それがこの章のテーマだった。

こうした関心から、事実としてほぼすべての種が絶滅すること、そのなかでも理不尽な絶滅のシナリオが大きな位置を占めていることを確認してきたのである。生物の歴史で演じられてきた生存のゲームを理解するためには、生存だけでなく絶滅の、競争だけでなく理不尽さのファクターが必要不可欠なのではないか。これらを無視してはゲームの理解はおぼつかないのではないか。もしこのような認識を共有してもらえたとしたら、本書の目標はすでに半分達成されたも同然ではないかと思う。

理不尽な絶滅シナリオの例で見たように、生物の世界のサヴァイヴァルゲームは、私たちが好きな各種スポーツ競技とちがって、そもそも公正・公平な観点から構築されたものではない。進化の舞台となる自然はべつに生物の都合や事情に合わせて動くわけではないのだから、それも当然のことだ。

それなのに私たちは、公正世界仮説の認知バイアスのせいかどうか知らないが、しばしばあまりにも早々にフェアプレー精神の罠に落ち込んでしまう。その結果、理不尽な絶滅の犠牲者はもともと劣っていたのだとみなし、理不尽な生存の受益者はもともと優れていたのだとみなす誤認を犯すことになる。理不尽な絶滅の犠牲者や生存者を、フェアな完全競争市場で勝ち残りあるいは敗れ去る企業のように考えているのである。

ちなみに、進化生物学の専門研究でも市場経済的な仮定やモデルが用いられることがあるが、多くの場合なんら問題はない。それらは概念的、方法論的、実用的等々の規定や限定によってその有効性が担保されているからだ。しかし、私たち素人が進化論の言葉やイメージを用いる場合はちがう。私たちは生物の世界や人間の社会の実相を一挙にとらえる世界像として進化論を用いているのであるから、それがあまりにも実相からかけ離れているようでは困るのである。

要するに、かつて魯迅が言ったように、「フェアプレーはまだ早い」のである。彼は二〇世紀初頭の中国における革命派と軍閥の激しい政治闘争の渦中で、相手がフェアでない場合にフェアプレーなど意味をもつのかという問題提起を行った。魯迅のひそみにならっていえば、遺伝子（能力）を競うサヴァイヴァルゲーム自体が運によってもたらされるというアンフェアで理不尽なものにたいして、公正世界仮説風のフェアプレー信仰などを後生大事に抱える必要などないのではないか、ということだ。五輪競技ならいざ知らず、少なくともこの件にかんしては、おそらくこれからもずっと「フェアプレーはまだ早い」はずである。

理不尽からの逃走／理不尽をめぐる闘争——素人と専門家

次に、イメージの水準ではなく、進化論の内容理解という水準で、本章での絶滅にかんする事実と考察がどのような意義をもちうるか考えてみよう。

絶滅にかんする事実と考察は、まず第一に、生物の進化にかんして、私たち素人がなにを見ないことにしているかを教えてくれる。それはほかならぬ第三のシナリオ、つまり遺伝子と運が交錯する理不尽さである。

これは恐竜の絶滅についての俗説によくあらわれている。先に疑念を提出したように、私たちは、恐竜は天体衝突によって一挙に滅んでしまったのだと語る一方で、図体が大きくなりすぎたせいで自滅したのだとも語る。前者は運（弾幕の戦場）による説明であり、後者は遺伝子（能力／公正なゲーム）による説明なのだが、両者は絶滅が非選択的か選択的かという点でたがいに排他的であり、本来は論理的に相容れないはずなのだ。それにもかかわらず実際には、本や雑誌や広告で同じ日に両方のヴァリエーションにどれだけ出会ったところで、私たちはいっさい矛盾を感じないのである。

そんな鈍感さがどうして可能なのか。それは、正味な話、残る第三のシナリオ（理不尽な絶滅）さえ避けられるならなんでもいいからではあるまいか。運または遺伝子の支配に還元できない、両者が交錯する理不尽ささえ避けることができれば、運のせいだろうと遺伝子のせいだろうと、そのときの都合次第でどちらを選んでもかまわないのだ。私たちはふだんそう意識しないが、しかしまさにそのように行っている（©カール・マルクス）。私たちは語る言葉として第一と第二のシナリオしか持ちあわせておらず、第三のシナリオは存在しないことになっているのだ。

　理不尽さを避け、無視し、なかったことにしようとするのはなぜだろうか。私は、そこになにか深遠な、あるいは切実な理由が必要であるとは思わない。ではなにか。身も蓋もないことをいえば、考慮に入れるのが面倒くさいからではないかと思う。理不尽さを直視しようとしたとたんに、すべてが一筋縄ではいかなくなるし、人にはそれぞれ事情がある（©真島昌利）と認めざるをえなくなるし、気の利いたことのひとつも言えなくなってしまう。それだけでもう、私たちがそれを避ける理由には十分である。おそらく私たちはそうした処理をほとんど無意識的に行っている。人間というものは、たとえ意識のうえでは愚かであっても、無意識のうえでは賢いものだ。面倒事を避けるという点にかけてはじつに狡猾なのである。

　事象そのものに興味をもてば、つまり面倒くさいと思わなくなれば、誰でも通俗的理解では満足できなくなるはずだ。本書が註のかたちで紹介しているのは、そうした面倒事をあえて引き受けようと決心してくれた人のための推薦図書である。

だからといって、ここで「めんどくさがらず興味をもて！」などと叫ぼうとは思わない。それには、なんに興味をもとうが自由だという基本的人権の尊重という理由もあるが、まずなによりも、私たち自身の進化論を理解するということが、本書の重要な目的であるからだ。

だから本書にとっては、私たちの通俗的理解が理不尽さを避けて通っているという事実そのものが解明すべきテーマとなる。それこそが私たちの進化論を素人の進化論にしている当のものだ。

ここで私は、玄人に近づけるよう努力することも大事だけれど、私たちの進化論理解がどのようなものであるかを知ろうとすることも大事なのではないかと呼びかけたい。それは自分自身を理解することでもあるからだ。そういうわけで、私たち自身の進化論理解の理解、あるいは誤解の理解を試みることが、つづく第二章の課題となる。

さて、絶滅にかんする事実と考察が教えてくれる第二のことは、私たち素人の進化論が避けて通っている当のものが、専門家の進化論にとっては争点であるらしいということだ。もちろん、遺伝子と運が交錯する理不尽さのことである。

専門家は専門家である以上、物事（生物の進化）を徹底的に究明しなければならない。だが、研究対象のなかには、合意を得やすいものもあれば、つねに対立を生じさせずにはいないものもある。そして後者のなかには、いつか決着がつきそうなものもあれば、いつまでも決着がつきそうにないものがある。さらにその後者のなかには、対立が当人たちの信念や思想的立場とわかちがたく結びついているために、科学的な論理・観察・実験の進展によるだけでは決着がつきそうにないような争点がある。遺伝子と運が交錯する理不尽さをどのように位置づけるかというトピックはまさにそれである。

実際、理不尽な絶滅シナリオは、進化論的にはすわりがわるい。遺伝子と運が交錯するシナリオと述べたように、自然淘汰説の中心的概念である適応という現象そのものの成立に、生物とは関係のない天体衝突といった外的な事情がかかわっているからである。進化論の専門家たちのあいだで巻き起こった大論争の争点も、煎じ詰めれば、この理不尽さをどのように理解し位置づけるかという点にあったと私は考えている。この争点を理解することが、第三章以降の課題になる。

本書の主要な主張のひとつは、以上のとおり、素人が見ないことにしているものと専門家が争っているものとは、じつは同じもの――理不尽さ――なのではないかというものだ。これまで見てきたような絶滅にかんする事実と考察こそが、こうした視点を与えてくれるはずだ。それが、本書全体の基礎部分というべき本章でこのテーマをとりあげた理由である。

私たち素人が面倒くさいからと無視している進化の理不尽さは、専門家のあいだでは面倒くさいからこそ争点になりうる。私たち素人が理不尽からの逃走を行っているのだとすれば、専門家たちが行っているのは理不尽をめぐる闘争である。ふつう、素人と専門家が共通の課題をもつことはないし、その必要もないと私は思う。しかし、進化の理不尽さをどうするのかという一点において、両者は共通の課題をもちうるのである。この理不尽さこそ、進化論が私たちに喚起する魅惑と混乱の源泉だと私は考えている。

遺伝子と運と——組み合わせの妙

遺伝子か運か、という最初の問いに戻ろう。

絶滅の類型学、すなわち絶滅の三つのシナリオと、そのなかで理不尽な絶滅シナリオの占める大きな役割は、生物の存亡というものが、遺伝子（能力）にも運にも還元しがたいということを教える。だから、「運のせいにするな！（努力と能力だ！）」とか「結局は遺伝子でしょ！（ほかになにがある？）」とか「進化の原動力は競争ではない！（協力が大事だ！）」とか、そういうスッキリした話にはならないのである。じゃあどんな答えになるかといえば、それは「遺伝子も運も」という、ひどく常識的なものにならざるをえない。たしかに、どちらの要素もあるに決まっている。

だが、ポイントはそこにはない。「遺伝子も運も」という答えは、「遺伝子だ」「いや運だ」という答えと同じように、それ自体ではほとんど無内容な主張である。絶滅の類型学が啓発的であるのは、それが、遺伝子と運との組み合わせの妙への注意を私たちに呼び覚ましてくれるからだ。生物の世界で実現される遺伝子と運との組み合わせのヴァリエーションはほとんど無尽蔵である。そのために生物の滅びかたもさまざまに異なりうる（もちろん生き延びかたも）。理不尽な絶滅というシナリオは、こうした遺伝子と運との交錯の異なりかたへの注視を促すのである。

恐竜類の巨体は、天体衝突という青天の霹靂によって致命的な弱点となった。適応を有利に進めてきた大きな身体は、衝突の冬には適さなかったのである。ユーモラスな体軀で知られる飛べない鳥ドードーは、大航海時代にマスカリン諸島で発見された後、入植者が持ち込んだ犬や豚など外来種による卵の捕食のために絶滅した。在来種にはドードーの卵を食べる天敵がいなかったために、卵を守る術を知らなかったのである。アルマジロの祖先グリプトドンの命取りになったのは、皮肉にも外敵から身を守るために発達した甲羅であった。思わぬ所に落とし穴があるもので、その大きく丸い甲羅がヒトの審美眼を刺激してしまったのである。戦士の盾や道具入れ用にと乱獲された結果、絶滅したといわれている。ひとくちに絶滅といっても、絶滅した生物はそれぞれに絶滅の様を異にしているのである。

同時に、生き延びるべくして生き延びたように見える勝者についても、理不尽な絶滅シナリオの観点からすれば、さまざまに異なる遺伝子と運との交錯の有様が現れてくることだろう。珪藻類が湧昇流に対応するために身につけた冬眠の習慣は、白亜紀末の衝突の冬を生き延びるのに役立った。同じく衝突の冬を辛くも生き延びた大昔の哺乳類の一部——人間の遠い祖先——は、小さな身体が食糧難と寒冷化を耐え抜くのに功を奏したようなのだが、その小ささは恐竜の繁栄のせいで冷や飯を食わされていたがゆえのものだった。人間万事塞翁が馬とはこのことで、災いが思いがけず福をもたらしたのである。いまここに私たちが存在するのは、この塞翁が馬のおかげなのだ。大量絶滅を生き延びた生物は、彼らが生き延びたという事実においては一致するが、それぞれ生き延びかたの様を異にしているのである。

自然は気まぐれであると同時に厳格である。生存のためのルールがどのようなものになるかは生物にとっては運次第の事柄だが、そのルールはつねに厳格に生物の遺伝子（能力）を秤にかけ、ほとんど鉄の法則性をもって犠牲者と生存者を選り分ける。理不尽さとは、この運と遺伝子の絡み合いにつけられた名前だ。生物の歴史を見るときには、その結び目に注目することが決定的に重要なのである。

第二章　適者生存とはなにか

適者生存という表現はさらに的確であり、ときには便利でもある。
——チャールズ・ダーウィン

誤解を理解する

自然淘汰説——誤解される主役

私たちはみな進化論をよく知っていると思っている。よく勉強しているという意味ではない。とくに勉強なんかしなくても、なんとなくイメージとしてよくわかっているように思っているという意味だ。メディアや広告で踊る進化論風の言葉がわからないなんて話は聞いたことがないし、みんなわかるだろうと思うからこそ、コピーライターもそうした文句を書き連ねるのである。

だが、私は次のような疑問を抱いている。私たちは進化論を根本的に誤解しているのではないか、私たちが愛しているのはじつは別のなにかなのではないか、という疑問である。

その誤解とは、進化論の中心アイデアである自然淘汰説についての誤解である。自然淘汰説こそ、進化論をまさに進化論たらしめる主要学説だ。それを誤解することは、進化論そのものを誤解することに等しい。

そこで、自然淘汰説が本章のテーマとなる。とはいえ、それをただ解説しようというのではない。優れた解説書や教科書ならすでにたくさんある。[14] ここでは、自然淘汰説にたいする私たちの誤解を理解することを通じて、進化論の根本アイデアに迫っていく。それがなんの役に立つのかと感じるかもしれないが、誤解を理解することは、正解を知るための、少なくともひとつの通路になりうる。それだけではない。それは、なぜまたいかにして誤解してしまうのかを知るための、おそらく唯一の通路である。

本章のあらすじは次のとおりである。まず、自然淘汰説にかんする正解と私たちの誤解がどのようなものであるかを確認する。しかる後に、なぜまたいかにして私たちが誤解してしまうのかを、論理的な理路と歴史的な経緯の両面から考察する。最後に、進化論にかんして正解と誤解が共存することの意味を考察する。

14　カール・ジンマー『進化――生命のたどる道』は包括的かつ手堅い解説書。詳細なものでは『進化――分子・個体・生態系』（ニコラス・H・バートンほか著）という九〇〇頁を超える教科書も翻訳されている。また、河田雅圭『はじめての進化論』は、私も学生時代にお世話になったすばらしい入門書。

模範解答と哲学的困惑

第一章では、古生物学者デイヴィッド・ラウプによる絶滅にかんする調査と考察が、次のことを教えてくれた。これまで地球上に現れた生物種の九九・九パーセントが絶滅したということ、生物種はたいてい（遺伝子ではなく）運がわるくて絶滅するということだ。運がわるくて絶滅するとは、理不尽な絶滅をするという意味だ。それは能力（遺伝子）を競うゲームが運によってもたらされる事態である。ゲームの中身は公正かつ公平なものであっても、ゲームへの参加自体が不公正かつ不公平なしかたで強制される。それはサヴァイヴァルゲームではあるけれど、生物の実績や能力（遺伝子）と関係なく存亡のルールが設定されるという、不公正と不公平に満ちたサヴァイヴァルゲームだ。生物はこのような奇妙なゲームのプレーヤーとして、理不尽なしかたで絶滅し、あるいは生き延びて進化するのである。

だがそれは、良識をそなえた近代人たる私たちの信奉する進化論と相容れないように感じるのではないだろうか。進化論とその根幹をなす自然淘汰説の考えを、私たちは常識として基本的に受け入れている。自分は受け入れないぞという人もいるかもしれないが、その場合、少なくともその意見は「非常識」なものとして扱われるだろう。常識が想定する生物進化の世界は、競争と闘争を通じた優勝劣敗の掟が支配する能力主義の世界である。それは運や理不尽さといった不確実な要素とはやはり相容れないように思われる。生物の存亡が運や理不尽さに左右されているのだとしたら、誰が生き残るべきかを決める優劣の基準そのものが無効になってしまうのではないか。理不尽な絶滅（と生存）の本質的特徴は、生物の存亡はその能力の優秀さ（遺伝子）には還元できない（し、運にも還元できない）という点にあるのだから。

この疑問には、すでに模範的な解答がある。自然淘汰説を正しく理解すれば、自然淘汰説と理不尽な絶滅／生存の事実とが矛盾することはない、というものだ。これは、どちらにも言い分はあるとか、どちらにも一分の理があるということではない。そうではなく、どちらも全面的に、一〇〇パーセント認めることができる、という意味だ。

では、自然淘汰説を正しく理解するとはどのようなことか。それは、適者生存という言葉にあるとおり、生き延びて子孫を残す者を、まさしく適者として理解するということだ。生存するのは、強者（強い者）でも優者（優れた者）でもなく、あくまで適者（適応した者）であると理解するのである。これは言葉を字面どおりに理解するというだけのことで、当たり前といえば当たり前の話であるが、私たちの日常的理解にとっては、必ずしも当たり前のことではない。

私たちは多くの場合、生き延びて子孫を残すべき存在を、強者とか優者としてイメージしている。強いものが弱いものを食い物にするとか（弱肉強食）、優れたものが劣ったものを駆逐する（優勝劣敗）といったイメージだ。だが、こうしたイメージは、あくまで人間が自然や野生といった概念にたいして抱く印象や願望の反映にすぎない。私たちがふだん抱いている進化論のイメージは、大部分がこうした印象や願望、あるいは失望を投影したものだ。

他方で、本来の自然淘汰説のアイデアが教える適者は、人間的観点から見た強者や優者とはさしあたり関係がない。つまり自然淘汰は、弱肉強食でも優勝劣敗でもない。自然の世界で適者であるための条件は、生き延びて子孫を残すということだけだ。それを弱肉強食や優勝劣敗の掟で包み込むのは、自然淘汰の原理を人間の勝手な価値観（多くは時代の要請）とすりかえる誤りである。

この模範解答は、じつは第一章で見た理不尽な絶滅シナリオがもたらす教訓のひとつでもある。理不尽な絶滅シナリオは、自然淘汰説にたいする反証ではなく、むしろ自然淘汰説を適切に理解するためのステップになるということだ。

強者や優者としか思えないような生物種が、環境の変化などによって不利な立場に追い込まれ、果ては絶滅にいたってしまうことがある。恐竜や三葉虫の絶滅はその顕著な例だった。対照的に哺乳類は、長いこと割を食ってきた典型的な弱者あるいは劣者に見えるにもかかわらず、大量絶滅事変が後の繁栄への足がかりとなった。

ある生物がどれほど高い能力をそなえているように見えようとも、それが環境にフィットしなければ、生存と繁殖に資することはないということだ。そして環境にフィット（適応）しているかどうかは、実際に生物が生き残り子孫を残すことができるかどうか、それのみによって判定される。自然淘汰によって生き残る者とは、あくまで結果として生き残り、子孫を残す者（あるいはそう予想される者）を指すのである。

自然淘汰説をこのように理解すれば、先の疑問は解消される。生物の歴史において、いかに理不尽な絶滅（と生存）が起ころうとも、それは自然淘汰の原理を脅かすものではない。サヴァイヴァルゲームのルールがその都度あらたに設定しなおされるだけのことだ。進化の理不尽さとは、ゲームのルールが勝手に変更される事態を指すのであって、それによって自然淘汰の原理が破棄されるわけではない。

あるいは、こんな言い方もできるかもしれない。生物の歴史においては、「強者生存」「優勝劣敗」という（人間的な印象による）能力主義が否定されることはあっても、自然淘汰という（結果として生き残り、子孫を残す者が適者であるという）成果主義が否定されることはない、と。そう考えれば、自然淘汰説も理不尽な絶滅／生存も、どちらも全面的に、一〇〇パーセント認めることができる。

注意しなければならないのは、そもそも自然淘汰説と理不尽な絶滅は同列に論じられるようなものではないということである。両者では事柄の性質が異なる。前者は進化のメカニズムを説明するが[15]、後者は個々の事件や現象を指し示すだけだ。ダイナマイトを満載した自動車が爆発すると、その車は走行不能になるだろうが、その原因をエンジンのメカニズムに求めても仕方がない。それは車の機能やエンジンのメカニズムとはさしあたり関係のない、ダイナマイトの爆発という個別の事件によってもたらされたのだから。両者は競合の関係ではなく図と地のような関係にある。

このように、第一章で見た理不尽な絶滅を真に受けるならばなおさらのこと、生物の多様性を理解するためには自然淘汰のアイデアを堅持する必要がある、そう私は考えている。もし自然界になんらの規則性も一貫性もなかったなら、自然淘汰の重要性は怪しくなるだろう。だが、実際の自然には突発的な激変があるかと思えば、複雑な適応的進化を可能にするだけの規則性や一貫性もあるのである。

以上のようなことは、しごく当たり前に思えるかもしれない。だから模範解答と呼んだ次第である。実際、心ある啓蒙家は、こうしたこと——「自然淘汰は弱肉強食でも優勝劣敗でもない」「強い者が生き残るのではなく、適応した者が生き残る」「適応した者とは結果として生き残り子孫を残す者のことである」「適応の度合いは個体が残した（あるいは残すと予想される）子孫の数によってのみ定義される」等々——を繰り返し語ってきた。たしかにそのとおりだ。そのように考えなければつじつまが合わない。

だが、ダーウィンが誕生して二〇〇余年、『種の起源』が刊行されて一五〇余年が経過したいまもなお、心ある啓蒙家は同じことを語りつづけなければならない。なぜなら、素人である私たちが、いっかな誤解をあらためようとしないからである。

私たちは自然淘汰の意味をおおざっぱにではあれたしかに理解できるはずなのに、それにもかかわらず、ことあるごとに適者を強者や優者と取り違える。また、過去の勝者や敗者があらかじめ決まっていたかのように語るし、未来の勝者や敗者があらかじめ決まっているかのようにも語る。しかもそれを、当の進化論の用語で語るのである。なんと反-進化論的な態度であろうか。たとえば、「ビジネス AND 進化論」といった言葉でウェブを検索してみれば、その種の事例にいつでも触れることができる。これから述べるように、私たちは進化論が大好きなはずなのだが、そのじつ、まったく別のものを愛しているだけなのかもしれないのだ。

15　自然淘汰説にとってのエヴェレストともいうべき挑戦的な存在が「眼」である。あまりに高度で複雑な器官であるために、それは進化論否定論者からも昔から利用されてきた。そこへ新説「光スイッチ説」を提唱して話題をさらったのが、古生物学者のアンドリュー・パーカーである。本人が書いた『眼の誕生――カンブリア紀大進化の謎を解く』は、高峰への挑戦の最新にして第一級のレポート。文章もうまい。

晩年のダーウィン（一八八〇／Wikipedia）

　模範解答は存在するのに、それを知ったところで、誤解をあらためるためにはさして役に立っていないようである。ここがミソだ。どうしてこんな体たらくになっているのだろうか。私たちが心ないからか。あるいは脳味噌が足りないからなのか。まあ、それもあるかもしれない。あるかもしれないが、これにはそれなりの事情があるのではないかとも私は考えている。

　これから私は、次のようなことを主張しようと思っている。途中で若干ややこしい議論が入るかもしれないが、主張そのものは単純だ。

　まず、私たちは進化論をたしかに理解できるはずだということ。学問の世界では進化論（進化生物学）が立派に機能しているのだから、それをお手本に勉強すれば、あとは努力と忍耐の問題だ。だが、進化論は学問の世界にのみ住まうのではない。その外の世界、つまり日常の世界で出会う進化論のほうが、むしろずっと多いだろう。進化論はなによりもまず学問（科学理論）であるとはいえ、それと同時に、私たちの世界像（世界とはこういうものだというイメージ）でもあるからだ。そして、この世界像という次元においては、私たちは進化論を誤った仕方でしか理解し利用することができないようなのである。科学理論としての進化論も世界像としての進化論も、どちらも同じ「進化論」という名で呼ばれるが、両者はまったくの別物だということである。

これはある意味では当然のことだ。学問（科学）が日常世界で話題になるとき、それが誤解されやすいことは私たちもよく知っている。だからこそ、それを適切に理解できるよう努めなければならない。だが、私の主張のポイントは、自然淘汰説が誤解されるのは、知識や理解の不足にのみよるのではないということにある。私たちは、自然淘汰説がもつ独特な性質によって、いわば宿命的に誤解へと導かれるのである。

こんな風に考えてみてほしい。自然淘汰説は、学問の世界から離れて日常的な世界像へと入っていく瞬間、別人に変わってしまうのだと。ふつう学説というものは、量子力学であれ相対性理論であれ、いかにそれらが日常世界に似つかわしくないものであっても、頑固にその人格（中身）を保っている。ときに頑固すぎて手に負えないこともあるかもしれないが、こちらの努力次第では理解できるようになるかもしれない。ところが、自然淘汰説の場合には、こちらの世界に入ってくるときに人が変わってしまうのだ。もちろんこれは比喩であり、正確にいえば、人が変わってしまうのは私たち受け手のせいであるが。

そのために、進化論を学問的に理解するにいたったとき、日常的な世界像との乖離に気づくことになる。また、それを日常的な世界像として受け入れるとき、それは学問的な理解とはまったくの別物になってしまう。この点において進化論、とくにその中心アイデアである自然淘汰説は、ふつうの学説と異なっているように思う。というか、そんなけったいなものを私はほかに知らない。心ある啓蒙家の努力にもかかわらず、私たち素人がいっかな誤解をあらためないことには、もっともな理由があるのである。

事態がこのようなものであるなら、ここにはある種の哲学的問題、あるいは哲学的困惑とでもいうべきものがあるということになる。ここで哲学的問題／困惑とは、知識を積み重ねることでは解決できないような概念的な問題ないしは混乱、といった程度の意味だ。それがなにか高尚なあるいは深遠な内容をそなえているという意味ではない。そもそも哲学はそれ自体べつに高尚でも深遠でもない。また、科学の問いに哲学で答えようというのでもない。そんなことができたら科学研究が不要になってしまう。

ではどうするか。新たな事実を探し求めるのではなく、問題そのものの成立と構成を明晰に理解しようと努めるのである。こうした問題は、それによってのみ解決されうる。

できることといえば、困惑をもたらす諸要素の絡み合いを、ていねいに解きほぐしていくことだけだ。そういうわけで、自然淘汰説をまともに引き受けようとすると――実際そうすべきだと私は考えるが――、なかなかやっかいな概念的問題が立ちあらわれてくることを、これから示してみたいと思う。

ひょっとすると、学問が正常に機能している以上、そこには問題などなにもないではないか、ただありもしない問題をひねりだしているだけではないか、と思われるかもしれない。これに答えるのは少々むずかしい。問題というものは、そこに問題などないと考える人にとっては無用の遊戯や言いがかりに映るが、他方で、それを問題と認める者にとっては問題などないとみなす人の目は節穴以外の何物でもない、そんなものだからだ。それに私は、これを学問内部の問題ではなく、学問（科学としての進化論）と非学問（世界像としての進化論）の両者にまたがる問題として提出しようとしているのである。私としてはただ、できるだけうまく問題を提出できるよう努め、それが共有されることを願うしかない。

すでに、理不尽な絶滅と常識的な進化観とのあいだで生じるかもしれない齟齬と、それを解消する模範解答は確認してある。だが、解答はあるのに誤解がおさまることはないというのが本章の主張だ。そこで、私たちの誤解の内実をはっきりさせ、なぜ誤解が生じるかの原因を探ってみよう。そのために、かつて学問の世界で生じたある悶着をとりあげて検討する。ついでに、自然淘汰説を適切に理解し位置づけるにはどうすればよいかも確認しよう。結果として、進化論が誤解されることにはそれなりの理由がある、というかむしろ、誤解されるべくして誤解されているのだということ、さらにいえば、私たちはその誤解によって進化論を愛している（あるいは憎んでいる）のだということが明らかになるはずだ。

お守りとしての進化論

言葉のお守り的使用法——主張的な言葉と表現的な言葉

まずは、私たちが日常で出会う進化論がなぜ誤解に満ちたものであるのかを、はっきりさせておこう。ひとことでいえば、次のようになる。それは、進化論のアイデアが「お守り」として使用されるということ、これである。

ここで「お守り」とは、哲学者の鶴見俊輔が一九四六年に雑誌『思想の科学』に発表した論文「言葉のお守り的使用法について」で指摘した、ある独特な言葉の使用法を指している（鶴見［1946］1992）。

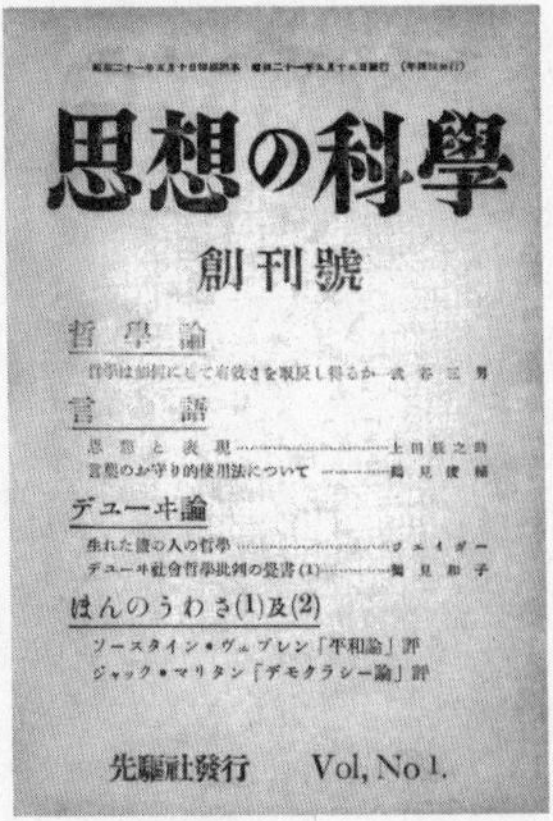

『思想の科學』創刊號（一九四六）

鶴見は、私たちが使う言葉を主張的な言葉と表現的な言葉とに大きく分ける。主張的とは、実験や論理によってその真偽を検証できるような内容を述べる場合だ。たとえば、「あのお店のランチは一〇〇〇円だ」とか「二かける二は四である」など。これらはお店で確認したり検算したりして真偽を確かめることができる。それにたいして表現的とは、その言葉を使う人のある状態の結果として述べられ、呼びかけられる相手になんらかの影響を及ぼすような役目を果たす場合である。たとえば、「おいっ！」とか「好きです」などだ。これらは真偽というより、自分の感情や要望を述べることで、相手になんらかのリアクションを引き起こすための言葉だ。

ところで、ある言葉が実質的には表現的（感情や要望の表現）であるのに、かたちだけは主張的（真偽を検証できる主張）に見えるというケースがある。鶴見はそのような言葉を「ニセ主張的命題」と呼び、そうした言葉はその意味内容がはっきりしないままに使われる場合が多いことに注意を喚起する。

鶴見が例として挙げるのは、太平洋戦争中さかんに唱えられた「米英は鬼畜だ」のようなスローガンだ。これは本来、当時の日本社会で醸成されていた特定の心理状態（アメリカとイギリスを憎み嫌う心理状態）に由来する表現的な言葉であり、実験や論理によって確かめられるような主張的な言葉ではない。だが当時、この表現的言明が、まるで「二かける二は四である」といった主張的命題のように扱われていたというのである。表現的な言葉が、あたかも主張的な言葉であるかのように用いられるというわけだ。

こうした言葉のすりかえ（ニセ主張的命題）によって、言葉のお守り的使用法が可能になる。それは「言葉のニセ使用法の一種類であり、意味がよくわからずに言葉をつかう習慣の一種類」である。しかし、それだけではない。言葉のお守り的使用法がお守りであるのは、それが次のように用いられるからだ。

> 人がその住んでいる社会の権力者によって正統と認められている価値体系を代表する言葉を、特に自分の社会的・政治的立場をまもるために、自分の上にかぶせたり、自分のする仕事の上にかぶせたりする（……）（鶴見［1946］1992: 390）

そのような言葉の例として、鶴見はほかに「国体」「日本的」などを挙げている。「日本的」はともかく、「鬼畜米英」といい「国体」といい、ひどく大時代な話だと思われるかもしれない。だがそれは、論文を構想した当時の鶴見にインスピレーションを与えたのが、その時代の事例だったというだけの話だ。引用文にある「権力者」という言葉が気に入らないなら、それを「みんな」「空気」「世間」などと言い換えてもいい。また、「社会的・政治的立場」という言葉が気に入らないなら、それを「優位性」「マウントポジション」「(スクール／オフィス) カースト」などと言い換えてもいい。そう考えれば、言葉のお守り的な使用法が終戦とともに滅んだわけではないことがわかるだろう。[16]

こうした観点から周囲を見渡してみよう。私たちがふだんテレビやネットや本や雑誌広告などで出会う進化論の言葉は、「実質的には表現的であるのに、かたちだけは主張的」という「ニセ主張的命題」ではないだろうか。それらは見かけ的には主張的な言葉（真偽を検証できる主張）の体裁をとっている。なぜならそれらの言葉は、実験や観察や

16　紀元前五世紀のペロポネソス戦争を記録したトゥキュディデス『歴史』(『戦史』)にも、これとよく似た事例が真に迫る筆致で描かれている。もちろん、太平洋戦争時に鬼畜と名指された米英においても事は同様であったという。

論理によって真偽を検証できる科学理論（進化論）に由来するものだからだ。

だが、実際に自らの発言を科学的に検証する者など誰もいない。じゃあなにをしているのかといえば、すでに起こってしまった事象にたいして慨嘆したり、将来にたいして希望的あるいは悲観的な感想を述べたり、商品の優れた点を宣伝したり、自分や他人を鼓舞奨励あるいは意気消沈させるために、こうした言葉を発しているのである。それらは実質的には表現的な言葉（感情や要望の表現）であり、一種の「生活感情の表現」あるいは「人生にたいする態度の表現」（©ルドルフ・カルナップ）なのである。

どうしてそんなことをするのか。鶴見の言葉に沿っていえば、それはもちろん、進化論的世界像がみんなに「正統と認められている価値体系」であるからであり、自然淘汰説がそれを「代表する言葉」であるからであり、それを用いることによって「自分の社会的・政治的立場をまもる」ことができそうに思えるからだ。もっとカジュアルに言い直せば、世間公認の価値体系の尻馬に乗ることで、なんとなく安心したり一目置かれたり利益を得たりできそうに思えるからだ。

実際には、なにか特定の野心や下心があるようなケースは少ないだろう。たいていはたんに「話が早い」からそうしているにすぎないかもしれない。どちらにせよ、なんらの調査や検証も経ずして自らの言葉に箔がついたり話が通ったりするのなら、それを利用しない手はない。この点において、私たちは言葉のお守り的使用法をじつに便利に活用しているのである。

そう考えれば、進化論風の言葉でビジネスや社会を語る人びとはどうしてあんなに得々としているのか、という（私にとって）長年の謎も謎ではなくなり、むしろ当然のことかもしれないと納得できる。

鶴見の「かぶせる」という言葉がいみじくも語るとおり、それは述べている事象になんらかの事実や仮説を付け加えるものではなく、なんらかの感情でそれを包装するだけのものだ。だからお守りをかぶせたところで、べつに主張内容が補強されるわけではない。その事象を是認したり否認したりする当人の態度を表現しているだけなのだから。私たちの進化論の用法もまた、見た目こそ進化論風ではあるが、じつのところ事実や論理による検証をはなから拒否しているし、ましてや進化生物学という科学理論とも関係がない。要は進化論の言葉をかぶせたいだけなのである。

とはいえ、あなどってはならない。言葉のお守り的使用法は現代人が用いる一種の呪術であり、水戸黄門風の印籠だ。それが世間で「正統と認められている価値体系を代表する言葉」であるかぎり、それはたしかにお守りあるいは印籠として呪術的な力を発揮することだろう。現に人びとはその言葉に乗って商品を買い、人や会社を評価し、溜飲を下げたりしている。誰もがその愛用者なのだ。

このような観点からテレビやネット、広告などに触れてみると、たちどころに、「適応しなきゃ淘汰されるぞ」といった説教、「適者生存の世さ」といった慨嘆、「ものすごく進化したな」といった感想、あるいは「〇〇の進化、極まる。時代は△△へ」といったキャッチコピー(「進化ポエム」)が飛び込んでくる。論じる対象はビジネスであったり政治であったり商品であったりスポーツであったりとさまざまだが、言葉の使用法はだいたい決まっている。私たちの進化論から説教、慨嘆、感想、「ポエム」を除いたら、ほとんどなにも残らないのではないかと思われるほどである。

以上、この社会で流通する進化論は「言葉のお守り」であると論じてきた。ここで、こんな風に考えることもできる。これは科学にまつわるよくある誤解の一例であり、ろくに理解していないことを安易に吹聴しようとする輩の浅慮や愚かさが問題なのだ、と。それもそうだ。圧倒的に正しい。たしかに、進化論の用語を口にする以上はそれを正しく理解するよう努めるべきだし、もし誰かが誤解しているようなら注意警戒すればよい。みんながそのように意識を高く持てば誤解もある程度は減るだろう。

だが、私はここでもう少し強い主張をしようとしている。それは、私たちは通常どうしても進化論をお守り的にしか用いることができないのではないか、というものだ。別の角度から言い直せば、進化論は学問の世界から離れてはお守り的になるしかないのではないか、ということになる。どういうことか。

キャッチフレーズの由来――「適者生存」の起源

これから自然淘汰説のもっとも有名なスローガンあるいはキャッチフレーズというべき「適者生存」という言葉を検討する。このスローガンをめぐって生じたひと悶着――「トートロジー問題」と呼ばれる――が、進化論のお守り化を理解する助けになってくれるからだ。

じつはこの「適者生存」、なかなかいわくつきの歴史をもつ、いろんな意味で都合のわるい言葉だ。実際、現代の専門家でこれを歴史的文脈以外で用いる人はいない。この言葉に付着した分厚い手垢のせいで、使ったところでろくなことがないからだ。それに、これなしでも自然淘汰説の理解は可能なので、無理して用いる必要もない。それにたいして、私たち素人はこの言葉が大好きである。あるいは大嫌いであるかもしれないが、その理由はそれを好む人と同じであるだろう。

このように、専門家から忌避されながらも素人には歓迎されているという時点で、すでに嫌な予感しかしない。また、進化論の歴史を知る人ならば、「いまさら適者生存？」と思うかもしれない。だが、なにもこのスローガンを復活させようというのではない。私たちの時代精神《ツァイトガイスト》としての進化論的世界像を理解するのに、この言葉についての考察が役に立つという話である。

ハーバート・スペンサー（Wikipedia）

さて、「適者生存」という言葉には、はっきりとした生みの親があることが知られている。現代の進化論、つまりダーウィン以降の進化論（ダーウィニズム）の代名詞のように思われている「適者生存」だが、これを考案したのはダーウィンではない。ダーウィンと同時代を生きたイギリスの有力思想家、ハーバート・スペンサーである。

スペンサーの思想は、いまではあまり顧みられることがない。だが彼は一九世紀のヨーロッパにおいて、「進化」（evolution）のアイデアを大胆に展開し、そして普及させた大立者だ。生物についてだけでなく、人間社会ひいては宇宙の森羅万象をも進化の概念によって語り尽くそうとした彼の思想は、ヨーロッパを越えてアメリカ、そして日本にもその影響がおよんだ。

明治から昭和初期にかけての日本の先端的知識人、つまり近代日本の思想的基礎をつくりあげた人びとは、ほとんど全員スペンサー主義者であったといっても過言ではない。[17]そして時代は下り、彼の名が口にされることはなくなったとはいえ、後に見るように、彼の思想はもはや私たち自身の思想と見分けがつかないくらい見事に、この社会の一般常識に溶け込んでいる。

最大かつ最高の英語辞典といわれる *Oxford English Dictionary* によれば、スペンサーが一八六四年から一八六七年にかけて世に問うた『生物学原理』（全二巻）がこの言葉の初出とのことだ。元の英語は“survival of the fittest”という。ちなみにこれを「適者生存」という日本語に翻訳したのは帝国大学（東京大学）の哲学者・井上哲次郎といわれている。

『生物学原理』には、たとえば次のような記述がある。

この新しい、あるいは変化した要因にさらされたとき、あるものたちは他のあるも

17　これは「過言」だったようだ。クリントン・ゴダール『ダーウィン、仏教、神――近代日本の進化論と宗教』は、日本のダーウィニズム受容は複雑かつ多様であったことを論じている。次節「ダーウィン革命とはなんだったか」と註22も参照。

のたちより安定であるということが、かならず起こるであろう。すなわち、その機能が変化した外的な要因の集まりとの平衡からいちじるしくずれてしまった個体は、死亡することになろう。そして、そのような変化した外的要因の集まりともっとも平衡を保ちやすい機能をたまたまもっていた個体は、生存をつづけるであろう。だが、この最適者の生存は、(……)。

私がここで機械論的な言葉で表現するために最適者の生存と呼んだそのことは、ダーウィン氏が「自然淘汰、すなわち生存闘争における有利なレースの存続」としてのべた、そのことである。生物界をつうじてこの種の過程が起こっているということを、ダーウィン氏の大著『種の起源』は、ほとんどすべての博物学者を満足させるほど明らかに示した。実際、いったんいわれてみれば、この仮説が真実であることは証明の必要がないといってよいほど明白である。(Spencer 1864=1994: 223-4)

ダーウィンは有名な『種の起源』において、生き物たちがみせる驚くべき精密さと多様性を「自然淘汰」(natural selection)の原理を用いて説明した[18](Darwin 1859=2009)。生き物は環境の変化からさまざまな影響を受ける。ある個体が新しい環境と相性のよい能力や機能をもっている場合、その個体は生き延びるだろう。逆にソリが合わなかった場合には死んでしまうだろう。生物の精密さや多様性は、そうした「生存闘争における有利なレース」が積み重ねられた結果である。

これに「適者生存」(survival of the fittest) というキャッチフレーズ、あるいはスローガンを与えたのが、スペンサーであった。後にはダーウィン自身もそれを用いるようになる。アルフレッド・ラッセル・ウォレスがその採用を強く薦めたともいわれている。ウォレスはイギリスの博物学者で、ダーウィンとは独立に自然淘汰のメカニズムを見出

18　ダーウィン生誕二〇〇周年／『種の起源』一五〇周年の二〇〇九年、『種の起源』の新訳(渡辺政隆訳)が光文社古典新訳文庫から刊行された。簡潔な訳文でぐいぐい読ませる(もともと同書は学術書ではない。その分量と精緻な議論によって難物であることに変わりはないが)。ほかにも『ビーグル号航海記』は荒俣宏による新訳が出たし、『人間の由来』という名でも知られる『人間の進化と性淘汰』は文一総合出版の『ダーウィン著作集』に収められている。最晩年のミミズ研究をまとめた『ミミズと土』も味わい深い。残るは岩波文庫でときどき復刻される一九三一年刊行の『人及び動物の表情について』だが、愉快な写真とイラスト満載のこの作品をより楽しめるような新訳がほしいところだ。ダーウィン思想の解説では内井惣七『ダーウィンの思想』を推す。伝記としては、まずは松永俊男『チャールズ・ダーウィンの生涯』、それにデズモンドとムーアの『ダーウィン——世界を変えたナチュラリストの生涯』が決定版だ。

CONTENTS.

out Nature—Struggle for Life most severe between Individuals and Varieties of the same Species: often severe between Species of the same Genus—The Relation of Organism to Organism the most important of all Relations PAGE 69

CHAPTER IV.

NATURAL SELECTION, OR THE SURVIVAL OF THE FITTEST.

Natural Selection—its Power compared with Man's Selection—its Power on Characters of trifling Importance—its Power at all Ages and on both Sexes—Sexual Selection—On the Generality of Intercrosses between Individuals of the same Species—Circumstances favorable and unfavorable to the Results of Natural Selection, namely, Intercrossing, Isolation, Number of Individuals—Slow Action—Extinction caused by Natural Selection—Divergence of Character related to the Diversity of Inhabitants of any Small Area, and to Naturalization—Action of Natural Selection, through Divergence of Character and Extinction, on the Descendants from a Common Parent—Explains the Grouping of all Organic Beings—Advance in Organization—Low Forms preserved—Objections considered—Uniformity of certain Characters due to their Unimportance and to their not having been acted on by Natural Selection—Indefinite Multiplication of Species—Summary. 84

CHAPTER V.

LAWS OF VARIATION.

Effects of changed Conditions—Use and Disuse, combined with Natural Selection;

『種の起源』第五版の章題に登場した「適者生存」(一八六九)

し、ダーウィンとともに自然淘汰説の共同発見者となった人物だ。結果として、ダーウィンとウォレス、つまり自然淘汰説の元祖と本家が、このスローガンにお墨つきを与えたことになる。

ちなみにウォレスがこのスローガンを推奨したのは、それによって“natural selection”の“selection”という語がもたらす誤解を回避したいと考えたからだという。ちょっと想像できないかもしれないが、ダーウィンが自然淘汰説を発表した当時、“selection”、つまり淘汰/選択の行為を執り行うのは、結局のところ神ではないのかという議論が起こった。「淘汰/選択」という言葉は、「誰が淘汰/選択するのか」という行為主体の存在を連想させるが、当時においてそうした主体の第一候補は神様だったのである。

『種の起源』第四章に付けられた章題「自然淘汰」は、ダーウィン自身の手によって、後に「自然淘汰すなわち最適者生存」と変更された。また、「自然淘汰」という言葉が初めて出てくる第三章では、「しかしハーバート・スペンサー氏がしばしば用いている〝最適者生存〟の語はもっと正確であり、ときには同様に便利でもある」という一文が挿入されている（新妻 2010: 102）。

このようにして、当時の流行思想家が案出し、現代進化論の始祖が採用したスローガンは急速に人口に膾炙し、進化論の普及に大いに貢献することになった。いまではこの言葉を知らない者はいない。

このスローガンのよいところは、「誰が選ばれるのか」を明確に示している点だ。「自然淘汰」という語そのものからは、いったい誰が選ばれ除かれるのか、どのような基準で選り分けがなされるのか、という疑問にたいする答えを見出すことはできない。だが「適者生存」の語には、選ばれるのは「適者」である、というシンプルな回答があらかじめ組み込まれている。このスローガンは、淘汰／選択の行為主体は誰かという誤解を回避しつつ、誰が選ばれるのかを明示したことで、自然淘汰説がもたらす世界像を誰にでも容易にイメージできるようにしたのである。

生物の存亡を決するのは、その生物がもつ本質とか目的とか、あるいは神から与えられた運命といったものではなく、ただ生物が環境に適応するかどうかである。このキャッチフレーズは、ダーウィンの「適応」(fitness)の概念を明示的に組み込むことによって、よりキャッチーに、つまり文字どおりのキャッチフレーズとなったのである。念のため、現代の生物学における教科書的定義を見ておこう。『岩波生物学辞典』(第四版)の「自然淘汰説」の項目はこうなっている。

> 進化の要因論としてC・ダーウィンが樹立した説。ダーウィンによれば、生物の種は多産性を原則とし、そのために起る生存競争で環境によりよく適応した変異をもつ個体が生存して子孫を残しその変異を伝える確率が高い。それで、それぞれの種が環境に適応した方向に変化することになる。この過程を自然淘汰とよんだ。(八杉ほか 1996: 574)

ご覧のとおり、いまなお「適者生存」はそれ自体としてはじつに「正確であり、ときには同様に便利」なキャッチフレーズであることがわかる。そして次の三条件がそろったとき、自然淘汰による進化(遺伝的性質の累積的な変化)が起こるとされる。その三条件とは、個体間に性質のちがいがあること(変異)、その性質のちがいが残せる子孫の数と相関すること(適応度の差)、それらの性質が次世代に伝えられること(遺伝)、である(八杉ほか 1996: 574)。

しかし、優れたキャッチフレーズには誤解がつきものである。それは事の本質を端的に表現する点で「便利」なのだが、その代償としてあらぬ誤解が生じることも避けがたい。こうした言葉は、あるときには大いにもてはやされるかと思えば、こんどは反対に徹底的に忌避されたりと、激しい浮き沈みを経験することになる。「適者生存」がたどった紆余曲折もそうした例のひとつだ。

この言葉が考案されてから二〇世紀半ばまでの数十年のあいだ、「適者生存」は世界中で大きな影響力を誇るスローガンだった。そのおかげで人びとに広く認知されることになったのだが、しかし現代の専門家たちが歴史的文脈以外でこれを用いることはない。このスローガンをめぐる現在の状況は、世間では好んで使われているにもかかわらず、学界では事実上の死語になっている、という奇妙なものだ。どうしてこんなことになったのだろうか。

ひとつには政治的な理由がある。このスローガンの最盛期、つまり二〇世紀の第二次世界大戦終結のあたりまで、「適者生存」は、当時の列強諸国や列強ワナビー諸国において、人種主義、植民地主義、優生主義といった力ずくの優勝劣敗思想・弱肉強食思想を正当化するイデオロギーのために用いられた。もちろん日本においても例外ではない。こうした歴史的経緯があるために、この言葉が忌避されることがある（Bowler 1984=1987; 渡辺 1976）。

また、本章の関心からより重要と思われるのは、この言葉には学問上の問題があると絶えず指摘されてきたという事実だ。「適者生存」とは結局のところトートロジー（ある事柄を述べるのに同義語を繰り返す技法）ではないかという嫌疑である。先の『岩波生物学辞典』の「適者生存」の項にはこうある。

生存闘争において、環境にもっとも適した（著しく適合した）者が生存の機会を保証されること。H・スペンサー（一八六四）の造語。C・ダーウィンは『種の起原』の第四版以降において、自然淘汰に関し、「適者生存という表現はさらに的確であり、ときには便利でもある」としている。しかしその後、生存者すなわち適者とする同語反復であり循環論法であるとする批判が研究者間にたかまり、今日では歴史的文脈以外ではあまり使われない。（八杉ほか 1996: 959-60）

誰が生き残るのか？　それは、もっとも適応した者である。では、誰がもっとも適応しているのか？　それは、生き残った者である。……これでは論理が循環しているではないか、というわけだ。このような次第で、「適者生存」には、歴史的社会的にも、また学問的にもミソがついてしまった。こうした厄介事を回避したい専門家は、もはやこのスローガンを使うことはない。彼らはダーウィンへと立ち返り、もっぱら「自然淘汰」の語を用いるのである。

では、そんな誤解をまねく表現など用いなければよいではないか。さらなる混乱のもとではないか。それもそうだ。小説の登場人物に、特段の理由なくヒトラーとかスターリンとか毛沢東といった名前をわざわざ与えることはない。読者に特段の先入観を与えてしまうからだ。そうした効果を狙っているのでないかぎりは、誤解をまねく言葉の使用は控えておくのが無難だろう。

しかし、「適者生存」をめぐる状況はもうすでに十分に混乱しているのである。ここが出発点だ。学問の世界では実際にそうなっているように、進化論はこのスローガンなしで十分に機能する。だが本章は、自然淘汰説ひいては進化論をよりよく理解するだけではなく、それがもたらす概念的混乱を解明することをも目的としている。この言葉をリトマス試験紙として用いることで、進化論についての正解だけでなく誤解も、さらに誤解が生じる理由をも明らかにすることができるかもしれないのだ。だから混乱を避けて通るのではなく、むしろその真っ只中を進んでいくことにしよう。

トートロジー問題——自然淘汰説の核心

進化論の言葉は、どのような理路を通じて「言葉のお守り」になるのだろうか。先ほどはこれに私たちの意図や目的——有力な価値体系の尻馬に乗る——の側面からアプローチした。だが他方で、進化論のお守り化は自然淘汰説そのものの本性が促すものでもある。これが次の主張である。

先に少し触れたように、「適者生存」（ひいては自然淘汰説そのもの）にたいして、反対者から絶えず投げかけられてきた疑念がある。それは「適者生存はトートロジーではないのか」という疑念である。トートロジーとは、ある事柄を述べるのに同義語を繰り返す言葉の技法を指す。この疑念には、それがなにか論理的な詐術を含むのではないかという否定的なニュアンスが込められている。

誰が生き延びるのか？　それは、もっとも適応した者だ。では、誰がもっとも適応しているのか？　それは、生き延びた者だ。……これでは論理が循環しているではないか。まるで「すべての独身者は結婚していない」と同じではないか。これは、観察や実験によって確かめるまでもなく正しいけれど空虚な言明、つまりトートロジーではないのか。真偽を問うこと自体が無意味であるような理論を、まともな科学理論として認めることはとうていできない、云々。進化論そのものを否定しようとする創造論者だけでなく、進化論を不完全な科学とみなす専門家も、このような非難をたびたび口にしてきた（Bowler 1984=1987: 557–63; Sober 2000=2009: 139–41）。

進化論をまるごと否定しようとする者は、「適者」の概念が循環論的に「生存」という尺度に依存している――適者は生存する／生存するのは適者――と指摘することで、生物進化が適応の産物だという主張を戯言として片付けようとしてきた。また、進化論は十分に科学的でないのではないかと疑う者は、「適者」の概念が結果論的に「生存」という尺度に依存している――生存したから適者／適者だから生存した――と指摘することで、それが反証可能性（観察や実験によって誤りだと証明される可能性があること）をもたない、つまり科学理論の条件を満たしていないと苦言を呈してきたのである（Popper 1976=2004: 下 134-5）。

ちなみに、進化論（進化生物学）が経験科学――信仰や思弁にではなく観察や実験にもとづいた実証的な学問――として確固たる地位を確立したいまとなっては、このような非難が真剣になされることも、この問題がまともに検討されることもほとんどない。アメリカで盛んな創造論――宇宙とそこに住む生物は創造主である神がつくったという説――などの例はあるにせよ。

トートロジー問題をここで取りあげるのは、進化論のお守り化の根っこがそこにあるからである。わざわざ時代遅れの議論を蒸し返すのもそのためだ（今後も本書はそのようにして時代遅れの議論を蒸し返す）。

さて、「適者生存」は、実際にトートロジーなのだろうか。

現代の科学者や科学哲学者たちは、もちろんそんなことは認めない。有力な科学哲学者のひとりであるエリオット・ソーバーはこう言っている。[19] いわく、適者生存はトートロジーではまったくない。そもそもトートロジーになる資格があるのは命題——真または偽の性質をもつ平叙文——である。しかるに、「適者生存」(survival of the fittest) は単なる熟語であり、命題どころか文ですらない。したがって、これはトートロジーではありえない、云々 (Sober 2000=2009: 140)。

また、現代進化論の確立に寄与した著名な生物学者で哲学的議論にも通じていたエルンスト・マイアはこう言う。トートロジーは回避可能である。そもそも適者であるかどうかは、実際に生存・繁殖するかどうかとは別のことだ。たとえば双子の兄弟が散歩していて一人がたまたま落雷で死亡するケースを考えよ。自然淘汰説は検証も反証も可能であるはずだ、云々 (Mayr 1988=1994: 111)。

ふたりの言うことはもっともである。だが、おそらく反対者を黙らせることはできないだろう。また、これでは問題の核心がぼやけてしまうとも思う。問題は、適者生存が論理学的な厳密な意味においてトートロジーであるかどうかとか、どのようにすればトートロジーを回避できるかというようなことではない。疑惑のターゲットになっているのは、「適者」(適応した者) であるかどうかは「生存」(生き延びて子孫を残したかどうか) を抜きにしては決められないという点、そのこと自体の是非なのである。

もし反対者の言うとおりなのであれば、進化論の経験的研究は、各戸の扉を叩いて回って実際にすべての独身者が結婚していないことを確認してまわるような不毛な営為となるだろう。本当にそうなのか。

もちろんそんなことはない。どちらの非難も——進化論そのものの否定も、その科学性の否定も——当たっていないと私は考える。だがそれは、適者生存がトートロジーではないから、ではない。逆である。それはある意味でトートロジーであるからこそ有用なのだ。哲学界の鬼才・三浦俊彦はきわめて明快に述べている。[20]「誰が適者であったのかという判定は、どのような表現型が相対的に多く子孫を残したか、という結果論とは独立の基準によって決めることはできない」のだから、「いかに予測外の者らが生き残ったとしても、結果として繁栄した者が適者、ということでよい。ダーウィニズムの適応主義は、この意味で、明らかにトートロジーである」と（三浦 2006: 107-8）。つづ

19　エリオット・ソーバーは現代の「生物学の哲学」を代表する論客。進化論が提起する哲学的問題をまとめた『進化論の射程——生物学の哲学入門』は必読文献。同書で扱われる諸問題にまつわる原論文は、彼が編んだ論文集 *Conceptual Issues in Evolutionary Biology* で読むことができる（現在第三版）。また、*The Nature of Selection* は自然淘汰説だけにフォーカスした労作。

20　三浦俊彦の『ゼロからの論証』『多宇宙と輪廻転生——人間原理のパラドクス』を繙けば、ダーウィニズムから多宇宙説、そして人間原理へという、めまいがするような思考の峠道が待っている。

けてこう主張する。

適応主義のトートロジーこそが、生物進化に関するダーウィニズムの経験的主張を支えているのである。すなわち、適者は事後的に定義されざるをえないということは、自然選択の母集団が（あらかじめ定まった方向への変異や組み替えではなく――引用者註）「ランダムな変異および組み替え」でしかない、という積極的事実に対応しているからである。（……）「適者」はトートロジカルに定義される他ない、というダーウィニズムの主張全体は、かくして、トートロジーではない。「適者」を結果論的トートロジカルに定義したことが、ダーウィニズムの最大の経験的テーゼだったのである。（三浦 2006: 108-9）

適者生存はトートロジーではないと断言したソーバーも、こうした意味においてならば、進化論にトートロジー的なものが含まれることを認める。そのうえで、「進化の理論にトートロジーが含まれるという事実は、その理論全体がトートロジーであることを示しているわけではない。部分と全体を混同してはならない」と述べている（Sober 2000=2009: 142）。

ソーバーの指摘は重要である。それによってこのスローガンの役割が明確になるからだ。その役割とは、「適者」の概念に基準（criterion）を与えることだ。このスローガンは、「適者」の概念を「生存」という基準によって定義するのである。つまり、適者生存は厳密な（論理学的な）意味ではトートロジーではないが、「適者」が「生存」の基準ないしは尺度でもって後付け的、結果論的、循環論的に決定されるほかないという意味では、一種トートロジー的なものなのだ。

このことが進化論に広大な経験的研究の沃野《よくや》を与えている。というのも、この基準を用いて生物の有様を説明しようとする仮説はまったくトートロジーではない、つまり経験的に検証されるべきものであるからだ。

まず、あらゆる生物は類縁関係にあるという基本的な考えにしてからが経験的に検証可能だし、また検証される必要がある。生物が完成品としてそれぞれ独自に発生したという可能性も考えられなくはないのだから。また、適者生存の基準を用いてつくられた個々の仮説も経験的に検証可能だし、また検証されなければならない。対象の自然や生物は仮説が想定したとおりには動いていないかもしれないからだ。

このように、トートロジー的なものとしての適者生存は、むしろ進化論（ダーウィニズム）の経験的研究を可能とする条件なのである。ある理論にトートロジー的なものが含まれているからといって、その理論体系の全体がトートロジーであると速断してはならない。「部分と全体を混同してはならない」とは、このような意味である。

ひょっとすると、こうした見方に同意できない進化論の擁護者もいるかもしれない。自然淘汰説はいかなる意味でもトートロジーを含まないのだと反論することも可能だろう。しかし、適者生存が「適者」を定義するための基準であり、そのかぎりにおいてトリヴィアルな意味でトートロジーのようなものだと認めたからといって、それほど不都合があるとは思われない。むしろ、このことを根拠に進化論の全体をトートロジーだと断ずることこそ論理的詐術にほかならないのだ、そう安んじて主張できるようになるのではないだろうか。

ともかく、適者生存の原理はこのようにして、生物の有様がいかにもたらされたのかを説明する進化論という科学研究の一部分をなす。それを一種のトートロジーだとみなすことは、必ずしも進化論の否定やその科学性の否定をもたらすものではない。それは進化論をおとしめるどころか、むしろその可能性を最大限に評価することにつながるのだ。進化論にかんする誤解を取り除くのは重要な仕事だが、だからといって産湯とともに赤子まで流してしまうことはないと思う。

私の好きな言葉に、人工生命研究者の星野力による「進化論は計算しないとわからない」というものがある（星野 1998）。まさしくそのとおりで、自然淘汰説は仮説をつくって計算（観察や実験）をしなければ何物でもない。というか、それなしでは言葉の意味を確認するだけのトートロジーにすぎなくなる。だからこそ言葉のお守りにもなる。

適者生存というスローガンは、それがひとり歩きしたときには、すなわち観察も実験もされず単独で用いられたときには、私がここで述べた長所がすべて短所となり、たしかに誤解を生みだすものになるだろう。もともとキャッチフレーズやスローガンというものは、ひとり歩き上等というか、ある意味ひとり歩きしてもらうためにこそ送り出されるようなものである。実際、「適者生存」のひとり歩きはよくもわるくも見事に成功した。そこはなんとも悩ましいところではある（ちなみに、もうひとつ好きな言葉があり、それは「日曜社会学」管理人・酒井泰斗による「進化は人のためならず」である）。

なお、これまで述べてきたことは、「適者生存」についてだけではなく、元のアイデアである「自然淘汰」についても同様にあてはまる。そもそもこのスローガンは自然淘汰の言い換えにすぎない。また、ダーウィン自身も認めたように、適者生存は、それ自体としては、自然淘汰をわかりやすく言い換える正当なスローガンだ。これがダーウィンではなくスペンサーの考案によるという事実はまた別の話である。また、反対者の告発によって被告席に立たされていたのは、自然淘汰説のスローガンではなく自然淘汰説そのものだったのである。

適者生存のスローガンが誤解されるとき、自然淘汰説も同じように誤解されている。スローガンを使用禁止にしたところで、本家の誤解がなくなるわけではない。むしろ誤解のありかが見えにくくなるだけだ。それならいっそのこと、このスローガンをめぐるひと悶着を通して本家を理解しようではないか、というのがここでの議論の趣旨だった。

それでもなおこの言葉を使いたくない場合には、それをすべて「自然淘汰」あるいは「自然淘汰説」と言い換えてもよい。もともと互換的な表現なのだからそれで無問題である。どちらにせよ、トートロジー問題の法廷で「適者生存」だけを身代わりに被告席に差し出しつつ、こっそり裏口から「自然淘汰」を無傷のまま逃がそうとするシークレット・エージェント・マン的行為（©忌野清志郎）は、臭いもの――概念的混乱の発生源――に蓋をするだけの結果に終わるだろうと思う。

以上、トートロジー問題について述べてきたが、それが進化論のお守り化とどのように関係するのだろうか。

お守り化の理由その一――文法に導かれる

適者生存のスローガンは一種のトートロジーであり、その意味で自然淘汰説はトートロジー的なものを含むのだが、反対者や批判者が主張するのとは反対に、その特質こそが進化論の経験的研究を可能にする。

進化論がお守りへと転じるのも、じつはまったく同じ理由からだ。進化論の経験的研究と言葉のお守り化は同じ出自をもつ。進化論に含まれるトートロジー的なものが、一方で学問の世界に経験的研究の条件を、他方で日常の進化論に言葉のお守りをもたらすのである。

トートロジーはつねに正しいが何事も説明しない。「どうして彼は結婚していないんだろう?」という問いに、「彼が独身だからさ」と答えることは、ジョークやはぐらかしにはなるかもしれないが、彼が結婚していないことにたいする説明にはならない（もし、この問いに「彼にはお金がないからさ」と答えたとすれば、それはまちがっているかもしれないし、感じがわるいかもしれないが、少なくとも可能な説明のひとつではあるだろう）。

だが、学問の世界において、トートロジー問題が不都合をきたすことはない。学問としての進化論は、特定の仮説——粒子遺伝、突然変異、遺伝子導入など——の集合体だ。学問研究の場においては、研究成果はその真偽が検証可能なものとして提出されなければならない。だから進化論の諸仮説も、さまざまな学問的約束事に則って、真偽の検証が可能なかたちで構築される。つまりそこで問題になりうるのは、自然淘汰説そのもののトートロジー性ではなく、あくまで個々の仮説なのである。その意味で、進化論の学説は学問的な限定がなされることで、その有効性が確保されているのだといえる。

他方で、日々の暮らしのなかで進化論の言葉やイメージが用いられる場合、事情はまったく異なる。私たちは多くの場合、生物の世界や人間の社会の実相を一挙にとらえる世界像として、進化論の言葉やイメージを利用する。つまり、進化論的な仮説や学説が本来必要とする学問的な限定をいっさい解除したうえで、進化論を利用しようとするのである。

「適者生存の世の中だ」とか「適応できなきゃ淘汰されるだけ」といった言葉を発するとき、私たちはなんらの仮説も構築するつもりがないし、なんらの学説も提唱するつもりがない。そもそも、進化論由来の言葉を発することそれ自体が目的であり、ただ言いたいだけなのだから。しかも、ただそれだけで、なにかうまいことを言ったような感じになるのである。そこが、言葉のお守りのお守りたるゆえんだ。

トートロジーは何事も説明しないが、つねに正しい。だから逆に、どんな事態にたいしても融通無碍にあてはめることができる。なにも説明できないがゆえに、なんでも説明できるのだ。言葉のお守りにとって、これほど好都合な条件はない。このようにして私たちは、いわば自然淘汰説の限定解除によって、進化論というお守りを手に入れるのである。

とはいえ、それだけでは十分ではないだろう。トートロジーはたしかに言葉のお守りに適してはいるだろうが、すべてのトートロジーが言葉のお守りになれるわけではないのだから。

先に、「どうして彼は結婚していないんだろう?」という問いに「彼が独身だからさ」と答えたとしても、それは答えになっていないということを確認した。そこで、「どうして哺乳類は衝突の冬を生き延びたんだろう?」という問いに、「哺乳類が適応したからさ」と答える場合を考えてみよう。なんとなく答えになっているような気がするのではないだろうか。

先に確認したとおり、適者生存のトートロジーは適者（適応）に基準を与えるだけのものであり、経験的な内容をいっさい含んでいない。だから、「哺乳類が適応したからさ」と答えたところで、それは「彼が独身だからさ」と答えるのと同様、たしかに正しいけれども、それがどのような適応だったのかを述べないかぎり、なにも説明していないということになるはずだ。いわば言葉の意味を繰り返しているだけなのだから。もし、この問いに「哺乳類は頭がよかったからさ」と答えたとすれば、それはまちがっているかもしれないが、というか、おそらくまちがいだろうが、少なくとも可能な説明のひとつではあるだろう。他方で、「哺乳類が適応したからさ」は、「彼が独身だからさ」とは異なり、なんとなく答えになっているように感じる。そうだとしたら、それはなぜだろうか。

その理由は、適者生存（自然淘汰）の原理が、あたかも自然法則のようなものであるかのように見えるという点にある。たとえば、検索エンジンに「適者生存」と打ち込んでみると、後続する検索語候補として「〜の法則」が提案される。グーグル先生の言うとおり、これが現代社会の苛酷なサヴァイヴァルゲームを支配する法則のようなものとしてイメージされていることはまちがいない。

ところが、これまでの議論からすれば、適者生存(自然淘汰)の原理は自然法則ではない。「すべての独身者は結婚していない」が法則でないのと同じである(独身者が結婚していないことは、言葉の意味によって、あらかじめ決まっているのだから)。むしろそれは(言葉の)規則とか規約とか取り決めなどと呼ぶべきものだろう。これを法則と考えるのは、前提と結論を取り違えるのにも等しい誤りである。

前提と結論を取り違えるとは、「生存した者を適者と呼ぶ」というあらかじめの取り決めがある(前提)にもかかわらず、なんらかの法則(「適者生存の法則」)の結果として「適者が生存した」のだ(結論)と考える誤りだ。適者生存(自然淘汰)の原理は、議論の前提にはなっても、結論にはなりえないのである。

それなのに、私たちがしていることはまさにそれだ。本来できないはずのことを、日々いともたやすくこなしているのである。どうしてそんなことが可能なのだろうか?……と、いちおう問うてみるが、これは愚問であろう。また、転倒した問いでもある。

科学が提出する法則は、観察や実験を介して(言葉の意味によってではなく)経験によって検証される命題で構成される。たとえばケプラーの第一法則「惑星は太陽をひとつの焦点とする楕円軌道上を動く」を考えてみよう。惑星は意味によってそのように動く運命にあるわけではない。楕円軌道上でなくてもよかったかもしれないし、太陽を焦点としなくてもよかったかもしれない。実際にどうであるかは、観察や実験によって検証されるだろう。

ここで試しに、熟語にすぎない「適者生存」(survival of the fittest) を自然法則風に平叙文に書き下してみる。すると「(最) 適者が生存する」(The fittest survives.) あたりになるだろうか。ケプラーの法則にたいして、この「適者が生存する」の事情は大きく異なる。そもそも「適者」の意味が「生存」という基準に依存しているという特質からして、「適者は生存しなくてもよかったかもしれない」という想定自体がナンセンスとなるはずなのだ。つまり適者が生存するという「適者生存の法則」は、裸のまま素のままでは、その真偽を検証できるような命題にはならない、だから法則にもなりようがないのである。

だが、私たちが用いる言語の文法からすれば、そんな事情など「知らんがな」という話である。字面からして、「適者が生存する」は (独身者の法則とちがい、意味によってではなく) 経験によって検証されるべき命題であるかのように見える。当たり前といえば当たり前だが、「適者が生存する」という文それ自体には、これまで論じてきたような「適者」と「生存」の意味論的な依存関係といった事情はいっさい含まれていない。その点でこれはケプラーの法則などの自然法則的命題と区別がつかないのである。

ばかばかしい話をしていることは承知している。自分はそんな誤解などしないぞという人もいるだろう。だが、いまは専門家や上級者の話をしているのではない。日々の暮らしで出会う「適者生存の法則」の用法を見るにつけ、この身も蓋もない結論が補強されるのである。

もちろん、種々の概念的・方法論的限定によって自然淘汰にもとづいたモデルが構築されるなら、それは一種の自然法則（あるいはモデル）として検証可能なものになるだろう。実際そのように研究が行われている。ここでのポイントは、私たち素人はそうした学問的な限定を解除したうえで進化論を利用しようとするということだ。つまり、自然淘汰説を（法則とはまるで異なる）トートロジーにまで切り詰めたうえで、こんどはそれを宇宙の森羅万象にたいして（まるで法則であるかのように）無制限に適用するということなのである。

日常的な世界で用いられる進化論の言葉が、話題としている事象にたいしてある種の希望的、絶望的、楽観的、悲観的等々の慨嘆や感想をかぶせているだけなのに、あたかも自然法則的な説明が与えられたかのような雰囲気が醸しだされるのは、このためである。

お守り化の理由その二——自然淘汰は足跡を消す

自然淘汰説は、いわば言語の文法によって「自然法則」とみなされ、お守りへと導かれるということを述べた。だがそれは、自然淘汰説がお守りと化す事情の片面にすぎない。

これから述べるように、もう片面の事情がある。それは、自然淘汰という現象がもつ、ある特異な性質からくるものだ。これが言語の文法とあいまって、進化論のお守り化を両面から支えている。

その特異な性質とは、自然淘汰のプロセスが「自らの足跡を消す」傾向をもつということである（Sober 2000=2009: 138）。この性質は、生物の現在の有様は必然的にそうなるべくしてなったのだという印象を私たちに与える。この印象が、それがまるで「適者生存の法則」の結果であるかのように語ることを後押しするのである。

どういうことだろうか。単純なモデルをもとに考えてみよう。

調査している生物の集団に、ある特徴（形質A）が普遍的に存在するとする。このことから、その形質が進化したのは、それが祖先集団に存在したほかの形質よりも有利だったためだ、つまり形質Aは自然淘汰による適応の産物だ、と考えられるかもしれない。それは進化論的には自然な推測だ。

だが、祖先集団において形質Aとともに存在していたはずの競争相手、つまりほかの形質たちはいったいどうなったのだろうか。競争は、形質Bとの一騎打ちだったかもしれない。あるいは、形質C、D、Eも競争相手にいたのかもしれない。ひょっとすると、形質BからZまでの競争相手たちとバトルロイヤルを繰り広げていたのかもしれない。

自然淘汰の過程を再構成するためには、それが祖先の変異体とどのような競合関係にあったのかを知らなければならない。それができなければ、形質Aがどのような適応の産物であるかを確実に突き止めることはできない。それなのに、いま存在しているのは形質Aだけであり、祖先集団に存在したはずの競争相手（であったほかの形質）は、もはや現在の集団には見出されないのである。

当たり前の話ではある。そもそもの出発点は形質Aの遍在だった。この事実そのものが、競争は形質Aの勝利に終わったということを示唆している。そうであれば、かつて存在していたはずの競争相手がすでにこの世にいないのも当然だ。彼らは戦いに敗れて消えてしまったのだから。ここでは、形質Aが勝ち抜いて勝利したのだろうということは推測できるものの、その形質Aの勝利という事実そのものが、競争相手を抹殺するとともに、どんな相手とどんな戦いがなされたのかという手がかりを見えなくしているのである。

自然淘汰のプロセスは、生存と繁殖にとって好ましい変異を有している個体が保存され、その遺産が遺伝子というかたちで次代へと受け渡されることによって進む。その際、好ましい変異を有していない個体は子孫を残すことができない。世代を経てこうした過程が積み重なると、現世代においてその好ましい変異が普遍的に見られる一方で、かつては存在したそれ以外の形質はどこにも見られないというような状態になる。

これが、自然淘汰という現象を特定しようとする場合に起こることだ。かつて祖先集団に存在したであろう競争相手が見出されないという事実それ自体が、形質Aが自然淘汰による適応の産物であるという推測の根拠になるのだが、まさにその同じ事実によって、適応の過程で淘汰されていったであろうほかの形質を特定できないという事態が生じるのである。

考えてみれば単純な話だが、大事なポイントだ。自然淘汰のプロセスは、このように、自らの活動の痕跡――かつてどのような変異が存在したか、それらがどのように選別されたかの痕跡――を破壊しながら進むのである。

では、自らの足跡を消しながら進むという自然淘汰のこのような性質は、進化論のお守り化にどのように効いてくるのだろうか。

第一章の理不尽な絶滅シナリオで確認したように、生物の存亡は、しばしばその生物学的性質（遺伝子）とは関係のない外的要因（運）に左右される。ある時点で適者であった者が、次の時点では不適者に転落することがふつうに起こる。この事実と、適者は適者だから生き延びたのではなく、生き延びたからこそ適者と呼ばれるという自然淘汰の基準を考え合わせれば、時代や場所が変われば適者の適者性も変わりうるということになる。

それなのに、自然淘汰のプロセスがかつての競合相手を破壊してしまうために、いまいる適者が必然的に生き残ったかのようにしか見えなくなるのである。過去を振り返って歴史を再構成しようとしたとき、歴史のカンヴァスには、現在の適者へとつながる一本の系統だけしか見当たらないのだ。その結果、あらかじめ適者のさだめにあった適者がやっぱり適者になったのだ、というトートロジカルな歴史絵巻ができあがることになる。

このようにして私たちは、「適者生存の法則」にたいする「確証事例」を、「生存したのは（やっぱり）適者だった」というかたちで、そこに見出してしまうのである。そもそも「適者生存の法則」は本来トートロジーなのだから、「確証事例」を見出すのは当然なのである。

まるで、かつて哲学者ハンナ・アーレントが論じた「忘却の穴」を想起させる酷薄さである。ナチス・ドイツは、ユダヤ人を組織的に抹殺しながら、そのような抹殺行為の痕跡すら抹殺することで、そもそもはじめからユダヤ人など存在しなかったかのような世界をつくろうとした（Arendt 1951=2017: vol. 3, 234）。それをアーレントは「忘却の穴」と呼んだのだが、自然淘汰のプロセスは、自身の犯行の証拠を「忘却の穴」へと隠滅しながら作動する「記憶の暗殺者」（©ヴィダル＝ナケ）のように働くのである。自然淘汰が足跡を消すとは、このような事態を指す。

ここでも私たちは、自然淘汰の原理を基準——適者を生存によって定義するという基準――ではなく、自然法則のようなもの――「適者生存の法則」――とみなすことになる。そして、トートロジーを法則として扱うとき、それがどんな事柄にも適用できる言葉のお守りになることは、前項で確認したとおりだ。ここでは、自然淘汰それ自体がもつ性質が、適者ははじめから決まっているという、反‐自然淘汰説的な結論に私たちを導いているのである。

前項では、自然淘汰（適者生存）のトートロジーが、言語の文法に導かれて疑似法則的な言葉のお守りになることを述べた。この項で見てきたのは、自然淘汰というプロセスそのものがもつ足跡消去の性質が、私たちをしてその法則のトートロジカルな正しさを「確証」させることで、進化論のお守り化をもう一方の面から支えているということだ。このようにして、言語の文法と自然淘汰の性質とが、進化論のお守り化を両面から支えているのである。

進化論が言葉のお守りとして用いられる際、適者生存（自然淘汰）の原理には次のような操作が加えられていることになる。それは、適者生存のトートロジーを、言語の文法に導かれて「適者は生存する」という（トートロジカルに正しい）疑似法則とみなし、こんどはそれを、自然淘汰の足跡消去に導かれて「生存したのは適者だった」という（トートロジカルに正しい）命題で確証するという操作である。つまり、トートロジカルにのみ正しい命題をあたかも法則のように扱い、こんどはその法則を、トートロジカルにのみ正しい命題によって確証するという知的マッチポンプである。私たちは必ずしもそうと意識しているわけではないが、たしかにそのように行う（©カール・マルクス）のである。

このような次第で、私たちは自然淘汰説のアイデアを誤解しつづける。基準と法則との、定義と説明との、前提と結論との取り違えによって、進化論を理解し使いこなしていると思い込むのである。そのとき私たちは、ちょうど進化論にたいする反対者や批判者が指摘するとおりのやりかたで、言葉のお守りというトートロジーをつぶやいていることになる。反対者や批判者によるトートロジー批判に、もし一理あるとしたら、こうした進化論のお守り的使用についての批判としてであろう。とはいえ、反対者は進化論のお守り的使用ではなく、あくまで進化論の全体に反対しているのだろうから、あまり意味のない想定ではあるのだが。

慨嘆や感想をもらすという行為それ自体については、とくになにも言うことはない。そんなものは誰だってするときにはする。ここでのポイントは、鶴見がお守り論文で指摘したように、実質的には表現的――その言葉を使う人のある状態の結果として述べられ、呼びかけられる相手になんらかの影響を及ぼす――な言葉が、かたちだけは主張的――観察や実験や論理によってその真偽を確かめることができる――な言葉として用いられているのことだ。ここで主張的命題（「適者生存の法則」）であるかのように用いられているものは、実際には表現的言明（「生活感情の表現」）なわけで、科学的な主張的命題の集合体である学問の世界における進化論とは、本質的になんの関係もない代物なのである。

とはいえ、お守り的使用法を禁じようとしたり、お守りにまともな中身を込めようとしたりするのは、詮無いことかもしれない。これがある種の時代の雰囲気にフィットしたお守りとして選択され、それなりにうまく働いているのはまぎれもない事実である。また、それにたいして下手に実質的な内容を与えようとしても、かえって困ったことになるだろう。真面目に受け取って中身を検分しようものなら、言葉のお守りはお守りでなくなってしまう。お守り袋を開いてみたら空っぽだった、というオチは目に見えている。私たちはいわば念仏を唱えているだけなのだから、その内実にかんして真偽や妥当性を問うてみてもはじまらない。

もし、誤解からの脱出を試みるとするならば、おそらく方法は二つしかない。ひとつは、進化論のことなどすっかり忘れ去ること。そしてもうひとつは、検証可能な進化論的仮説を組み立てるよう努めることだ。前者はお守りを捨て去ることを意味する。後者は学生や専門家のように修練を積むことを意味するだろう。しかしもちろん、私たちの多くはそのどちらを実行する気もさらさらない。こうして誤解は手つかずのまま温存されるのである。

ところで、本書はこれまで「専門家」の進化論と「素人」のそれとをたびたび対照させてきた。これにたいして違和感を覚える向きもあるかもしれない。この対照は両者の対立や分断を煽るのではないか、と。たしかに私もそんなことは望まない。本書においても両者のちがいは、それが科学的に検証可能な仮説を生産する進化論であるか、それとも言葉のお守りとして利用されるものであるかのちがいであり、それ以上の含みはない。専門家のなかにも小さな素人が、また素人のなかにも小さな専門家が住んでいるというケースがありうることを考えると、専門家と素人というより、学問としての進化論と社会通念としての進化論、科学理論としての進化論と世界像としての進化論といった区分のほうが適切かもしれない。あくまで話を簡単にするための縮約的表現と考えてほしい。

以上、自然淘汰説が含むトートロジー的なものによって、有意義な経験的研究が可能になるのと同時に、進化論のお守り化が系統的にもたらされることを見てきた。もし自然淘汰説をお守りとして用いるのであれば、それは進化論（ダーウィニズム）ではない。一見したところ経験的に検証できる命題のように見えたとしても、実際には唱えることそれ自体が目的となった言葉の呪術なのだから。進化論の旗を掲げながら言葉のお守りを護持するとき、そのじつ私たちはなにか別のものにたいする信仰を告白しているのである。

それはいったいなんなのか。それがこの章最後のテーマである。

ダーウィン革命とはなんだったか

非ダーウィン革命——進化論受容のねじれ

それを明らかにするために、ダーウィンの進化論が社会のなかで受容され、普及していった歴史的経緯を追ってみよう。そうすると、進化論（ダーウィニズム）の受容と普及には、ある奇妙なねじれが存在することがわかる。このねじれが、現代の社会通念としての進化論の正体を教えてくれる。

私たちは、生物だけでなく個人や組織や商品、そして社会そのものもまた「進化」するのだと当たり前のように考えている。また、そのような考えが人類の歴史においては比較的新しいものであること、つまり近代にいたって進化論なる思想から生まれたものだということも知っている。その生みの親とされるのがチャールズ・ダーウィンだ。

歴史をかじったことのある人なら、ダーウィン以前にも幾人かの先行者がいたことを知っているかもしれない。しかし一般常識としては、ダーウィンこそがオリジネーターである。教科書にもそう書いてある。中学校の教科書などを覗いてみると、進化論とはすなわちダーウィニズム（プラス、メンデル以降の遺伝学等々）のことであり、それ以外の学説はダーウィン以前の（未完成の）進化論として一括されている。

乱暴な図式ではあるが、あながちデタラメともいえない。たしかに現代の進化生物学の生みの親はダーウィンなのだから。だが、ここで検討したいのは生物学の常識ではない。吟味したいのは私たちの常識であり、私たちがダーウィンの名の下になにを信じているのかである。こうした観点から進化思想の受容と普及にかんする科学史・思想史の文献を調べてみると、教科書が伝えるのとはちがった様相が浮かびあがってくる。

私たちは普通、ダーウィンが進化論の世界に革命を起こし、それが徐々に社会に浸透していったのだと考えている。だが、科学史家のピーター・J・ボウラーは、実際には正反対の事態が生じたことを指摘する。彼が言うには、ダーウィンの登場によって、逆説的にも、人びとの思想は非ダーウィン的な（ダーウィン以前の）進化論的世界像へと刷新されたのである。これを彼は「非ダーウィン革命」（non-Darwinian revolution）と呼んだ[21]（Bowler 1988=1992）。どういうことか。

近代社会に進化論的な発想が浸透するにあたって、ダーウィン以上に影響力のあった人物はいない。それはたしかだ。だが、ダーウィンの社会的影響は、彼の学説（ダーウィニズム／ダーウィン主義）の普及ではなく、ダーウィンが登場する以前から存在し、影響力を増しつつあった「発展的進化論」（developmental evolutionism）の普及に寄与したのである。ボウラーがそれを「非ダーウィン革命」と呼ぶのは、ダーウィンのおかげで普及したこの発展的進化論が、根本的に非ダーウィン的なものだったからだ。

発展的進化論とは、生物は決まった目的・目標に向かって順序正しく前進的に変わっていくと考える進化学説のことだ。もっとも有名な提唱者は、一八世紀から一九世紀にかけて、革命と王政復古をはさむ激動のフランスで活動した孤高の博物学者、ジャン＝バティスト・ピエール・アントワーヌ・ド・モネ、シュヴァリエ・ド・ラマルク（以後ラマルクと表記）である。

自然は、動物のすべての種をあいついで生みだすに際して、もっとも不完全なもの、つまりもっとも単純なものからはじめて、もっとも完全なものによって仕事をおえつつ、動物の体制をしだいに複雑化した。そして、これらの動物は地球上の棲息できるすべての地域にひろがって、それぞれの種は、出会った環境の影響によって、私たちが現在認めている習性と、観察の示している諸部位の変化とをうけとった。

21　ピーター・J・ボウラーの『進化思想の歴史』は、進化について人間はどのように考えてきたか、ダーウィン登場のインパクトはどのようなものだったか、現代ではどのような争点があるかを知ることができる通史の決定版。

(Lamarck 1809=1988: 146)

以上は彼の発展的進化論をよく表す一節である。進化とは決まったゴールに向かって近づいていくことにほかならない、という考えである。

ちなみに、学校教科書などでは、ラマルクの名はもっぱら「用不用説と獲得形質の遺伝を唱えたダーウィン以前の進化論者」として紹介されるようだ。生物の器官は生活の必要に応じて、よく使われる場合には発達し、そうでない場合には衰える（用不用説）。そのようにして起こった変化が子孫へと伝えられる（獲得形質の遺伝）ことで進化が起こるという説である。しばしば引き合いに出されるのはキリンの首の例だ。ラマルク自身の著作『動物哲学』から引用しておこう。

キリンの特殊な形態と身長のうちに習性の所産を観察するのはおもしろいことである。よく知られているように、この動物は哺乳類中でいちばん背が高く、アフリカの内陸部に棲んでいるが、棲息地域は、土地がほとんどいつも乾燥していて、草がないので、キリンは樹木の葉を食べざるをえず、いつも葉にとどくようにつとめなければならない。この習性が久しい昔から種族のすべての個体において維持された結果、前肢は後肢よりも長くなり、また頸がとても長くのびたので、キリンは後肢でたちあがらなくても、頭部をあげれば、六メートル（ほぼ二〇フィート）の高さにまでとどくことになった。（Lamarck 1809=1988: 141-2）

現在のキリンの首が長いのは、先祖のキリンが高所の葉っぱを食べるために首を伸ばす努力をつづけ、その努力の成果が多くの世代にわたって伝えられたためだという話である。新たな環境に適応するために新たな習性を身につけた結果、体の構造が変化し、それが遺伝によって次代に伝えられるというわけだ。

獲得形質が本当に遺伝するかどうかは、ここでの関心ではない。遺伝にかんする理論が皆無であった当時――メンデルの仕事は知られていたが、それが認められるのはずっと後のことだ――、ラマルクだけでなくダーウィンもまた獲得形質の遺伝を想定していた（Darwin 1868=1938-9）。これは当時の常識のひとつだったのである。そう考えると、獲得形質遺伝説の容疑をラマルクにのみ着せるのは、ちょっとアンフェアかもしれない。ラマルクは植物学と動物学で偉大な足跡を遺した立派な博物学者だ。たとえば彼が考案した「無脊椎動物」という言葉と分類法は現在もそのまま使われている。

このラマルクの発展的進化論を広く一般化し拡張することで、宇宙の森羅万象を説明する壮大な進化思想をつくりあげたのが、先に「適者生存」の発案者として登場を願ったハーバート・スペンサーである。彼の慧眼《けいがん》は、進化という観念こそ、生物であるか非生物であるかを問わず、モノであるかコトであるかも問わず、宇宙の万物を一挙に見渡すことができる究極的かつ包括的な観念であると見抜いたことだった。

近代人の頭の中に「進化」（evolution）の観念が浸透するにいたったのは、この人気者（当時）に負うところが大きい。これは私の勝手な推測だが、近代の名だたる思想家たちのうち、彼は現代社会における知名度ランキングでは圏外に甘んじるかもしれないが、現代人の思想へのインストール率ランキングでは、J・S・ミルやオーギュスト・コントらとともにひと桁台にランクインするのではないか。そう私は考えている。それくらい大きな存在だ。

スペンサーは宇宙のあらゆる事物が進化すると考えた。みんな同一の進化の原理に従っている。その原理とは、同質的な状態から異質的な状態への移行、つまり単純な状態からより複雑で構造化された状態への移行だ。そうした進化が進むにつれ、事物はよりよいものとなり、より完成へと近づいていく。

もちろん人間の社会にも進化論は適用される。彼の思想のなかでも人びとにもっとも大きな影響を与えたのは、この「社会進化論」だ。

彼によれば、人間の社会もまた同質的な状態から異質的な状態へと、つまり単純な状態からより複雑で構造化された状態へと進化する。その道筋は、古代国家や未開社会のような単純な軍事型社会から、近代ヨーロッパで誕生し全世界に広がりつつあった複雑な産業型社会へ、というものだ。

その過程で働くのが適者生存のメカニズムである。これのおかげで、おのずから社会のメンバーの一人ひとりがますます自由に、ますます個性を発揮できるようになり、社会全体が理想的な協働状態へと近づいていく。だから政府や法律がこの働きにみだりに介入することがあってはならない。自由放任がいちばんである（Spencer 1876-96）。

スペンサーがお手本としたのは、自身が生きた産業革命後のイギリスだった。彼は自由な資本主義社会こそ、すべての社会が到達すべき目標とみなした。そして、そうした社会を生存闘争によって完成させる前進的な進化を唱道したのだった。このように、発展的進化論と市場経済の自由競争主義との結合がスペンサー思想の特徴だ。そこでは進化とは競争を通じた前進であり上昇であり、ラマルク説でそうであったのと同様に、進歩にほかならなかった。

これは本国のイギリス人だけでなく、当時の列強諸国や列強に加わりたがっていた諸国の人びとから熱烈な歓迎を受けた。彼らも近代化を目指して奮闘中だったのである。そうしたわけで、闘争と進歩を旗印とするスペンサー流進化論は、上昇志向の近代人の性にぴったりと合ったのだった。

実際、一九世紀末から二〇世紀にかけてのスペンサー思想の広まりは、猛威と呼ぶにふさわしいものだった。事は日本においても同様で、明治期の指導的知識人たちに広く

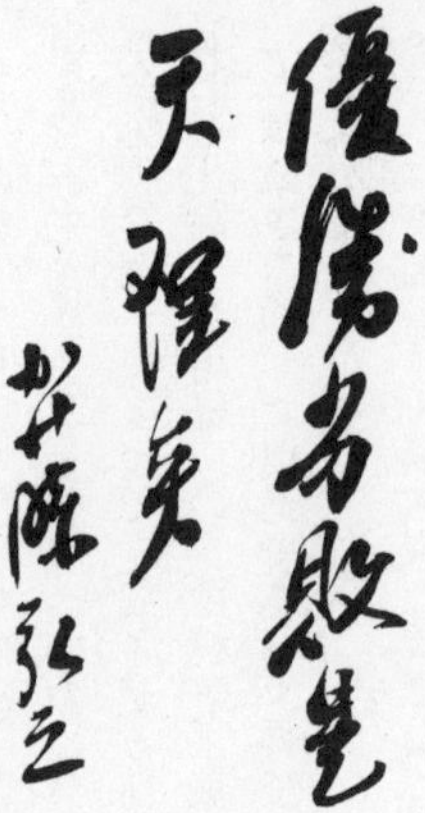

加藤弘之『人権新説』（一八八二）の扉に大書された
「優勝劣敗是天理矣」のエピグラフ
（国会図書館近代デジタルコレクション）

深い影響を与えたことが知られている（山下 1983）。なにしろ、自由主義者だろうと社会主義者だろうと、国粋主義者だろうと民権主義者だろうと、右も左も猫も杓子も、とにかくありとあらゆる主義主張をもつ人びとが、自説に箔をつけるために進化論に飛びついたのである[22]。

なかでも象徴的なのは、政治学者・教育家で後に帝国大学（東京大学）の総長にもなった加藤弘之の転向である。人は生まれながらにして自由かつ平等であるという開明的な天賦人権説を主張していた彼が、突如としてそれを妄想として全否定し、優勝劣敗思想にもとづいた熱烈な国家主義者、天皇主義者に転じるのである。

そのあいだにいったいなにがあったのか。それこそ「進化論」（スペンサー主義）の導入にほかならない。加藤のマニフェストといえる『人権新説』の扉に特筆大書された「優《ゆう》勝劣敗是天理矣《しょうれつぱいこれてんりかな》」のエピグラフが醸しだすただならぬ気配は、列強に伍する国家となることを熱望した明治日本の知識人にとって進化論思想がどのような意味をもっていたかを雄弁に語っている[23]（松浦2014）。

スペンサー思想の重要性は、近代社会の時代精神《ツァイトガイスト》である進歩の観念を進化の観念と接合し、万物を見渡す視座をこしらえた点にある。いまやこの視座は、私たち現代人にとってあまりにも明白な常識になってしまっているために、もはや彼の名前を思い出す必要すらない。進化を進歩と同一視するこの思想は、学問の世界ではすでに否定されてい

22　まるで日本人がすんなり進化論を受容したかのように書いてしまったが、事はそんなに単純ではなかったようだ。クリントン・ゴダール『ダーウィン、仏教、神――近代日本の進化論と宗教』は、日本人が進化論を抵抗なく受け入れたという考えはまったくの神話だと主張する。同書は、日本の進化論受容の過程においては仏教、神道、キリスト教、哲学、マルクス主義、国体論など、あらゆる思想やイデオロギーとの衝突や交渉がみられたと論じている。

23　作家・詩人・仏文学者・批評家の松浦寿輝による『明治の表象空間』は、太政官布告から刑法典、教育勅語、国語辞書、そして新聞記事にいたるまで、厖大な文献を横断的に渉猟しながら明治という時代を浮かび上がらせる労作。なかでも第Ⅱ部「歴史とイデオロギー」は、進化論がいかに近代日本の運命と深く切り結ぶことになったかを活写している。

るが、常識の世界ではいまなおびくともしない堅牢さを誇っている。これが、非ダーウィン革命によって近代人に刷り込まれた進化思想である。

ところで、このような思想は一般に「社会ダーウィニズム」と呼ばれてきた。だがそれは、いま見たようにダーウィンではなくスペンサーが提唱したものであり、実質的には「社会ラマルキズム」あるいは「スペンサー主義」以外の何物でもなかった。言い換えれば、これまで「社会ダーウィニズム」と呼ばれてきた思想は、実際にはかつて一度もダーウィニズム（ダーウィンの進化論）であったためしがないのである。

結局、誰もが「ソースはダーウィン」としながら、発展法則にもとづく非ダーウィン的な発展的進化論を好き勝手に開陳してきたのである。日本においても、明治期に輸入されて以来、少なくとも一般社会、つまりお茶の間やジャーナリズムにおいては、「進化論」はつねに社会進化論であり、「ダーウィニズム」はつねにスペンサー主義であった。

こんな結果になったのは、ダーウィンの真意を理解できなかった一般大衆のせいなのだろうか。そうとばかりもいえない。学問の世界で起こったのも同じ非ダーウィン革命だったからだ。

当時の専門家の多くも、ダーウィンの真意を十分に理解することができなかった。なかでもダーウィニズムの核心であるはずの自然淘汰説は二〇世紀前半には息も絶え絶えの状態だったといわれている。自然淘汰説が正しく理解されるには、現在の主流派である総合説（ネオダーウィニズム）が進化生物学を革新した一九四〇年代を待たなければならなかった。学問の世界でさえ、ダーウィンが正当な評価を得るには百年がかりの二段階革命を要したのである。

以上が、ダーウィンの登場が発端となって起こった「革命」とその後の顚末である。少し前に、ダーウィニズムの受容と普及には奇妙なねじれが存在すると述べたが、正体はこの非ダーウィン革命である。このねじれが解消されたのは、ようやく二〇世紀なかばになってからのことだった。

では、発展的進化論にたいするダーウィン進化論（ダーウィニズム）の革命性はどこにあったか。いろいろな言い方ができると思うけれども、とりあえずおおざっぱにいえば、生物進化を自然主義的に説明する道を拓いた点にある。自然主義的に説明するとは、神や形而上学に頼らず自然科学の手段のみを用いて説明するという意味だ。

先にも触れたように、次の三条件——個体間に性質のちがいがあること（変異）、その性質のちがいが残せる子孫の数と相関すること（適応度の差）、それらの性質が次世代に伝えられること（遺伝）——がそろった場合に進化（遺伝的性質の累積的な変化）が起こるというのが自然淘汰説の要諦である。そしてこれらはすべて自然主義的な解明の対象である。

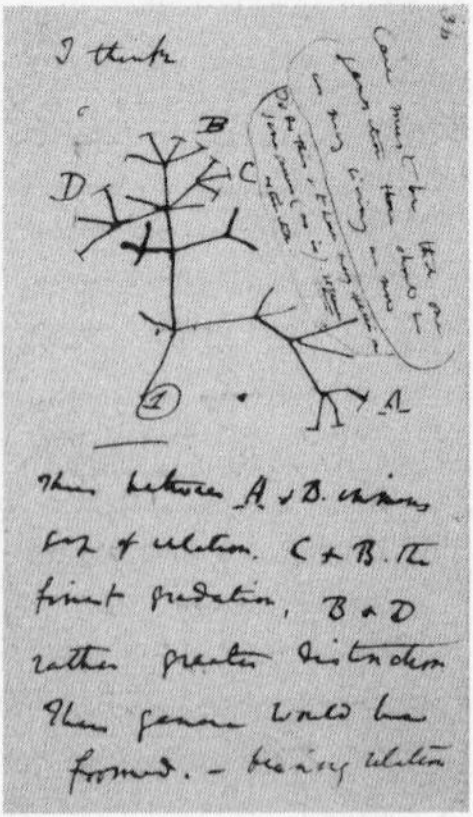

ダーウィンのスケッチ
「生命の樹（進化論的な系統樹のダイアグラム）」
（一八三七）

リチャード・ドーキンスは、これまでに人間が考案した進化学説は、煎じ詰めれば三つしかないと言っている。すなわち、神学、ラマルキズム、そしてダーウィニズムである（Dawkins 1996）。そのなかでダーウィニズムだけが、神学のように超自然的な存在や現象を想定したり、ラマルキズム（発展的進化論）のように形而上学的な原理を前提したりすることなく、あくまで科学的に生物進化のメカニズムを説明できるのである。

なお、神学や発展的進化論とダーウィニズムのちがいは、学説上の些細なちがいではない。帰結は重大である。これによって生物世界にたいする見方が一変するからだ。それは「存在の連鎖」から「生命の樹」へ、という転換である。

神学においても発展的進化論においても、

あらゆる生物は「存在の連鎖」(chain of being)——もっとも下等なものからもっとも高等なものまでが連続的につながった階梯——の一員であった。これはプラトンの昔から長いあいだ西洋の思想で影響力をもっていたイメージだ(Lovejoy 1936=2013)。そこでは進化とは、共通のゴールへと向かう階梯を上昇していく過程にほかならない。それぞれの生物種はその階梯における位置——ゴールからの距離や方角——によって優劣を比較することができるし、あるべき未来の姿を予言することもできる。

それにたいして、ダーウィニズムにおいては共通のゴールなど存在しない。そうである以上、ある生物種とべつの生物種の優劣を直接に比較することなどできなくなるし、あるべき理想の状態や未来の姿といったものを予言することも難しくなる。

未来を予測するなら、現時点で大いに繁栄しており、ほとんど打ち負かされていないか、まだほとんど絶滅させられていないグループは、この先も長期にわたって増加を続けることだろう。しかし、そのグループが最終的に繁栄するかは誰にも予測できない。なぜなら、かつては大成功を収めていたグループで今は絶滅してしまっているものも多いからである。(Darwin 1859=2009: 上 222)

その結果、ダーウィニズムがもたらす生物進化のイメージは、神学や発展的進化論が想定していた存在の連鎖ではなく、不規則に枝分かれする樹木のようなものになった。それが「生命の樹」（tree of life）である。[24] このようにしてダーウィニズムは、生物の世界は整然としつらえられた存在の連鎖ではなく不規則に枝分かれする生命の樹であるという、従来とはまったく異なる見方を提示することになったのである。

われらスペンサー主義者――一九世紀を生きる私たち

とはいえ、それで一件落着とはいかない。学問の世界がねじれを解消したことによって、こんどは別のねじれが生じることになったからである。学問の世界は二度目の挑戦でダーウィン革命を成就したのに、日常的な進化論的世界像のほうはいまだに非ダーウィン革命の段階にあるというねじれ、しかも誰もが自分の発展的進化論をダーウィン直伝のものだと信じて疑っていないというねじれである。だが、なまじ学問の世界が最初のねじれを解消済みであるばかりに、すべては結果オーライのオールOKとみなされているようである。

先にラマルクとスペンサーの進化学説を紹介したとき、それが私たちが日常で接する進化論の雰囲気にそっくりだと感じた人もいるのではないだろうか。はたしてそのとおりである。それはラマルク＝スペンサー路線の発展的進化論そのものである。

私たちの社会通念としての進化論が発展的進化論にほかならないことは、「進化」という言葉がどのように用いられているかを考えてみれば一目瞭然である。私たちの日常的な用法において、「進化」はたんに事実を表す言葉ではない。それは必ず肯定的な価値——「進歩」「改良」「向上」「発展」「前進」といったプラスの価値——を帯びている。他方で学問（進化生物学）の世界では、「進化」とは端的に事実（遺伝的性質の累積的な変化）を指すものであり、それ自体よい意味もわるい意味もない。いわゆる「退化」も進化のうちだ。

その意味で、日常語としての「進化」は典型的な二次的評価語である。二次的評価語とは、「自由」「テロリズム」など、ある一定の評価が結びついているような語のことだ。お守り論文の鶴見俊輔にも影響を与えた、アメリカの倫理学者チャールズ・スティーヴンソンが提唱した概念である。たとえば「自由」には正の意味が、「テロリズム」には負の意味が結びついている

24　三中信宏・杉山久仁彦『系統樹曼荼羅』は、古今東西の系統樹の図像を蒐集・分類・解説した奇書。読んでも眺めても楽しめる作品だ。本書の関心からはとくに、美麗な系統樹をたくさん残したヘッケルと、単純なダイアグラムしか残さなかったダーウィンとの比較が興味深い。両者のちがいは、絵心の有無（だけ）ではなく、系統樹にたいする考え方のちがいからきていることがわかる。

(Stevenson 1944=1976)。だから「こっちの自由でしょ」「それは抗議でなくテロだ」などと言うだけで、わざわざ「よい」「わるい」「望ましい」「望ましくない」などと口にせずとも肯定的／否定的評価を表明することができるし、あるいは「自由からの逃走」とか「おやつテロ」のようにそれを逆用してうまいこと言う（逆説的な寸鉄をひねる）こともできる。

「進化」もそうした二次的評価語として機能している。「あいつのバックハンド、進化したなあ」と言うとき、それはたんに彼のバックハンドになんらかの変化が訪れたという事実を指摘しているにすぎない、などとは誰も思わないだろう。それは必ず、彼のバックハンド技術の向上を意味するはずだ。逆に「退化した」と言われたなら、それは彼のバックハンド技術の低下を意味するだろう。

進化という言葉がこのように働くことができるためには、その背景において、進化を進歩、改良、向上、発展、前進と同一視する発展的進化論が常識として成り立っていなければならない。一事が万事この調子で、私たちの暮らしにおいて、進化にかかわる諸概念は、非ダーウィン革命によって近代人にインストールされた発展的進化論のなかに、がっちりと埋め込まれているのである。

そこから派生した言葉に「ガラパゴス化」がある。ダーウィニズム誕生の象徴といわれるガラパゴス（諸島）の名を借りた言葉で、ローカルな商品やサーヴィスが世界標準から取り残されることをそのように呼ぶようだ。

日本の旧式の携帯電話は、独自の進化を遂げたばかりに世界標準のスマートフォン技術から取り残されたとして、「ガラパゴス・ケータイ」（ガラケー）などと呼ばれることになった。ガラケーが発展進化論的な共通ゴール（「世界標準」「グローバル化」など）から取り残されたのはたしかだろうが、そんなことは当のガラパゴスの生き物にとっては関係のない話である。ガラパゴスの生き物たちがいったいなにに追いつかなければならないというのだろうか。自分たちの失敗を名付けるのに無関係な他人の名前を用いるという下劣な品性の産物であるが、定着してしまった以上はどうしようもない。

成功者の訓話なども進化論風に飾られて重宝される。もちろんなかには興味深いものもあるが、こうしたものを指針として考えると発展的進化論に近づいていく。成功者が成功すべくして成功したように見えるのは、多くの場合、滅亡・絶滅していった大量のサンプルを無視して一部の生存者のかぎられたサンプルにのみ着目してしまう「生存バイアス」による錯覚であろう（Taleb 2001=2008: chap. 8–10）。お守りとしての進化論は、このバイアスによって仮構された発展法則にかぶせられるものだ。成功は私たちが考えるよりずっと運不運に依存している。あのビル・ゲイツが野心、才能、勤勉さに恵まれた人物であることは疑いないが、彼は後年、当時どれだけの若者が大学入学前にあなたと同じようにコンピュータに親しむ経験ができただろうかと問われたとき、「世界

私たちの発展的・定向的・直線的進化論
(©Andre Jabali)

で五〇人いたら驚くね」と答えている。もちろんこのことは彼の野心、才能、勤勉さを否定するものではない（Gladwell 2008=2014: 54-57; Frank 2011=2018: chap. 9）。スペンサー主義とその現代の末裔たちが流布する「ビジネス進化論」とは、つまるところ、社会学者マックス・ウェーバーの指摘したプロテスタンティズムの倫理——禁欲的労働のエートス——の代用物なのだろう。

私たちはスペンサー主義など大昔に（その名前も忘れるほどに）乗り越えたものと思っているが、実際には二一世紀的な意匠を身にまとった発展的進化論者、社会ラマルク主義者であり、スペンサー主義者、つまり偽ダーウィン主義者なのである。もちろん、偽物であるのはラマルクやスペンサーの思想ではない。行きがかり上、本章では反面教師的な役割を演じることになったが、彼らは彼らで立派な博物学者・思想家である。偽物なのは私たちの「社会ダーウィニズム」のほうなのであって、私たちはラマルクやスペンサーを死んだ犬のように扱いながら、そのじつ彼らの遺産を食いつぶして生きており、あまつさえそれにダーウィンという勝ち馬の名を与え、その威光を笠に着て得々と進化論を吹聴しているのである。

このようにしてダーウィニズムは誤解されつづける。スペンサーが考案した「適者生存」のスローガンは、ダーウィン自身も認めたように自然淘汰説を短い言葉であますところなく表現した見事なものだった。そこではダーウィニズムの中核概念が、きわめて縮約的に、しかし正確に形容されている。しかし、スペンサー自身の進化思想においてそれは、個々人に努力をうながす精神論的な号令という以上の内容をもたなかったし、それを受け取った私たちの進化論的世界像においても、依然として事は同様である。一九世紀の人びとはダーウィンとスペンサーの思想を区別できなかったといわれるが、その点で私たちはまったく「進化」していないようだ。私たちが愛しているのはダーウィンの進化論ではない。相も変わらず発展的進化論なのである。[25]

長い議論になってしまった。本章の内容をまとめよう。まず、現代の進化理論の中心アイデアである自然淘汰説にかんする模範解答を再確認すると、「適者生存」というスローガンにあるとおり、適者（適応した者）とは生き延びて子孫を残す者を指す。これは必ずしも人間的観点から見た強者（強い者）や優者（優れた者）とはかぎらない。適者がなぜ適者であるかは、生き延びて子孫を残したこと自体によって定義される。その意味で自然淘汰説は一種のトートロジーを含むが、これはたんに適者に基準を与えるものだと理解すれば不都合はない。実際に学問の世界では、この考えが「適応」の概念のなかにすでに含まれているために、あえてこのスローガンを使う必要もない。問題になるのはあくまでその基準を利用してつくられる個々の仮説であり、それらは科学的な手続きのもとで真偽をテストされるのである。

だが、私たちの社会通念となっている進化論的世界像においては事情が異なる。そこでは、進化論が「言葉のお守り」として用いられている。それは、自然淘汰の原理によって検証可能な仮説を構築するものではない。それは、自然淘汰説に含まれるトートロジーを自然法則のようなものとみなしたうえで対象の事物にかぶせるという言葉の呪術に用いられる。一見するとなにかを主張する言明に思えるが、実際にはある種の感情や態度の表現——説教、慨嘆、感想、「ポエム」——以外のものではない。とはいえ、これにはそれなりの事情がある。自然淘汰説の本性そのもの——言語の文法（自然法則と同じ見た目）と自然淘汰のプロセスがもつ特異な性質（自らの足跡を消す性質）——が、自然淘汰説に含まれるトートロジーを自然法則のようなもの（「適者生存の法則」）とみなす誤解へと私たちを導くのである。

このように、自然淘汰説のスローガンである「適者生存」に含まれるトートロジー的な要素が、一方で学問的な進化論には経験科学的研究の沃野を、他方で日常の進化論的世界像には言葉のお守りを、系統的にもたらしているのである。

では、自然淘汰説を言葉のお守りとして用いる社会通念の正体はなんなのか。それは、文明の進歩と資本主義世界の拡大を奉ずる「発展的進化論」の現代版である。私たちはそれをダーウィンの思想だと思っているが、じつはそれはダーウィン以前に誕生し、ダーウィン以外の人物によって唱えられた、社会ラマルキズムないしはスペンサー主義と呼ばれるのがふさわしい代物なのである。

ダーウィンの登場をきっかけに、一九世紀から二〇世紀にかけて進化論の受容が急速に進んだが、そのときに広まったのが、この発展的進化論である。当時の人びとは、専門家も素人も、真に革命的な学説であるダーウィンの自然淘汰説を軽視し、代わりに時

25　スピノザ研究者で進化論哲学にも詳しい木島泰三は、シンポジウム報告“Japanese Translations of Natural Selection and the Remnants of Social Darwinism”において、“natural selection”の日本語訳である「自然淘汰」を検討し、私たちの「淘汰」という語の用法のなかには社会ダーウィニズム（スペンサー主義）の発想が暗黙裡に残留しているという指摘を行っている。

代精神に見合ったラマルクやスペンサーの発展的進化論を支持したのである。これは近代人に進化論的世界像を植えつけたという点では重要な出来事だったが、ダーウィンの名の下に非ダーウィン的な進化論が普及するという皮肉な結果――「非ダーウィン革命」――をもたらした。

その後、二〇世紀半ばに総合説（ネオダーウィニズム）が自然淘汰説を復活させたことで、進化論はいわば第二の革命を経験し、学問世界のダーウィニズムはようやく名実ともにダーウィニズムになった。そして遺伝学、生態学、発生学、ゲーム理論などを取り込みながら、めざましい成果を挙げている。

他方で社会通念としての進化論、私たちの進化論的世界像はといえば、いまだ非ダーウィン革命によって普及した発展的進化論の段階にある。この社会で「進化」という言葉が肯定的な意味しかもちえない二次的評価語であることからもわかるように、文明の発展法則にもとづいた発展的進化論は、近現代に人類がその名の下で犯した数々の愚行などものともせず、装いも新たに「進化」しつづけている。各種の広告、イノヴェーションを称えるビジネス論や、人生で成功するための適応戦略を提案する自己啓発書などを見れば、その最先端の姿を確認できるだろう。

科学理論と世界像――進化論の分業体制

これまで述べてきたように、発展的進化論は学問的な知識の世界においてはほぼ捨て去られているといってよいが、日常的な実感の世界においてはなおも健在である。知識と実感の役割分担によって、非ダーウィン革命とダーウィン革命がどちらも保持されているのである。

これは二つの進化論の分業体制あるいは解離的共存というべき状況である。学問世界における科学理論と暮らしに生きるお守りとしての進化論という、たがいに相容れない存在が、それぞれの持ち場でそれぞれの論理に従って働きながら、どちらも見事な成功を収めている。

学問も世界像も、どちらもある種の知の体系であるが、そのありかたは異なる。学問世界における進化論も暮らしに生きる世界像としての進化論も、同じ進化論という名前をもっているが、この社会においてまったく異なる働きをしている。

学問世界における進化論は科学理論である。いちばんの仕事は、科学的に検証可能な諸仮説を提出することだ。その意味で、科学理論は検証に供される仮説の集合体であり、場合によってはひっくり返されるかもしれない存在だ。もし仮説がまちがっていることがわかれば、捨てられるか改修されるかして再挑戦である。学問の現場ではこうした営みが日々積み重ねられている。だから仮説提出のプロセスに不正が見出されるようなことがあれば大騒ぎになる。

それにたいして世界像の事情はまったく異なる。世界像とは「世界とはこういうものだ」というおおざっぱなイメージである。おおざっぱだからといって不要なものかというとそうではない。おそらく私たちはなんらかの世界像なしでは生きていけない。それは私たちの思考や行動の前提となる先入観や信念、信憑といったものを提供する役割をもつからだ。

世界像は、正しいか誤っているかという以前に、はじめから検証などされるわけにはいかないような存在であり、またそのようなものとしてはじめて成り立つ。その意味で世界像とは——それが科学的に正しいものであれ誤ったものであれ——そもそも非科学的な存在なのである（いわゆる「科学的世界像」もそれ自体としては非科学的である）。

そう考えれば、学問としての進化論と世界像としての進化論のちがいが、仮説形成のための基準として働く自然淘汰説と、疑似法則的な言葉のお守りとして働く自然淘汰説のちがいという、本章が描いてきた二つの進化論の性格にそのままあらわれていることがわかるだろう。

その意味で自然淘汰説は独特な地位を占めている。その役割は科学的仮説の生産だけではない。それと同時に、日常生活における言葉のお守りという機能をも担っており、そこでは進化論は真偽の検証に供される仮説群ではない。それは検証無用の世界像、つまり先入観や信念として暮らしのなかで生きている。学問の世界では科学的な仮説形成のための根本原理である自然淘汰説だが、世界像として暮らしの一部となるとき、それは自然法則の威を借るトートロジーとして召喚されるのである。本章の冒頭で、自然淘汰説は「学問の世界から離れて日常的な世界像へと入っていく瞬間、別人に変わってしまう」と述べたゆえんである。

先に、「進化論は計算しないとわからない」という言葉を引いた。たしかに学問の世界において、自然淘汰説は計算されなければ意味がない。そうでなければそれはたんなるトートロジーのままだ。だがその一方で、ふだん私たちは計算するためにではなく、「世界はこういうものだ」という世界像を補強する要素として自然淘汰説を必要とするのであり、そのときには、それがトートロジーであることが威力を発揮するのである。どちらも十全に機能しているし、両者のあいだには対立もない。ここには、学問としての進化論（とそれが提出する諸仮説）は世界像の興味を惹かず、世界像としての進化論は学問的にまちがっている（あるいはナンセンス）という、うまくいくすれちがいのようなものがある。これが進化論の分業体制あるいは解離的共存である。

本章で試みたのは、ふだんから空気のように当たり前に私たちの世界像に組み込まれている進化論というものが、どのような歴史的な経緯と論理的な理路を介して、現在のような当たり前になっているのかを解明することだった。歴史的な経緯については「非ダーウィン革命」をもとに論じ、論理的な理路については「言葉のお守り」を用いて論じた。その過程で、学問としての進化論とその自然淘汰説の地位と役割を、おおざっぱにではあれ見定めることも試みた。

結果として本章は、進化論にかんする学問と世界像との分業体制あるいは解離的共存を指摘することになった。学問としての進化論も私たちの暮らしに生きる進化論も、たがいに邪魔をしあうことなく、この社会で見事な働きぶりを見せている。そう考えるとこれはなかなか安定した体制とも思える。だが、かといって磐石というほどゆるぎないものではないかもしれない。そもそも進化論自体がほんの数十年前まで現在のそれとはまったくちがったものだったのだし、これまでにも人類は学問や世界像の大きな変化を何度も経験してきたのだから。

それになにより、進化論（進化生物学）は激烈な論争で知られる分野なのである。これまでは議論の都合上、まるで学問の世界では共通の理解が成立しているかのように述べてきた。実際にかなりの程度までそうなのだが、学問的事実の判定にかんしては九九パーセント同意するであろう高名な専門家同士が、いまにも取っ組み合いをはじめるのではないかというくらいに激しくやりあってきたのである。当然ながら学問の世界も一枚岩ではない。全体としてはうまくいっている学問世界で、彼らはいったいなにを賭して戦っているのだろうか。

その争点こそ、地上にそびえる分業体制の真下を流れる地下水道たる、生物進化の理不尽さにほかならない、というのが本書の主張だ。これをどのように考え、位置づけ、対応するのかという「理不尽にたいする態度」が争点になっているのである。

分業体制がうまくいっているように見えるのは、第一章で見た進化の理不尽さがうまく排除されているからだ。それは私たちの進化論的世界像からは存在しないことになっている。第一章ではそれを「理不尽からの逃走」と呼んだ。進化論が言葉のお守りであるかぎり、この理不尽さを受け止める必要はない。そして学問の世界にはすでに模範解答がある。そこから日々めざましい研究成果が生みだされている。

だが、進化の理不尽さという地下水道をめぐる戦いは、地上を支配する分業体制そのものに打撃を与え、揺るがし、変化をもたらす可能性を秘めている。それはこの理不尽さが、進化論にかんする誤解と正解、お守りと模範解答、世界像と科学理論の厳格な区別を不明瞭にしてしまうような性質のものだからだ。すでに功成り名遂げた碩学たちがなおも論争という危険な賭けに誘われるのも、そこで賭けられているものがとてつもなく大きいからにほかならない。そこでは「理不尽をめぐる闘争」が繰り広げられているのである。

これでとりあえず地上の地図作成は終わった。次の章ではいよいよ地下水道へと下り、闘争の只中に身を投じることにしよう。

第三章　ダーウィニズムはなぜそう呼ばれるか

「なんとなれば、すべては一つの目的のために作られている以上、必然的に最善の目的のためにあるのだからだ。よいかな、鼻は眼鏡をかけるために作られている。それゆえ、われわれには眼鏡がある。脚は明らかになにかを穿く目的で作り出された。それゆえ、われわれには半ズボンがある」

——パングロス博士

（ヴォルテール『カンディードまたは最善説』）

素人の誤解から専門家の紛糾へ

適応主義をめぐる論争――専門家の紛糾

勝者のサクセスストーリーからいったん離れて、絶滅という観点から、いわば敗者のほうから生物の歴史を見直してみること。それが本書の出発点だった。

第一章では、じつに九九・九パーセントの生物種が絶滅したということ、しかもたいていは能力において劣っていた（遺伝子がわるかった）からというより、たまたま居合わせた時代と場所がわるかった（運がわるかった）せいで絶滅したらしいことを見た。たんに運がわるかったというだけではない。彼らは能力（遺伝子）を競うサヴァイヴァルゲームのルールが運によってもたらされるという不条理劇の犠牲となったのだ。それを古生物学者のデイヴィッド・ラウプは「理不尽な絶滅」と呼んだ。生物はこのような遺伝子にも運にも還元できない理不尽なゲームのもとで絶滅し、あるいは生き延びて進化してきたのである。そう考えると、現在みられる生物の世界は、予想外の事件や事故、そして僥倖によって成ったものであるらしい。

しかしこの事実は、私たち現代人が信奉する自然淘汰の原理にもとづく世界像――優れた者が生き残り劣った者は滅び去るサヴァイヴァルゲーム――と相容れないようにも思われた。そこで第二章では、進化論の根本アイデアである自然淘汰説がテーマとなった。模範解答は、生き延びるのはあくまで適者（適応した者）であり、必ずしも強者（強い者）や優者（優れた者）ではない、というものだ。適者がなぜ適者であるかは、生存したこと自体によって定義される。その意味で自然淘汰説は一種のトートロジーを含むが、それは進化論の欠点ではない。進化論は、生存を適者の基準としたことで、経験科学としての有効性を獲得したからである。しかし他方で、その同じ自然淘汰説が、私たちの日常的な世界像においては情報量ゼロの「言葉のお守り」をもたらす。私たちは、自然淘汰説がもつ独特な性質に導かれて、適者に基準を与えるトートロジーを一種の自然法則のようなものとみなし、あらゆる事象にかぶせることができる言葉の呪術として用いているのだ。現代社会にはこのような、進化論をめぐる専門家と素人、専門知識と一般常識、科学理論と世界像の分業体制あるいは解離的共存とでも呼ぶべき構図を見出すことができる。第二章では以上のことを確認した。

この構図を遠くから眺めていると、ずいぶんと安定したものに見える。とくに学問の世界は共通の理解のもと共通の目標に向かって粛々と進んでいるようにも思える。だが、近づいてよく見てみると、その印象は一変するだろう。専門家のあいだでこそ、激しい論争があるからだ。業界が混乱に陥っているというのではない。実際にはかなりの程度までコンセンサスが成立している。前章で確認したように、二〇世紀半ば以降は総合説（ネオダーウィニズム）と呼ばれる立場が不変の共通理解になっている。そこは誤解してはならない。激しい論争が起こるのは、業界が混乱しているからではなく、コンセンサスが成立したことで、かえって争点が明確になったからなのである。

この章からは、素人たる私たち自身を省みた前の章から転じて、専門家の世界へと足を踏み入れてみたい。とはいえ、ただそのコンセンサスを解説しようというのではない。これまで同様、ここでも搦《から》め手《て》から問題にアプローチする。前の章では私たちの誤解を通して自然淘汰説に迫ったが、この章では専門家間の紛糾を糸口にして、進化論の魅力と有効性に迫ろうと思う。

搦め手などと言ってわざわざ回り道をしているだけのように見えるかもしれないが、案外そうでもない。本書はたんに正解とされている知識を理解するだけではなく、どうして私たちは大好きなはずの進化論を誤解するのか、どうして高度に訓練された専門家同士が激しく対立するのかを理解することもまた、同じように目指している。

こうしたやりかたをするのは、私たちが誤解し対立しあうポイントにこそ、進化論の魅力が詰まっているのではないかと考えるからだ。現在どのようなコンセンサスが成立しているかについても、紛糾を検討する過程でおのずと明らかになるだろう。また、主要登場人物が匿名の素人たる私たちから高名な碩学たちへと交代することで、その内容もぐんとグレードアップするはずだ。

本章でとりあげる紛糾とは、「適応主義」と呼ばれる方法論をめぐってなされた論争だ。一九七〇年代後半から二〇年以上の長きにわたり、適応主義と呼ばれる方法論の是非について、分野を代表するスターたちが激しい応酬を繰り広げた。第二章でとりあげたトートロジー問題がひと悶着という程度の騒動だったとすれば、これはまさしく紛糾といっていいくらい激しい争いだった。また、前者がおもに進化論の専門家と他分野の専門家のあいだでなされた問答であったのにたいして、後者は同じ進化論の専門家どうしの論争であったという点で、より深刻なものだった。[26]

過去形で紹介したことからもわかるとおり、じつはこの論争、関係者のあいだではすでに終わったものとされている。適応主義を掲げる主流派（総合説／ネオダーウィニズム）と、適応主義に反対する少数の反主流派とが対決したのだが、議論は終始主流派の優位に進み、結果的に主流派の地位は揺らがなかったというのが大方の見方だ。総合説の立場はいまなお業界全体のコンセンサスとしての地位を保っている。

すでに終わったとされている論争をここでとりあげるのは、まず、それが進化論という科学理論がどのような学問であるべきかを根本的なレヴェルで問うた論争だったからだ。トートロジー問題のときのように進化論自体の是非が問題になったわけではない。

進化論を真正な科学理論として受け入れる点についてはもはや誰もが納得している。そのうえで、その方法論はどのようなものであるべきか、そして得られた知見にはどのような意味があるのかが問われたのである。だからこの論争を振り返ることで、現代の進化論がどのような学問であるかも明確に浮かび上がってくるはずだ。

次に、この論争は終わったとされているだけで、本当には終わっていないからだ。ひとくちに論争といってもいろいろある。すでに決着がついたものもあれば、いつか決着がつきそうなものもある。さらには、いつまでも決着がつきそうにないもの、あるいは、決着がつくということがどのようなことなのかさえ想像できないようなものがある（その典型例は、対立が当人たちの信念や信仰、思想的立場とわかちがたく結びついているために、科学的な論理・観察・実験の進展によるだけでは決着がつきそうにないような場合だ）。

そうした論争はしばしば、いったん終わったように見えたとしても、時代が変わると装いも新たによみがえってくる。その場合、折々の論争はたんに飽きられたり論者が死んだりして中断されるにすぎず、争点そのものは生きているのである。だから、論争を不毛なままにしないためにも、何度でも蒸し返して解析する必要がある。適応主義をめぐる論争はまさしくそのようなものだと私は考えている。

そして、本書の関心に照らして重要なのは、この論争が、第一章で見た進化の理不尽さをめぐる論争だったことだ。第二章で確認したように、私たちが進化論を言葉のお守りとして利用するとき、この理不尽さは存在しないことになっている。しかし専門家の世界では、それこそが争点となった。進化の理不尽さにたいして、理論的、また実践的

26　適応主義をめぐる論争は、社会生物学論争という大きな論争の一部だったが、その核心部分を構成していた。あるいは、機能主義（適応主義）的アプローチと形式主義（構造主義）的アプローチの対立という観点から見れば、社会生物学論争の方こそ適応主義をめぐる論争の一部分であったということもできる。社会学者ウリカ・セーゲルストローレによる『社会生物学論争史――誰もが真理を擁護していた』は、人間社会への進化論の適用、進化論による社会・人文科学の包摂といった巨大な論点をめぐって繰り広げられた論争の全容を伝える大作だ。論客と論点が生き生きと描かれたオペラ仕立ての群像劇であり、通読すると、映画『仁義なき戦い』オリジナル五部作を一気に観たような興奮と疲労感に襲われる。さまざまな論客が登場しては退場していくが、死んだと思っていたらまた出てくる川谷拓三のような論者もおり興味が尽きない。ほかに、論争のダイジェストとしてキム・ステレルニー『ドーキンス vs. グールド』と垂水雄二『進化論の何が問題か』がある。また、生物学の哲学の論点から論争の意義を探る松本俊吉『進化という謎』、信仰という視点から論争に迫るアンドリュー・ブラウン『ダーウィン・ウォーズ』、主流派の勝利宣言というべきジョン・オルコック『社会生物学の勝利』も有益。また、科学哲学者マイケル・ルースによる *The Evolution Wars: A Guide to the Debates* は、適応主義をめぐる論争を含め、ダーウィニズムの誕生から現代までの主要論争を解説する通史。すべてが読んで損はないレポートだ。

にどのような態度をとるべきかが争われたのである。私たちがふだん見ないですませているものを、この論争は目に見えるかたちで問題化するのである。

もちろん、一般的にいって素人が専門家と同じ課題や悩みを抱える必要はない。それに、第二章で見たように、私たちの時代精神《ツァイトガイスト》を構成する進化論はいまだ非ダーウィン革命の段階（発展的進化論／スペンサー主義）にとどまっているために、専門家間の紛糾など雲の上の話であるかもしれない。

だが、もし仮に――なかなか想像しにくいのだが、もし仮に――私たちの時代精神が文明の発展法則という非ダーウィン的迷妄からついに脱し、誰もが玄人はだしのダーウィニストになったとしたらどうなるだろうか。それで万事解決なのだろうか。どうもそのようには思われない。もしそんなことになった暁にはなおさらのこと、かえって激しい思想闘争・イデオロギー闘争の嵐が吹き荒れるにちがいない。私たちの奉じる進化論から文明の発展法則というハシゴが外されたとき、それまで見ないことにしていた進化の理不尽さが露呈され、私たちはそれに直面せざるをえなくなるだろうから。

そう考えると、専門家どうしの論争は、進化論という万能酸（©ダニエル・C・デネット）がより深く浸食するであろう未来の私たちの闘争を先取りしていたということになるかもしれないのだ。もしそうであるならば、その論争を検討しないままに放っておく理由があるだろうか。

実際、なにかたいへんなものが賭けられているように見える。この論争から漂ってくるのは、神学論争を想起させるような、ただならぬ雰囲気である。論争がまとう不穏な気配は、そこで賭けられているものがあまりに大きなもの——世界とは、人間とは、知識とはなにか——であると同時に、あまりに個人的なもの——私はなにを信じているのか、いかに生きるべきなのか——であることを物語っているようにも思われるのである。

もちろん、私が勘違いしているおそれはある。私は紛糾を過大評価しているのかもしれない。それは真のコンセンサスができあがるまでの一時的な混乱にすぎなかったのかもしれない。だが、私の考えでは、それは私たち素人とも決して無縁でないどころか、人間がダーウィニズムという強力な思想的武器を手にしたときに直面するはずの思考課題を体現しているのである。

すでに何度も確認したように、私たちはすでにダーウィニズムを自家薬籠中のものにしていると思い上がっているが、実際にはまったくそんなことはない。万能酸が本格的に効いてくるのは、じつはこれからであるのかもしれないのだ。それを見極めるためにも、論争当事者間の対立を極端に引き延ばし、それらのあいだに妥協を許さない対比を設定することで、いったいなにが争われているのかをできるかぎり明確にとりだしてみたい。

適応主義をめぐる論争をとりあげる理由は以上のとおりだ。本章では、この論争を通して、そもそも進化論とはどのような科学理論であり、どれだけ有効なものであるのかを原理的に把握することを目標としよう。ちょうど第二章でトートロジー問題を通して自然淘汰説の基本原理を確認したのと同じ要領である。

これから論じる専門家間の「理不尽をめぐる闘争」は、第二章ですでに論じた私たち素人の「理不尽からの逃走」とともに、第一章で見た「進化の理不尽さ」をめぐって並存する二つの問題状況である。終章では、第一章から第三章までの議論が、その視座から統一的に俯瞰できるようになるだろう。

グールドの適応主義批判——なぜなぜ物語はいらない

なんでも適応で済むと思うなよ——スパンドレル論文

論争の火ぶたを切ったのは、アメリカの著名な古生物学者・進化理論家のスティーヴン・ジェイ・グールドである。一九七八年、グールドは英国のロイヤル・ソサエティ(王立協会)の席上で「サン・マルコ寺院のスパンドレルとパングロス主義パラダイム——適応主義プログラム批判」という風変わりなタイトルの発表を行った(論文も翌年雑誌に掲載された。共著者は集団遺伝学者のリチャード・ルウォンティン）（Gould & Lewontin 1979）。この発表（と論文）が、長い論争の幕開けとなった。以下、その内容を簡単に紹介しよう。

グールド（とルウォンティン）によれば、進化生物学の主流派である総合説（ネオダーウィニズム）が確立された二〇世紀半ば以降、進化の歴史は、もっぱら適応のプロセスとして語られてきた。それはなぜか。

グールドは言う。主流派の研究者や啓蒙家たちが、生物のあらゆる器官や行動を適応的なものと考えているからだ。つまり、すべての生物の特質は自然淘汰の結果として進化的な最適値へと調整されているはずだと信じ込んでいるのである。しかし、この考え――グールドはそれを「適応主義」（adaptationism）と呼ぶ――はまちがっている。現実の生物進化の有様はそのようなものではないからだ。実際の生物の歴史は偶発的な事件や事故に満ち満ちており、すべてが自然淘汰のおかげなどということはできない。いまあるような生物の多様性がかたちづくられるのには、自然淘汰以外のさまざまな要因が関与してきたのである。

グールドは続ける。そんな誰でも知っていることを、適応主義者は認めることができない。適応万能論の色眼鏡のせいで、自然淘汰以外の要因に目を向けることができないからだ。彼らは、自然淘汰とそれがもたらす適応の力を過大評価するあまりに、競合す

キプリング『なぜなぜ物語』初版（一九〇二／Wikipedia）

るほかの要因を無視してしまうのである。そのために、仮説を事実と突きあわせて検証することよりも、思弁的なおとぎ話のもっともらしさを優先してしまうことになる。

　そのようにしてつくられる物語を、グールドは「なぜなぜ物語」(just so stories)と呼ぶ。「なぜなぜ物語」とは、イギリスの作家ラドヤード・キプリングが書いた子供向けの物語集のことだ。ゾウの鼻はどうして長いのか、ラクダにはなぜコブがあるのか、カニにハサミがあるのはなぜか、等々の素朴な疑問に、荒唐無稽ながらも興味を惹く物語によって答えていくおとぎ話である。当然ながらそれは科学的な検証とは無縁であり、あくまでお話としてのおもしろさが身上の文学作品である。

　もし同じことを進化論が行ったとしたら、

困ったことになるはずだ。それではとても科学とは呼べないだろうから。しかるに、適応主義のやっていることこそ、まさにそれではないか。なにはともあれ生物の性質は適応的なものだという結論が先にありきで、あとは見てきたような話をひねり出すだけなのである。

このような適応主義的な習慣は、進化論をめぐるあらゆる言説に染みついている。たとえば、長身の男がモテるのも女が台所に立つのを好むのも狩猟採集時代の適応の産物なのだ、といった話がもっともらしく語られる。そこまでひどくないとしても、基本的にはどれも同じだ。適応主義は、生物がいかに最適化されているかという問いを立て、いかにもっともらしい答えをそれに与えることができるかを競う。しかしそのとき、実際にそうであるのかどうかという肝腎なことは問題外なのである。

ところで、論文のタイトルにある「スパンドレル」というのは、建築の世界の用語だ。ゴシック建築において、ドーム（丸屋根）を支えるアーチ（梁）が直角に交叉した部分にできる、三角形の空間のことらしい。

ヴェネチアにあるサン・マルコ寺院（大聖堂）では、四つのスパンドレルの各々に福音伝道者がモザイクによって描かれている。各スパンドレルは、その空間に見事にフィットしたデザインをもっている。それらがあまりにも入念かつ調和的につくられているために、思わず、そうした空間は福音伝道者たちを入念に描くために存在するのだと考

サン・マルコ寺院のスパンドレル
(Wikipedia 2011 ㏄ Joanbanjo)

えたくなってしまう。しかし、とグールドは言う。それでは分析の正しい道筋を転倒させてしまうだろう。こうした三角形の空間は、アーチの上にドームを乗せようとすれば、建築技術上どうしても必要になるものなのだ。つまりスパンドレルとは、建築上の制約から不可避的に生まれた副産物なのである。その部分を美しく飾りたてるなどして上手に利用することは、あくまでも二次的な効果にすぎないのだ、と。

スパンドレルという建築的事象を引き合いに出したグールドは、いったいなにを言いたいのだろうか。それは、適応主義に牛耳られた進化論もまた、副産物として生じたものをそのまま適応の産物と誤認することになる、ということだ。ある対象が現在的な有用性をもつことと、その対象がそのようになるにいたった歴史的な経緯とは、それぞれ別の事柄でありうる。それなのに、適応主義はあらゆるものを適応とみなす先入観によって、原理的にそうした区別を考えることができないのだ。

サン・マルコ寺院の例でいえば、スパンドレルという三角形の空間の有用性（美しく飾ることができる）と、その空間が形成されるにいたった経緯（ドームを支えるための建築上の制約）とを区別することができなくなるのである。これでは、スパンドレルを美しく飾るために建物が「進化」したのだ、というような取り違えから身を守るすべがなくなるではないか。「進化生物学者たちは、地域的な条件への直接の適応のみにひたすら焦点を絞るという傾向において、建築学上の制約を無視し、まさにそのような逆転した説明をしがち」なのである。

グールドが挙げる具体例は、適応主義者の代表格であり、社会生物学[27]の提唱で物議を醸した生物学者E・O・ウィルソンが、アステカのカニバリズム（食人風習）に与えた適応的説明である。一九七七年、人類学者マイケル・ハーナーは、アステカで行われていた人身《ひとみ》御《ご》供《くう》はアステカ人の「タンパク不足」にたいする解決策だったと論じた。これに触発されたウィルソンは、それこそが人間にカニバリズムをもたらす適応的な理由だと主張する。彼らは彼らで複雑な社会機構や神話、象徴、伝統などといった文化をもっているかもしれないが、そうしたものは結局のところ、人身御供が必要な本当の理由

ティラノサウルスの「スタン」
(Wikipedia 2004 ⓒⓒ Billion)

(タンパク不足対策)を覆い隠す仕掛けにすぎないのだ、と。

しかしグールドはこれに反論する。アステカにおけるカニバリズムは、サン・マルコ寺院のスパンドレルと同様、人身御供の儀礼がもたらした副次的な効果である。多くの人類学者が指摘しているように、彼らが行った文化的実践は社会階層の維持や都市間の連携といったさまざまな機能をもっていたのであり、人身御供はその一部にすぎないのだ。また、もともと食うに困っていない高位の人びとにだけ食人が許されていたことや、食人に供されたのは人体のごく一部であったこと、そもそも当地に慢性的なタンパク不足など存在しなかったことなどを考えると、カニバリズムがアステカ人のタンパク不足を補うための適応的な機能だとするのは、どう考えても無理なこじつけだ。すべてが適応的であるという適応主義の想定が、このような無理なこじつけを要請するのである。

あるいは、オスのティラノサウルスの腕（前脚）について考えてみよう。その巨体に不釣り合いなほど小さな前脚は、口にさえ届かなかったようだ。どうしてあんなに前脚が小さいのか。これがティラノサウルスのメスと乳繰りあうのに役立ったかもしれないというのは、いかにもありそうな話ではある。しかし仮にそれが事実だったとしても——交尾の際にメスを押さえつけるために使ったとか、寝ている状態から立ち上がるのに使ったという説もある——、前脚がいかなる役に立っていたかということと、前脚が

27　一九七〇年代半ば、生物の社会行動がどのように進化してきたかを説明する総合的な学問として提唱され大論争を巻き起こした社会生物学だが、以降も研究は着実に進展している（現在では同じような研究が行動生態学とか進化心理学と呼ばれている）。教科書風の入門書ではジョン・H・カートライト『進化心理学入門』と長谷川寿一・長谷川眞理子『進化と人間行動』がわかりやすい。科学読み物ならスティーヴン・ピンカー『心の仕組み』やダグラス・ケンリック『野蛮な進化心理学』などがある。おおもとのE・O・ウィルソン『社会生物学』は邦訳で一三〇〇頁を超える大冊。また、社会生物学黎明期の古い本だが、リチャード・D・アレグザンダー『ダーウィニズムと人間の諸問題』は、いまでもときおり読み返す刺激的な著作である。

いかにして形成されたのかは別の事柄でありうる。

実際、この問題にはアロメトリーの観点から科学的に検証可能なかたちで答えることができる。アロメトリーとは、生物の身体の部分同士、あるいは部分と全体のあいだで成り立つ量的関係のことだ。アロメトリーの観点からすると、頭部と後脚の発達に応じて前脚は小さくなる。ティラノサウルスのように頭部と後脚が発達した生物の前脚が小さいのは当然なのである。だから、あの小さな前脚はメスと乳繰りあうために形成されたのだ、というようななぜなぜ物語をひねり出す必要はない。

適応主義が落ちた罠——パングロス主義パラダイム

現在的な有用性にとらわれて、それがなぜ、またいかにしてそのようなものになったのかという経緯を見逃してしまうようでは駄目だ。それを説明することこそが本来の仕事であるはずなのだから。それなのに、どうしてこんな適応万能論がまかりとおるのか。それは、ある特定の先入観が進化生物学を支配しているからにほかならない。グールドはそれを「パングロス主義パラダイム」(Panglossian paradigm) と呼ぶ。パラダイムとは、ある時代や分野において支配的な規範となる物の見方のことだ。適応主義のプログラムは、このパラダイムの産物なのである。

パングロス主義という言葉は、一八世紀フランスの哲学者・作家ヴォルテールの小説

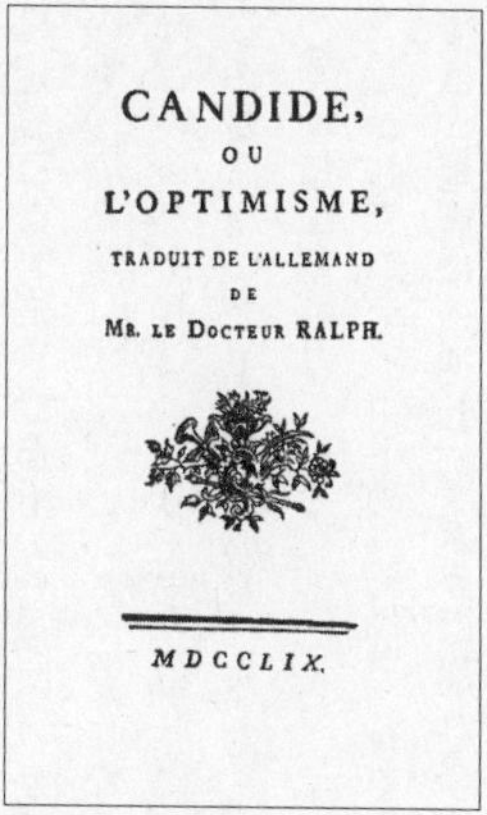
CANDIDE,
OU
L'OPTIMISME,
TRADUIT DE L'ALLEMAND
DE
MR. LE DOCTEUR RALPH.

MDCCLIX.

『カンディード』初版
（一七五九／Wikipedia）

作品『カンディードまたは最善説』からとられている。この作品は、純朴な青年主人公カンディードが放浪の途上で経験する艱難辛苦を描いた成長物語である。生まれ育った安全な城を追い出されたカンディードは、旅先でありとあらゆる不幸や災難に襲われる。だが、同行するカンディードの家庭教師パングロス博士は、最善説という哲学的教説の信奉者であった。その教説によれば、この世界のすべては善なる神が創造した最善なものである。そうであるがゆえに、この最善の世界の美しさと完全さにとっては、どんな不幸や災難も真面目に受け止めるに値しない。彼はそう主張して譲らない。パングロス主義とは、こうしたパングロス博士風の思想のことだ。

最善説とは、一七世紀ドイツの大哲学者ライプニッツの学説を指す。ライプニッツは、現実の世界は可能なすべての世界のなかで最善の世界であると考えた。どうしてそうなるのかというと、おおよそ次のような次第による。まず、想定可能なすべての世界を考えてみる。そのうち、内部に論理的な矛盾を含む世界はそもそも現実化することができない。そうすると、論理的に現実化可能な複数の世界のうちで、どのような世界が実際に実現されるのかという話になる。ところで、世界を現実にもたらすのは神であり、神は定義によって善なるものである。かくして、神によって選択され実現する世界は最善のものであるはずだ、ということになるのである。だからパングロス博士は、どんなにひどいことが起こったり不幸な事態になったりしたとしても、それらを真剣に受け止める必要はないと主張するのだ。なんとなれば（これが彼の口癖だ）、すべては最善の世界のために配剤されているのだから。

しかしカンディードの一行は、行く先々で世界の悲惨を目の当たりにする。リスボンでは大地震に遭遇し、「家々は崩れ落ち、屋根は建物の土台のところにまで倒壊し、土台は散乱し、三万人の老若男女の住民が廃墟の下敷きになって押しつぶされ」るのを目撃する。参加した戦争では、女たちが「血まみれの乳房に乳飲み子を抱いたまま喉を切り裂かれ」たり、「幾人かの英雄の自然の欲求を満足させた後、腹をえぐられ」たりする。

このような惨事を前にしてなお、世界は最善であると言えるのか。パングロス博士はリスボン大地震について、「なんとなれば、リスボンに火山があるからには、その火山はほかの地には存在しえなかったからな。なんとなれば、事物が現にいまあるところに存在しないなどということは、ありえないではないか。なんとなれば、すべては善であるからだ」などとコメントする。だがそんな納得の仕方は、じつのところ狂気の沙汰以外の何物でもないのではないか。それは「うまくいっていないのに、すべては善だと言い張る血迷った熱病」ではないか。幼少時より博士の最善説を信じてきたカンディードだが、そのようにして最後には師の教えと訣別し、日々の労働にささやかな幸福を見出すようになる。そして物語は、パングロス博士に答えるカンディードの「お説ごもっともです。しかし、ぼくたちの庭を耕さなければなりません」という言葉で閉じられる(Voltaire 1759=2005)。

一七五五年一一月一日にリスボンを襲った大地震は、全ヨーロッパの人びとを震撼させた。ヴォルテールはこれに衝撃を受けて『カンディード』を執筆したともいわれている。彼は、パングロス博士という秀逸なカリカチュアを創造することで、当時の思想界を支配していた最善説という「形而上学的・神学的・宇宙論的暗愚学」(métaphysico-théologo-cosmolonigologie) にたいする異議申し立てを行ったのである。

生物学的最善世界?——適応万能論への抗議

パングロス主義という言葉を用いてグールドが異議を申し立てたのも、適応主義のプログラムと、その背後にある最善説的先入観にたいしてであった。アステカ人が食人をするからといって、食人のためにあの複雑な儀礼や社会機構が構築されたのだとはかぎらない。私たちがズボンを穿くからといって、ズボンを穿くために足があるとはかぎらないのと同じである。適応主義は、生物の有様がすべて適応の結果である(最善の状態にある)と決めつけることで、それ以外の可能性(ほかでもありえた可能性)を検証する術を事前に排除してしまうのである。

それだけではない。この進化論版パングロス主義は、科学の方法論にとどまらず、もっと広く深い意味で問題がある。それは有害な偏見を社会に撒き散らすのだ。なんであれ存在するものは適応的であり、適応的なものは非適応的なものよりよいものであるならば、いま存在するものはなんであれよいものだということになる。これは狭量で保守的で現状肯定的な先入観ではないか。

なんとなれば、生物の世界、そして生物の一員である人間の社会に、どんな不公平、不平等、不正義、犯罪等々の悲惨や悪事や災厄があろうとも(現にあるのだが)、すべては適応の結果という生物学的最善世界のために配剤されているということになるのだろうか。社会が富める者と貧しい者に分断されるのも、男が女を虐げるのも、女が男を狂わせるのも、人が経済的に苦しむのも、人格や権利を尊重されないのも、よいパートナーに巡り会えないのも、望む職に就けないのも、なんとなれば、この生物学的最善世界のために、そうなるべくしてなっているということになるのだろうか。あらゆる殺戮、陵辱、略奪、差別、不正が、そのようにして正当化されるのだろうか。それではまるで、このすばらしい世界の現状肯定をするためだけにありとあらゆる理屈が動員されているようではないか。カンディードが指摘した「うまくいっていないのに、すべては善だと言い張る血迷った熱病」に、進化論も感染してしまっているのではないだろうか。

科学者ともあろうものが、こんな「形而上学的・神学的・宇宙論的暗愚学」を社会に広めてよいのだろうか、これはとうてい座視するわけにはいかない、そうグールド（とルウォンティン）は考えたのだった。そしてスパンドレル論文を発表したのである（もちろんスパンドレル論文のなかには動機そのものは書かれていない。その代わり、当時グールドやルウォンティンが参加していた反社会生物学の研究者グループの文書では、こうした動機が詳細に語られている（Segerstrale 2000=2005: chap. 6））。

ドーキンスの反論——なぜなぜ物語こそ必要だ

アメリカ人が聖地に乗り込む——反主流派グールドの爆弾

グールド（とルウォンティン）のスパンドレル論文は学界に大きな反響をもたらした。なにしろグールドが発表を行ったのは、批判の対象である主流派が集う由緒正しきロイヤル・ソサエティが主催するシンポジウムにおいてである。しかもシンポジウムのテーマ自体、「自然淘汰による適応の進化」という、主流派の中心テーマであり、かつグールドが批判する当のものなのだった。

ちなみに、もともとシンポジウムに呼ばれていたのは共著者のルウォンティンのほうだったといわれている。しかしルウォンティンは姿を見せず、代わりに登場したのは盟友の雄弁家グールドだった。招かれざる客として敵地に単身乗り込んだグールドは、隠し持っていた爆弾をその心臓部で炸裂させたのである。

彼のやりかたは巧妙だった。華々しく論争を開始するのに、相手の議論に蔑称（適応主義＝パングロス主義）を与えて定式化し、それを論難するというのは有効な方法である（このように「適応主義」はもともと蔑称として用いられた）。その際、蔑称はキャッチーであればあるほど効果的だが、その点で教養人グールドにぬかりはない。タイトルにもすでにあらわれているペダンティックな調子は、人文学的教養にも恵まれたグールドならではのものだ。ゴシック建築や英仏文学の題材を巧みに用いながら主流派進化論を糾弾する手並みは見事というほかなく、憎らしいくらいによく書けている。同席した学者たちにとってみれば、自分たちの中心的教義の中心的主題が、北米大陸からやってきた異端分子によって真正面から愚弄されるかたちとなった。これで議論が紛糾しないはずがない。

ちなみに、このグールド独特のスタイルは、論争が進化論の専門分野を超えて広がることも促すことになった。通常の科学論文は、データ、方法、理論に焦点を絞って書かれ、また読まれる。しかしこの論文は、イメージとレトリックを主軸としたエッセイ風のスタイルで書かれている。このスタイルが、題材の性質ともあいまって、分野外の専門家からの注目を集めたのである。

では、手ひどく批判された主流派はどのように応戦したのだろうか。

なにしろ二〇年以上にわたり（少なくともグールドが他界する二〇〇二年まで）繰り広げられた論争ゆえ、論点は多岐にわたるし、論争に参加した専門家たちも厖大な数になる。そこで本書では、グールドの最大のライヴァルと目されたイギリスの動物行動学者リチャード・ドーキンス（ならびに「ドーキンスのブルドッグ」（Sterelny 1999）ことアメリカの哲学者ダニエル・C・デネット）による反論に的を絞って紹介したい。論争の核心部分をとりだすという本章の目的からすると、それがいちばん有効だろうと思う。それになにより、ドーキンスこそ、もっとも有名であるだけでなく、もっとも有能な反論者（適応主義の擁護者）であるということに異論はないだろう。

適応主義の優位性——主流派ドーキンスの反撃

グールドの批判にたいする適応主義側からの反論の模範例を知りたいなら、スパンドレル論文発表直後の一九八二年にドーキンスが刊行した名著『延長された表現型』の第三章「完全化にたいする制約」を読めばよい（Dawkins 1982=1987: chap. 3）。この最初期のめくるめくような反論において、議論の大枠はすでに完成されている。

ドーキンスはそこで、まるで自らがグールドやルウォンティンのような反適応主義者であるかのように、いっけん適応主義に不都合をもたらしそうに思える事例、つまり生物が最適化することを妨げる諸制約（constraints）を列挙していく。だがそれはもちろん適応主義に反対するためではない。適応主義プログラムの考え方を擁護する（その有効性を主張する）ためだ。これらの諸制約を次々とかわしながらたたみかける一連の反論は圧倒的な迫力をもつものであり、まるでスティーヴン・セガールの流れるような合

ドーキンス対グールド
(*Annals of Improbable Research* 2000: 6(5)
www.improbable.com)

気道技を見るようである。ここでは、彼が挙げたなかでもとりわけ印象的であり、適応主義プログラムの方法を見事に体現している事例を紹介しよう。

私たちが犯しがちな誤りに、「コンコルドの誤謬」と呼ばれるものがある。これは、ある対象に投資（金銭的、時間的、精神的、肉体的等々）をしつづけることが損失につながるとわかっているにもかかわらず、それまでにしてきた先行投資が惜しいばかりに、さらなる投資をやめられなくなるという心理現象だ。名称はイギリスとフランスが共同開発した超音速旅客機コンコルドの商業的失敗に由来する。採算割れは確実との認識があったにもかかわらず、「これだけの巨費を投じてきたのだから、いまさら手を引くわけにはいかない」とプロジェクトを中止できなかったのである。結局コンコルドは一度も採算ラインに乗ることなく退役となった。

このような誤謬が動物界にも当たり前に見られるとしたらどうだろうか。すべてが最適な状態に配剤されているはずだとするパングロス主義者（グールドが批判する適応主義者）にとって、もしそのようなことがあったとするなら、それはたいへん不都合な事実である。自然淘汰のプロセスは動物の不適応な行動を排除するどころか推奨しているということになるからだ。はたしてドーキンスらは、アナバチ（穴掘り蜂）の一種がまさにそのように行動するのを発見したのだった（Dawkins & Brockmann 1980）。

アナバチのメスは、幼虫に食べさせるために針で刺して麻痺させたキリギリスなどをせっせと巣穴に運んでいる。しかし、たまたま二匹のメスが同じ巣穴に獲物を支給していたことが発覚した場合、ハチ合わせた二匹はその巣穴の財産をめぐって争わなければならない。敗者は逃げ出すことを余儀なくされ、勝者はその巣穴と二匹が捕らえてきたキリギリスすべての支配権を手中におさめるのである。

さてここで、巣穴に実際に蓄えられているキリギリスの数を巣穴の「真の価値」とし、彼女らが各々ひとりでその巣穴に運びこんだキリギリスの数を「先行投資」としてみよう。ドーキンスらが見出したのは、各ハチが巣穴の獲得に執着する度合い（闘争時間）は、巣穴の「真の価値」ではなく、自分の「先行投資」に比例しているという事実だった。つまり彼女らは自らの先行投資に固執するあまりに巣穴の真の価値を見逃すという、

キリギリスを運ぶアナバチ
(Wikipedia 2006 🅭 OpenCage)

典型的なコンコルドの誤謬に身をやつしているように見えたのである。

　これには少し狼狽した、とドーキンスも冗談まじりに述べている。それまで「コンコルドの誤謬は心に響くが、それでも誤謬は誤謬なのだ」と他人を説得するのに費やした彼自身の先行投資のせいもあって、狼狽せざるをえなかったのだと。

　たしかにこれは、ドーキンスが奉じ、グールドが論難する適応主義プログラムが失敗する事例であるかのように見える。個体ごとのキリギリス獲得数、すなわち先行投資に応じて闘争するよりも、巣穴に蓄えられてきたキリギリスの数、すなわち巣穴の真の価値に応じて闘争を行うほうが、明らかに適応的と考えられるからだ。彼女らはなぜそんな不適応と思われる行動をするのか。ここでドーキンスらは問題を次のように組み換える。つまり、ハチの「コンコルド行動」（一見すると不適応な行動）が、実際にはその状況下で達成しうる最善の行動（適応的な行動）となるような、そんな状況をもたらす制約が存在するのではないか、と。

この問いの組み換えによって、難問に有力な解答が与えられることになった。アナバチの感覚能力（の限界）という制約を考慮に入れてみよう。同じハチ個体群を対象とした調査からは、ハチの感覚系は巣穴の中の内容量を査定する能力がないことが判明している。つまり各ハチは苦労して巣穴にキリギリスを運んでいくが、その巣穴が有するキリギリス埋蔵量が全体でどれくらいになるかを知らないのである。そのような条件のもとで期待される戦略とはどのようなものだろうか。

じつに、ハチが示すコンコルド行動は、イギリスの進化生物学者ジョン・メイナード・スミスが提唱した「進化的に安定な戦略」（ESS）の数学モデルによって弾きだされた「最善の戦略」とそっくり同じものだったのである。つまり、アナバチが（感覚能力の制約によって）限定された情報しかもたないと仮定した場合には、むしろコンコルド行動こそが進化的に安定した戦略だと考えられるのである。アナバチのコンコルド行動は、少なくともアナバチの生活においては、誤謬であるどころか十分に有用な戦略であったのだ。

スパンドレル論文においてグールドは、生物が最大限に適応しているはずだという先入観のゆえに、適応主義は現実の生物界を把握できないと主張した。歴史的、構造的、発生的等々の諸制約が、適応主義者が仮定するような生物の最適化をさまたげるからである。そこで自然淘汰による適応のみを重視するのではなく、それを制約する非淘汰的な要因にも目を向ける多元主義的アプローチを提案したのだった。

しかし、ドーキンスに言わせれば次のようになる。制約にかんするグールドの主張にはすべて賛同してもよいかもしれない。とはいえ、それがもつ意味はまったく逆だ。アナバチの例をはじめとする一連の議論において示されたのは、最適化にたいする制約が存在することは、適応主義にとってなんら致命的なものではないということだ。それどころか、そうした制約が実際にどのようなものであるかを見積もるためにこそ、適応主義的なアプローチが必要とされるのである。

制約があると指摘するだけでは、それが実際にどのようなものであるかを知るのは困難だ。制約の内実を具体的に明らかにするためにこそ、最適化を仮定する適応主義という物差しを用いなければならない。そもそも制約というものが、いったいなににたいする制約なのかと考えれば、それは最適化にたいする制約にほかならないのだから。

そう考えると、適応主義的なアプローチは、むしろそれが失敗する地点でこそ真価を発揮するのだともいうことができる。最適化の仮定が導く理論的予測は、必ずしも現実の経験的データと整合するとはかぎらない。しかし、そのことをもって失敗と断じるのは早計だ。仕事はまだ残っている。両者のあいだのズレを正確に把握するという残りの仕事を果たすことで、最適化にたいする制約の内実を具体的に知ることができるようになるのである。

真打ち登場——科学的ななぜなぜ物語

要するに、現代の主流派進化論（総合説／ネオダーウィニズム）の適応主義は、グールドが批判するようなパングロス主義ではない、ということだ。

すべては最善のために存在し、またそのように配剤されているのだと主張するパングロス主義にとっては、なにかが有益だという事実はそれだけで、その存在にたいする十分な説明となる。しかしドーキンスが擁護する適応主義は、そうした適応を導いた淘汰の来歴を正確に知ろうとする。グールドが批判する適応主義は、検証なしで済ませるために適応的仮説を用いる。しかしドーキンスの適応主義は、実地に検証するためにこそ適応的仮説を用いる。グールドは適応主義が検証不能なおとぎ話を量産してしまうとして非難した。しかしドーキンスの適応主義は、仮説の検証によってむしろファンシーを除去する。それはおとぎ話とは異なる科学的ななぜなぜ物語を提供するのである。

ここで、なぜなぜ物語に科学的という形容を与えることに違和感を覚える向きもあるかもしれない。たしかに適応主義が提供するのは科学的説明であり、キプリングが提供したようなおとぎ話ではない。なぜなぜ物語イコールおとぎ話と考えるなら端的に矛盾である。

実際、科学的説明とおとぎ話とを不用意に近づけるのは誤解のもとだ。たとえば「科学も一種のおとぎ話だ」と言われることがある（おとぎ話の項に「物語」「宗教」「イデオロギー」などが入ることもある）が、これなどは寸言としては成り立つかもしれないにせよ、区別すべきちがいをあいまいにしてしまうために、物事の分析には役に立たない。

だが、あえてこんな風に言うことにも理由がある。それは、ドーキンスが擁護する適応主義プログラムの任務が、おとぎ話（神話、物語、宗教、文学、イデオロギー）が取り組んできた問いにたいして、それらとはまったく異なる決定的な答え、つまり科学的な答えを与えようとするものだからだ。つまり、おとぎ話が答えてきたのと同じ問いに取り組む最後の後継者あるいは真打ちとして自らを位置づけているのである。だからこそ進化論はセンス・オブ・ワンダーを喚起する学問であるとともに、万能酸にたとえられる「危険な思想」（©ダニエル・C・デネット）にもなるのだ。

そう考えると、科学とおとぎ話をたがいに隔離するだけでよしとするわけにはいかない。この点にかんして鋭敏なドーキンスは、おとぎ話と進化論との任務における同一性（「ゾウの鼻はどうして長いの？」という問いに答える任務の同一性）と、遂行における差異（物語的説明と科学的説明という説明法の差異）の両方を際立たせるために、その著作において宗教的あるいは文学的なメタファーをあえて用いるのである（だからドーキンスのメタファー好きを「不用意だ」「誤解を招く」と批判するのは的外れだろう。それは不用意どころか練りに練られた表現であり、そこで進化論は実際に伝統的価値観からは誤解されざるをえない招かれざる後継者として描かれているのである。こうした諸事情を一挙にあらわそうとするドーキンスの筆致はきわめて巧みで、ほとんど曲芸的でさえある）。

そういうわけで、適応主義をめぐって、グールドが「なぜなぜ物語はいらない」と主張したとすれば、ドーキンスは「なぜなぜ物語こそ必要だ」と反論したということができる。あるいは、グールドが「適応主義のなぜなぜ物語は科学ではない」と批判したのだとすれば、ドーキンスは「科学的ななぜなぜ物語を提供するのが適応主義の仕事だ」と反論したのである。

デネットの追い討ち――むしろそれ以外になにが？

よい適応主義とわるい適応主義――適応主義も一枚岩ではない

スティーヴン・ジェイ・グールドが放った適応主義批判にたいして、リチャード・ドーキンスが見事な反論で応じるのを見てきた。

適応主義的なアプローチは、それが「すべては最善のために存在する」式の盲目的信仰（パングロス主義）でないかぎり、科学的に検証可能な仮説をもたらす有望な方法である。自然淘汰による適応がなんらかの制約のせいでうまくいっていないように見える事例においてすら、いや、むしろそうした事例においてこそ、適応主義は、その制約の具体的な内実を測るのに有用なアプローチなのである。以上がドーキンスによる反論の要旨だ。

しかし、グールドの批判とドーキンスの反論を概観してみると、「適応主義」という呼称の意味がよくわからなくなってくるのではないだろうか。グールドが糾弾するような狂信的なパングロス主義については、ドーキンスも同じように否定するにちがいないからだ。すると、グールドが批判する適応主義とドーキンスが擁護する適応主義とは、別物だということになるのだろうか。つまり、この世にはよい適応主義とわるい適応主義があるということなのだろうか。

これに包括的な観点から「然り」と答えるのが、アメリカの哲学者ダニエル・C・デネット[28]である。科学的な方法論に則って運用される「よい適応主義」が理想的だが、なかには科学的な裏づけなくおとぎ話を語る「わるい適応主義」もあるだろう。しかし、そもそも適応主義的でない進化論などおよそありえない、これが彼の主張である。グールドが「なぜなぜ物語はいらない」(適応主義のなぜなぜ物語は科学ではない)と批判し、ドーキンスが「なぜなぜ物語は必要だ」(科学的なぜなぜ物語を提供するのが適応主義の仕事だ)と反論したのだとしたら、デネットは「むしろそれ以外になにがあるんだ?」(適応主義なしの進化論などありえない)と、その中心性・特権性を主張したのである。

ヒューリスティクス——適応主義の意義

デネットは、ネオダーウィニズムの哲学的マニフェストというべき記念碑的大冊『ダーウィンの危険な思想』において、盟友ドーキンスを擁護しながら、次のように適応主義的アプローチの有効性を論じる(Dennett 1995=2000: chap. 9)。

進化論における適応主義の意義は、まずなによりも、それが進化の足取りを解読するための比類なく優れた「ヒューリスティクス」(発見的方法)であるという点に存する。ヒューリスティクスとは、「必ず正しい解答を導けるというわけではないが、解答にいたるまでの時間と労力を大幅に削減しつつ、正解に近い解答を得ることができる方法」のことだ。どんな研究にもなんらかのかたちでヒューリスティクスが働いている。そうでなければ研究をどのように開始したらよいかすらわからなくなるだろう。たとえば物理学者は、研究対象とする自然現象にはなんらかの法則があると考えて事に臨み、それを定式化しようと努める。自然現象がまったく場当たり的なものであるという可能性は最後にとっておかれるはずだ。

ヒューリスティクスは生活のあらゆる場面で働いている。それなしにはまともに生活をおくることもむずかしいだろう。私はさる中高一貫女子校の卓球部で技術指導を行っているのだが、何年か前、合宿練習のために部員の生徒たちと山間の旅館に滞在する機会があった。その夜、小さな事件が二つ起こった。最初に、洗面所の蛇口が開けっ放しにされて水があふれた。私が旅館の飼い犬に疑惑の目を向けたところ、生徒たちに笑われた。その後ほどなくして、玄関の真ん前にウンチが放置されるという事件がつづく。私が中学生に嫌疑をかけたところ、こんどは叱られた。彼女たちが私を笑ったり叱ったりしたのは、私の言動が日常生活のヒューリスティクスから外れていたためであろう。

28　ダニエル・C・デネットは、もっとも雄弁で野心的な適応主義（総合説／ネオダーウィニズム）の擁護者だ。ダーウィニズムにかかわるあらゆる論点を詰め込んだとも思える大著『ダーウィンの危険な思想』は、論争の「ディベートストッパー」（©shorebird）の役割を果たしている。彼のほかの主要著作、たとえば『解明される意識』『自由は進化する』『解明される宗教』『心の進化を解明する』でも、ダーウィニズムのアイデアは中心的位置を占めている。自家用ボートで航海し、農場ではリンゴをつくり、彫刻とテニスとスキーとカヌーとジャズピアノの腕は一流、そして書く本はどれも枕にできそうなほど分厚く、寝た子を起こすほど論争的という、才能と精力の塊みたいな御仁である。

すなわち、常識という名のヒューリスティクスである。犬はふつう蛇口をひねらないし、成長した人間はふつう玄関でそんなことをしない。つまり第一の事件では犬でなく生徒を、第二の事件では生徒でなく犬を、とりあえず最初に疑うというのが常識的な推理ということだったのだろう。

　適応主義が用いるヒューリスティクスは、対象の生物の性質や行動が最適なように配剤されていることを、とりあえず仮定する。先に見たアナバチの「コンコルド行動」にかんする研究もそのひとつだが、そのように仮定することで、数々のめざましい発見がなされてきた。というより、この最適性にかんする仮定なしに、いったいなにを糸口にして進化現象についての考察をはじめたらよいのか、そうデネットは問うのである。

　カブトガニという格好いい生き物について考えてみよう。「生きた化石」と呼ばれるだけあって、一億年以上も古い地層から現生種とそっくりな化石が出土する。もちろんちがいもあるにはあって、現生のカブトガニとジュラ紀（一億五〇〇〇万年前）の祖先との解剖学的な相違から、ジュラ紀のカブトガニは現生のものより少しだけ速く泳いでいたのではないかと考えられている（その代わり、身を隠す能力はやや劣っていたようだ。ちなみにカブトガニは甲羅を下にして仰向けに泳ぐらしい）。

　しかし、いったいなぜ私たちはジュラ紀のカブトガニが泳いだと考えるのだろうか。ひょっとしたら、彼らは自身の流麗なフォルムのことなどすっかり忘れて、ただ海底に

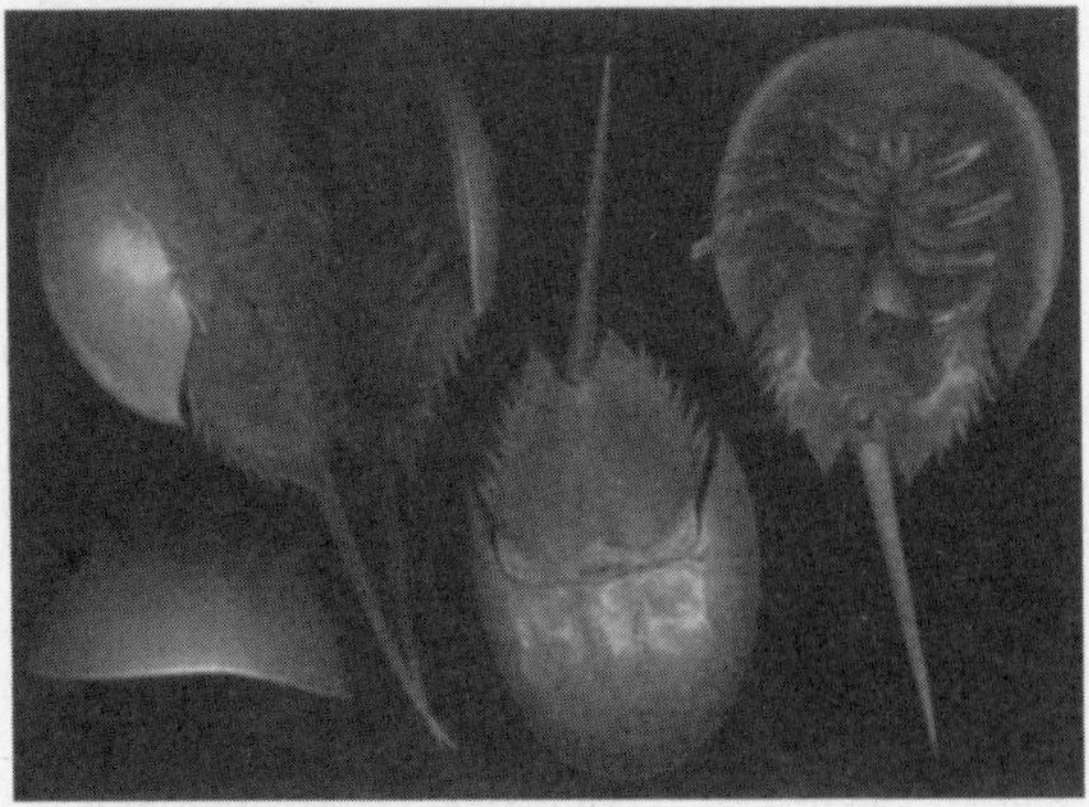

カブトガニの一種 *Limulus polyphemus*
(Wikipedia 2006 ⓒⓒ Chosovi)

じっと横たわっていただけだったのかもしれないではないか。ここには、カブトガニが「そのかたちに合ったスピードで泳いだ」という最適性にかんする暗黙の前提（ヒューリスティクス）がある。この暗黙の、そして明白な前提がなければ、そもそもジュラ紀の生物がどの程度の速さで泳いだのかを推測すること自体が無意味になるだろう。

実際、デネットによれば、グールドが適応主義批判の際に持ち出したサン・マルコ寺院のスパンドレルですら、適応の産物である。寺院のドームを支えるためにアーチが必要となるにしても、それには多くの工法が考えられるのであり、現にあるようなスパンドレルは明確に「信仰のシンボルのためのショーケース」として選びとられ、デザインされたものなのだ。そして堂々と「サンマルコの伝説的なスパンドレルは、スパンドレルではなく、適応である」（Dennett 1995=2000: 364）と宣言するのである（ちなみに、このスパンドレル談義には本物の建築家が乗り込んできてデネットをたしなめる一幕もあった（Segerstrale 2000=2005: 199-200））。

私の知る同種の例として、アメリカ製の大型モーターサイクルであるハーレーダビッドソンの排気音がある。このオートバイの心臓部に据えられている空冷挟角四五度V型二気筒エンジンの基本設計は約半世紀前のものであり、いまとなっては古臭く非効率的に見える。しかしそれが発する排気音——変拍子的なリズムで奏でられる重低音——が、現代の多くの愛好者を虜にしているのである。もともとエンジンというものは推進力をもたらすためにつくられたものであり、排気音を出すためにつくられたものではない。排気音が出るのは、エンジンの構造上、吸い込んだ空気を吐き出さなくてはならないからにすぎない。しかもその排気音の性質は、開発当時の技術的水準等々の諸制約によってたまたまもたらされたものなのだ。その意味でハーレーの排気音はスパンドレルの一例といえるかもしれない。だが、それがいまやハーレー乗りの大きな購買動機のひとつとなり、そのおかげでローテクなハーレーダビッドソン社がいまなお存続できているという意味では、まぎれもなく適応なのである。

生物の身体や行動が一定の目的にかなったかたちやありかたをしていることは疑いない。そうである以上、そのかたちやありかたにかんする最適性を用いたヒューリスティ

著者のハーレーダビッドソン。
ダイナ・ローライダーを
カスタム工房HOT-DOCKにて改造

クスが必要不可欠なものになる。うまくいかない場合――なんらかの事情によって最適性がさまたげられているように見える場合――には、先のアナバチ研究のように、そうした事情をもたらす制約条件についてあらためて考えてみればよい。適応主義が採用するヒューリスティクスは、このようにして、利便性や節約性という役割を超えた普遍性を獲得するのである。

適応主義がこのような発見的方法（ヒューリスティクス）であるなら、それはグールドが批判したパングロス主義のような盲目的信仰――世界は最善だと決めてかかる先入観――とは異なった相貌を帯びてくる。これは、場合によってうまくいったりいかなかったりするような科学上の方法論――しかし入手しうる最善の方法論――にすぎないのである。

なお、ここでのすぎないという言葉は、信仰や信念といった重い言葉との対比によるものにすぎない。だからこう言ったからといってその重要性は揺らがないだろう。

リサーチ・プログラム——適応主義の地位

前章でも登場した科学哲学者のエリオット・ソーバーは、適応主義プログラムのこのようなありかたを「リサーチ・プログラム」と位置づけている（Sober 2000=2009: 257-8）。

リサーチ・プログラムとは、カール・ポパーの弟子にあたるハンガリーの科学哲学者ラカトシュ・イムレが、科学の営みを指して唱えた概念だ（Lakatos 1978=1986: chap. 1）。ラカトシュによれば、科学の理論は「ハード・コア」（固い核）と、それをとりまく「防御帯」から成る。ハード・コアとは、研究の方向そのものを決定するような根本的な仮説だ（たとえば天動説における「地球が宇宙の中心である」という仮説）。それにたいして防御帯は、都合に応じて変更が加えられる柔らかい部分である（たとえば初期条件や補助仮説群）。

科学者は普通、自らが拠って立つ根本的な仮説を簡単に手放したりはしない。ちょっと都合がわるい実験結果が出たからといって、その度にいちいち転向しているようでは、まともに研究をつづけることができないだろう。ではどうするのかというと、ハード・

コアを保持したまま、防御帯に適宜修正を加えることで、理論全体の信頼性が保たれるよう努めるのである。

進化論における適応主義的なアプローチも、最適性の仮定というハード・コアを備えたリサーチ・プログラムだと考えることができる。キリギリスを巣穴に運ぶアナバチたちがコンコルドの誤謬に身をやつしているかのように見えたからといって、すぐにハード・コアが手放されることはなかった。防御帯の変更、つまりアナバチの感覚能力の制約という補助仮説の導入によって、コンコルド行動の謎にひとつの解答がもたらされたのである。

そもそも進化論（ダーウィニズム）自体が巨大なリサーチ・プログラムである。『種の起源』から一五〇余年、研究の進展にともない、獲得形質の遺伝などダーウィン自身が提唱した仮説が退けられたり、メンデルの遺伝学をはじめとして新たな要素が付け加えられたりと、防御帯の部分では厖大な改訂・削除・増補がほどこされてきた。だが、生命の樹（共通先祖説）と自然淘汰説というハード・コアは一貫して保持されており、あくまで同一のリサーチ・プログラムでありつづけている。

以上のように、適応主義がひとつのリサーチ・プログラムなのだとしたら、それはなにか決定的な反論や実験によって一挙に覆されるようなものではありえないということになる。これは観察や実験の積み重ねによってのみ、つまり長期的な観点からのみ、その有効性あるいは無効性が判定されるべきプログラムなのだ。だから、もしそれが覆されるようなことがあるとしたら、それは長期的な観点から「使えない」という判断が下されたときか、なにかほかの方法論が覇権を奪取したときだろう。そう考えると、適応主義プログラムに引導を渡すのは時期尚早であるどころではない。ますます有力な方法論として活躍中である以上、議論のみによってその無効性を宣言しようとするのは無理筋というものである。

実際、熱烈に適応主義批判を展開するグールド自身にしてからが、その定評ある著作において優れた適応的説明をいくつも提示しているではないか、そうデネットは指摘する。たとえば、一三年とか一七年といった「素数」年の周期で大量発生する「周期ゼミ」（素数ゼミ）についてグールドが書いたエッセイがある（Gould 1977b=1995: chap. 11）。どうして周期ゼミは大きな素数年周期で羽化・出現するのか。なぜ一三年や一七年であって、一五年や一六年ではないのか。「われわれは進化論者であるので、「なぜ」という問いに答えようとする」と宣言したグールドは、次のような仮説を立てる。彼らは大きな素数年ごとに出現することで、捕食者の餌食になる可能性を最小にしているのだと。どういうことだろうか。

セミを食べる鳥などの捕食者のライフサイクルはだいたい二年から五年である。もし、捕食者が繁殖する年とセミが羽化する年という二つの周期がたまたま一致した場合、セ

周期ゼミ（©Mary Terriberry）

ミはひどく食い荒らされてしまうことになる。

ここで、もしセミの出現周期が二年、三年、四年、五年といったように、捕食者のライフサイクルと同じくらい短いものだったとしたら、セミは出現するたびに捕食者の繁殖周期と合致し、食われてしまうだろう。セミの出現周期が六年、一〇年、一五年といったように捕食者の繁殖周期より長いものだったとしても、それが捕食者の繁殖周期で割り切れる場合（捕食者の繁殖周期を約数としてもつ場合）には、その約数ごとに二つの周期が合致し、やはり食われてしまうだろう。六年ゼミ（がいたとしたら、彼ら）は二年と三年の繁殖周期をもつ捕食者の餌食になり、一〇年ゼミは二年と五年の繁殖周期をもつ捕食者の餌食になり、一五年ゼミは三年と五年の繁殖周期をもつ捕食者の餌食になるだろう。

そこで周期ゼミの出番である。一三年や一七年という出現周期は、どんな捕食者のライフサイクルよりも長く、かつ素数（一と自分自身以外で割り切れない、一より大きな整数）である。このことは、セミの出現周期と捕食者の繁殖周期の最小公倍数がとてつもなく大きくなることを意味する。そして、セミの出現周期と捕食者の繁殖周期の最小公倍数がとてつもなく大きくなるということは、セミが地上で捕食者に出会って餌食にされてしまうような年がめったにめぐってこないということを意味するのである。大きな素数が出現周期となることで、二つの周期が一致してしまう回数が最小限に抑えられるわけだ。たとえば五年周期の捕食者と一七年周期のセミが出会うのは、じつに五×一七＝八五年ごとという計算になる（周期ゼミについては日本の生物学者の吉村仁によっても興味深い仮説が提出されている（吉村 2005））。

これは見事な適応的説明である。デネットはグールドの記事を称賛しながら端的にこう言い放つ。「彼が本当に「なぜ」という疑問を問いかけ、それに答えたいならば、適応主義者となるしかないのだ」と。デネットにとって（もちろんドーキンスにとっても）、適応主義を採用するのかしないのかということは問題ではない。よい適応主義者になるのか、それともわるい適応主義者に堕ちるのか、もはやそれだけが問題なのである。

生まれながらの機能主義科学——適応主義の特権性

それにしても、なぜ彼らはこんなに自信満々なのか。その背景にあるのは適応主義プログラムが積み重ねてきた実績だけではない。ダーウィニズムとは本来的に適応主義的アプローチを必要とする学問なのだという認識が彼らにあるからだ。どういうことだろうか。

生物は、その身体であれ生態であれ、なんらかの決まったかたちをそなえている。それだけではない。鼻で匂いをかぎ、目でものを見、手足で移動するといったように、生き物たちの器官や行動は、一定の目的に資するような精密な構造と機能をもっている。古来より人びとは、生き物たちが有するこうした精妙な仕掛けに驚嘆の念を抱きつづけてきた。そこから、なぜ生き物たちはそんな風にできているのか、生物の身体や行動がもつ複雑なかたちはどうしてつくられたのか、という問いが生まれてくるのは自然なことだ。

この問いに長いこと答えを与えてきたのは、宗教であり神学であった。生物学や地質学といった個別科学が制度化される以前には、動植物や鉱物などの収集や分類を行う博物学（natural history）という学問が自然の事物を研究していた。そうした博物学の時代において、自然を研究することは神の摂理を知ることにほかならなかった。一八世紀の英国詩人アレキサンダー・ポープの言葉にあるように、この問いに取り組むことは、「自然を通して自然の神へ」と向かう探究だったのである。

「イグアノドン晩餐会」
（*London Illustrated News*, 1854.1.7）

ちなみに、ダーウィンが生きたヴィクトリア朝のイギリスでは博物学が大流行していたらしい。ジャーナリストのリン・バーバーが書いた愉快な書物『博物学の黄金時代』には、博物学が当時一流のファッションとなり、貴族から職人までのあらゆる階層の人びとが博物学をめぐって大騒ぎをしていたさまが描かれている。なんでも「ヴィクトリア朝の娘はだれしもシダやキノコの名の二〇くらいはすらすらと言うことができた」というし、夕食後の娯楽として「顕微鏡の夕べ」なる催しが大流行したとか、巨大な化石模型の中で食事をする「イグアノドン晩餐会」が開催されたとか、ずいぶんと妖しくも楽しげな様子である（Barber 1980=1995）。

　さて、学生時代のダーウィンにも大きな感銘を与えたといわれるカーライルの大執事ウイリアム・ペイリーは、その著書『自然神学』の冒頭で、「荒野の時計」の比喩を用いながら、「自然を通して自然の神へ」のモットーを雄弁に語った。高山宏の名訳を引用しよう。

たとえば荒野を歩いていて一個の石ころを踏み、どうしてその石がそこにあるのかと尋ねられるとする。何故かは知らないが、おそらくはずっとそこにあったものなのだと答えるに違いないし、この答えを莫迦げたものだと言い切るのもきっとそれほど易しくはない。しかるに荒野で一個の時計を見つけた場合はどうであろうかと言うに、それがどうしてそこにあるかと問われて如上の如き答え、即ちそれはずっとそこにあったに違いないのだという答えがどうして当てはまらないのだろうか。最初の場合に通用する理屈が何故、第二の場合には通用しないのであろうか。それは次の如き理由によるのであって、これ以外の理由はない。即ち、われわれが仔細に時計を観察するにつれて、その各部分が或る目的をもって組み立てられ、結びつけられているものだと判るからである。一日の時間の推移を示すよう調整された運動をうみ出させる目的で組み立てられ構成されたものである、と（そして、こうしたことが石には見出せない、と）。（……）そうなれば次の如く想像する他はない。この時計にはそれをつくった存在《もの》がいたに相違ない。現にこうしてわれわれの便益に役立っている目的のためにこれを組み立てた、この構成を差配し、この用途を匠んだ《デザインした》一人もしくはそれ以上の匠みがいつか、どこかにたしかにいたのに違いない、と。（Paley 1802: 9-10; Barber1980=1995: 33）

「匠み」とは、もちろん神のことだ。植物であろうと動物であろうと、その構造と機能は――ペイリーが荒野で出会った時計のように――じつに精巧であり、単なる偶然によるものとはとうてい思われない。すべては偉大な創造主たる神が目的をもって創造したのにちがいない。生物の身体や生態があのようであるのは、神もしくは神的な存在がそのようにつくったからなのだ。ペイリーの『自然神学』は、厖大な紙幅を費やしてこの比喩を自然界の全体にあてはめようとした労作である。

リチャード・ドーキンスは、自らの任務を「複雑なデザインがどうしてつくられたのか」を説明することだと言い切るが、これこそダーウィンがペイリーから受け継いだ由緒正しい問いだ（Dawkins 1986=2004: 22）。説明方法においては自然神学と袂を分かったダーウィニズムだが、この原初の問いに答えようとする点では自然神学の後継者なのである。

ちなみに、学問の世界ではあまり「デザイン」という言葉は好まれない。それは、この言葉が生物のデザイナー（創造主）の存在を連想させるからであり、こうした「デザインからの議論」(the argument from design/Dawkins 1986=2004: 22; Ruse 2003=2008)は「インテリジェント・デザイン説」(知性あるなにかによって生命や宇宙の精妙なシステムが設計されたとする新種の創造論)の論法を指すことが多いからである。勇敢かつ狡猾なドーキンスは、ダーウィニズムもまた自然神学の問いに別の、しかし決定的な方法で答えるのだという論点を強調するために、あえてデザインの語を駆使するのだが、腕に覚えのないかぎりはうっかり手を出さないでおくのが無難かもしれない。

そこで代わりに、「合目的性」(Zweckmäßigkeit)という言葉が用いられることになる(Monod 1970=1972)。合目的性とは、「ある事物が一定の目的にかなった仕方においてあること」を指す概念だ(デザイナーという存在の有無という問題を脇におけば、一定の目的にかなった仕方においてつくられた事物を指す点では「デザイン」も同じである)。ともかく重要なのは、生物が有するように見える合目的性(デザイン)こそ、説明されるべきものだということである。

さて、その場合、どのような説明の方法が望ましいだろうか。合目的性とは、「一定の目的にかなった仕方においてあること」を指すのだから、それは「なんのために?(どんな目的で?)」という問いに答えるものでなければならない。つまり、研究対象をある目的のための役割や働きにおいて見ること、すなわち研究対象の機能を把握できるような方法が求められるのである。学問にはまさにそのような方法論が存在し、その名

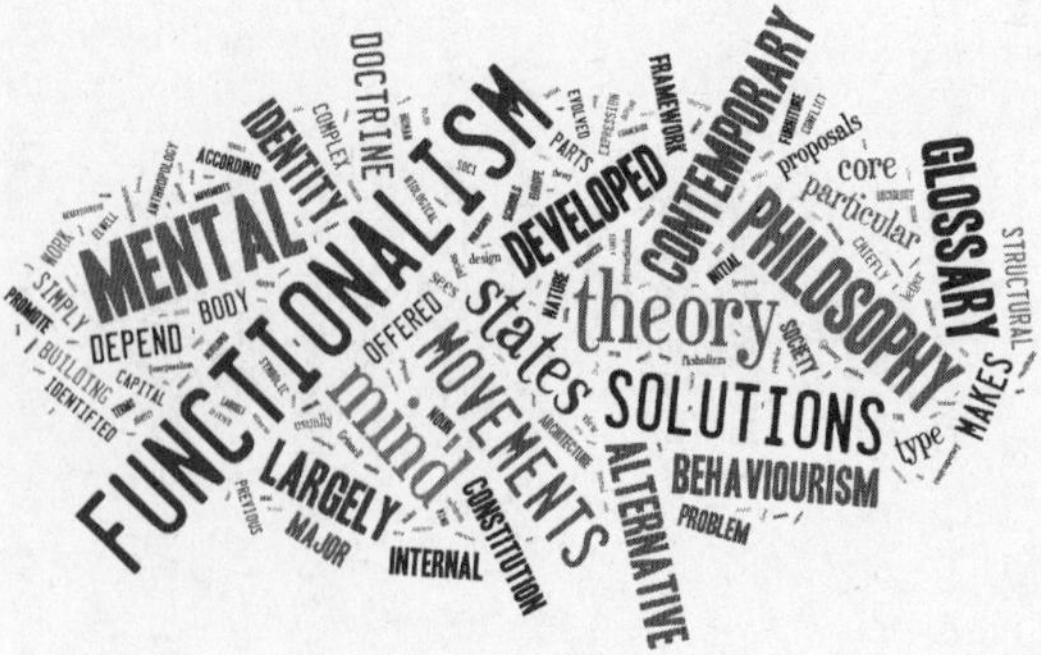

“functionalism”（機能主義）のウェブ検索結果（Tagxedo によるワードクラウド）

のとおり「機能主義」(functionalism)と呼ばれる。機能主義とは、「ある事物が一定の目的にかなった仕方においてあること」を説明する科学的手法なのである。

このように考えると、ダーウィニズムは生まれついての機能主義科学だ。「複雑なデザインがどうしてつくられたのか」という原初の問いが、「なんのために?」に答える機能主義的アプローチを要請するからである。

ダーウィニズムが対象とする「事物」とは生物であり、「一定の目的」とは生存と繁殖であるとすれば、それはすなわち、生物という事物が生存と繁殖という一定の目的にかなった仕方においてあるかのようにみなす適応主義の考えにほかならない。つまり適応主義とは、ダーウィニズムにおける機能主義の別名なのである。だからそれは、たまたま便利だから採用するとか、必要であったり不要であったりするような方法論ではない。ダーウィニズムが取り組む問いと宿命的に結びついた中心的方法論なのだ。デネットは、適応主義プログラムこそダーウィニズムのアルファにしてオメガでなければならないと主張するが、それにはこうした理由があるのだ。

ノーベル賞生物学者ジャック・モノーは、生物がそなえる合目的性とダーウィニズムの関係について明快な説明を与えた。現代の古典といえる『偶然と必然』において、彼は次のように述べる。

生物というものが宇宙のすべての体系が示す他のすべての構造と区別される点は、われわれが（……）合目的性と呼ぶ特性にある。（……）生物の機能的適応はすべて——これらの生物がつくる人工物すべてと同様——それぞれ個別的な計画を満たすものであるが、これらの個別的な計画はといえば、種の保存および増殖という、唯一無二の根源的な計画の単なる断片あるいはある局面にすぎないとみなすことができる。（Monod 1970=1972: 9–15）

言い切って余すところのない要約である。ちなみに、いまでは適応の目的が「種」の保存および増殖であるとは考えられていないが、論旨に影響はない。現在それは遺伝子の保存および増殖であるという考えが定説となっているが、その定説の成立にも大きく貢献したドーキンスは、前節で紹介したスパンドレル論文にたいする反論のなかで、自身の仕事を明確に機能主義的な説明と位置づける。そして同僚のダーウィニストたちに向かって、たとえグールドやルウォンティンに激しく批判されたとしても、その有効性は動じないのだと宣言するのである（Dawkins 1982=1987: 68）。大事なことは、研究の進展に応じて個々の知見に変化はあるとしても、その基本姿勢——機能主義的／適応主義的スタンス——は一貫しているということである。

結局、グールドによる批判は批判になっていない、というのがデネットの診断だ。たしかに、適応主義者のうちのいくらかはうまい話を思いついたところで満足して、その仮説の信頼性をテストする労を省いたかもしれない。この点では適応主義もほかの魅力的な考え方と同様に誤用・乱用されがちであり、そのような傾向は批判されて当然だ。だが、うまくできない奴やうまくやらない奴がいるからといって、その方法自体が無用ということにはならない。適応主義プログラムが成果をあげてきたことは疑いないのだし、グールド自身ですら、うまくやろうとすれば適応主義者にならざるをえないではないか。じつのところグールドは、適応主義者が警戒すべき落とし穴の危険について、ご親切にも忠告してくれているにすぎない。彼は適応主義の土俵を覆すことができると思ったのかもしれないが、実際には同じ土俵、つまり適応主義の土俵の上に立たざるをえないのであり、たんに、もっとよい相撲をとるようにと注文をつけているだけなのだ。だから心配するな、適応主義者《われわれ》の誇る武器を手放す理由などない。デネットの書きっぷりは、主流派の同志たちにそう告げているかのようである。

アルゴリズムとエンジニアリング――ダーウィニズムの本義

以上のように、現代の主流派進化論の中心教義である適応主義プログラムに批判を放った反主流派のグールドにたいして、主流派の論客であるドーキンスとデネットは、グールドの批判をはるかに上回る説得力をもつ圧倒的な反論で応じ、適応主義プログラムの中心性・特権性・有効性を擁護した。ドーキンスとデネットの反論は、この上なく力強くかつ明快に、現代の進化論がそなえるとてつもない威力を語ってくれる。このように、適応主義をめぐる論争がもたらした収穫のひとつは、論争を通して、適応主義プログラムを中心に据えた現代進化論の特質がこれまで以上に明確になったことだ。本章が紛糾の検討という搦め手からのアプローチを採用したのも、この論争を経由してこそ、進化論という学問の威力をよりよく味わうことができると考えたからだった。

さて、ドーキンスの援護射撃を行いながらグールドに追い討ちをかけるデネットだが、彼はそれにとどまらず、そもそも進化論の本義とはなにか、そしてそれがなぜ重要であるかをパワフルに主張している。もう少しデネットの議論につきあってみて、現代進化論の基本思想への理解を深めるとしよう。第二章ではダーウィンの進化論（ダーウィニズム）の特長は生物進化のメカニズムを自然主義的に説明できる点にあったという大枠を確認したが、これからそこに詳しい内実を与えてみたい。

ウィリアム・ペイリーが『自然神学』で語った「荒野の時計」の比喩を思い出してほしい。進化論が登場する以前、「複雑なデザインがどうしてつくられたのか」という問いに答えてきたのは、宗教であり神学であった。そこへ『種の起源』をひっさげてダーウィンが登場し、神の意志による説明を自然淘汰による説明で置き換えてしまった。これが現代的な進化論の出発点となったのだが、では、ダーウィンの仕事のどこがそんなに画期的だったのか。

自然神学もダーウィニズムも、どちらも自然や生物にたいする驚嘆という体験を共有している。そこから出発して「母なる自然」の解読を試みるという点も同じだ。ちがいはどこにあるかといえば、まず思考の方向性だ。正反対である。自然神学が考えたのは、余人には想像もできないような常軌を逸した創造的天才でなければ、こんな驚嘆すべき作品（自然、生物）をつくりだすことなどできないだろうということだった。だから偉大な創造主が目的をもって自然をデザインしたのだということになる。いわばトップダウンの、目的論的な思考法だ。正誤はどうあれ人間にとってはきわめて自然な考え方

――認知バイアス――にもとづいている（註44を参照）。

他方でダーウィンは、自然がいまあるような姿になったのは、あくまで結果にすぎないとした。目的をもたない自然淘汰のプロセスが結果としてそれをもたらしたのだと。こちらはボトムアップであり、非目的論的である。このようにダーウィニズムは「母なる自然」の解読作業をひっくり返したのである。

とはいえ、ダーウィンの革命性は考え方を逆さまにしたことにだけあるのではない。ボトムアップの唯物論的スタンスという点では、先達であるラマルクも同じだ。だが、第二章で見たように、ラマルクの思想においては進化の方向性があらかじめ決められている。いわば生物進化には予定表のようなものがあり、そこにはあらかじめ創造的天才の仕事がすべて記入されているのである。この点で、ラマルクの進化思想は唯物論の皮を被った自然神学と呼ぶことができるかもしれない。

他方でダーウィンの考えはちがう。ダーウィニズムには予定表のようなものが存在しない。そこでは神の存在はおろか進化の目的や方向といったものも前提されていないのである。彼は、普通に考えたら神のごとき存在にしかなしえないように思える仕事、あるいは特別な目的や方向性なしには説明できないように思える仕事が、じつはそのような仮定なしで十全に説明できることを示したのである。それを可能にしたのが自然淘汰説である。

ドーキンスの著作に『盲目の時計職人』というタイトルの作品があるが、これはもちろんペイリーの「荒野の時計」の比喩を受けてのものである。このタイトルに込められているのは、自分（ドーキンス）もまた匠（時計職人）の正体を探るという点でペイリーと志を同じくするのだが、時計職人とは全知全能の神のことではなく、目的をもたない（盲目的な）過程としての自然淘汰のことなのだという主張である。そしてペイリーの仕事を、「当時としては見事に、これから私がなんとかやりとげようとしていることを、うまくやってのけている」と称賛するのである。しかし、急いで次のように付け加えることもドーキンスは忘れない。すなわち、「唯一彼が間違ったことは──そしてこれが重大なのだが！──まさしく説明のやり方そのものであった」のであり、ダーウィニズムが明らかにしたのは「自然界の唯一の時計職人は、きわめて特別なはたらき方であるものの、盲目の物理的諸力なのだ」ということだと（Dawkins 1986=2004: 7-22）。

ダーウィニズムにおいて、自然の匠は偉大でないどころか、なんらかの意図や目的をもって行為をなす主体ですらない。それはいかなる精神性とも無縁な、盲目的で、その場しのぎで、先見の明のない自然的過程、つまり自然淘汰の過程なのである。なにものも目的としていない自然淘汰のプロセスが、その集積の結果として、図らずも天才的な業績を達成してしまうのだ。その次第を示したこと、これがダーウィンの革命であった。それによって、超自然的なごまかし抜きの厳密にボトムアップな方法で、探究を進める素地がつくられたのである。

デネットは、この革命の画期性を「エンジニアリング」の概念を用いて説明する。ダーウィンは自然淘汰説によって、私たちに未曾有のエンジニアリング的思考をもたらしたのだ、と。

> ダーウィン流の革命の中心的特性（私はあえて〈唯一無二〉の中心的特性と呼ぼう）（……）とはつまり、ダーウィン以降の生物学とエンジニアリングの結婚である。
>
> （Dennett 1995=2000: 254）

エンジニアリング（工学）と言ったからといって、なにも人間の職業について話をしているのではない。もちろんエンジニアリングの概念にはそれも含まれるのだが、デネットはこの言葉を、人間の手によるものづくりにとどまらない一般的な意味で用いている。とりあえず定義するとしたら「自然にかんする知識を利用して事物を制作／製作する技術全般」とでもなるだろうか。

エンジニアリングの特長は、決められた手順を守って事を進めさえすれば、必ず望む結果が得られるという点にある。もし実行者しだいで結果が変わったり、気まぐれにうまくいったりいかなかったりするようでは、少なくともエンジニアリングとしては失敗だ。そんなことではうっかり橋を架けたり飛行機を飛ばしたりできなくなるだろう。エンジニアリングは、製品や作品の完成を保証するために、制作過程の諸手順をステップごとに細かく分解したうえで定型化する。そうすることで、小さく簡単で単純な手順の集積によって大きく難しく複雑な仕事を完遂するという離れ業が可能になるのである。

その際に用いられる定型的な手順が「アルゴリズム」である。[29] アルゴリズムは、エンジニアリングを構成する不可欠の要素だ。コンピュータ・サイエンスや数学の分野でよく使われる言葉だが、私たちの日常生活とも無縁ではない。たとえば筆算はそうしたアルゴリズムの代表例である。一気に解くのはむずかしいような複雑な計算も、それをいくつかの単純な計算に分解して実行するという筆算のアルゴリズムを用いることで、たやすく解答が得られるようになる。その際に必要なのは、単純な四則演算（足し算、引き算、掛け算、割り算）と簡単な規則（繰り上がり、繰り下がりなど）だけだ。

子供向け教育番組に出てくる有名な「アルゴリズムたいそう」は、文字どおりアルゴリズムをテーマにした体操だ（NHK『ピタゴラスイッチ』）。ひとりでやると意味のよくわからない体の動きが、もうひとりの動きと組み合わされることで、新たな意味を帯びてくるという仕組みである。たとえば、「しゃがむ」動きが「腕を振る」動きと組み合わされて「パンチを避ける」動作になる、等々。もちろん、日ごろから私たちが使っているウェブ検索や表計算などのプログラムもアルゴリズムの集積である。プログラムに携わる担当者がエンジニアと呼ばれるのは、アルゴリズムの作成や解析という仕事がエンジニアリングそのものであるからだ。

アルゴリズムのイメージからはかけ離れているように思われるかもしれないが、料理のレシピなども、アルゴリズムの一種と考えることができる。レシピとは、料理を完成させるためのアルゴリズム──材料の選択、加工、調合といった定型的な手順──を私たちに指示する文書にほかならない（先日、「切断して加熱するだけの簡単なお仕事」という友人のSNS投稿を見かけて感心した。料理がアルゴリズムの実行であることを端的にあらわす気の利いた表現である）。たとえばチャーハンはシンプルな料理だが、中華料理店でお目にかかるような見事な

29　検索エンジン、暗号、金融取引など、この社会で用いられているさまざまなアルゴリズムについてのレポートに、クリストファー・スタイナー『アルゴリズムが世界を支配する』、ジョン・マコーミック『世界でもっとも強力な9のアルゴリズム』がある。ちなみに前者には、あのビートルズ「ア・ハード・デイズ・ナイト」のイントロ部分を、フーリエ変換を利用したアルゴリズムで解析する場面があり、思いがけず長年の謎が解けてしまった。デイヴィッド・バーリンスキ『史上最大の発明アルゴリズム』は数百年にわたる天才たちとアルゴリズムの格闘を描く力作。アルゴリズムとコンピュータの関係については、ダニエル・ヒリスの名著『思考する機械コンピュータ』がある。

もの――美しい黄金色の衣をまとい、外側はパラパラとしているのに、それでいて中身はふっくらとしている、才色兼備のチャーハン――を自分でつくるのは案外むずかしい。うっかりすると卵とごはんの協調が乱れ、ボロボロの卵部分とベトベトのごはん部分に截然《せつぜん》と分かたれた妙な食べ物になってしまう。もしインスピレーションのみを頼りに、いきなり徒手空拳でパラパラ黄金チャーハンをつくることができたとしたら、あなたは創造的な天才か天賦の幸運にめぐまれた人物であろう。

だが、ていねいに調理手順や注意点を記したレシピがあるなら、凡人にも相当によくできたチャーハンをつくることができる。私が感銘を受けたのは、数年前にテレビ番組で紹介されたレシピだ。このレシピでは、卵の乳化効果を存分に活かすために、一〇秒単位の厳格な時間管理がなされている。材料も調理法もじつにたわいないものだが、定められた作業の時間と順序をきっちりと守りさえすれば、調理開始の二分五〇秒後には、見た目も味もよいチャーハンができあがるという寸法である。変に意気込むことはない。必要なのは、時計をにらみながら個々の命令を粛々と実行していくことだけだ。このレシピによって、ついに私のような粗忽者にもパラパラ黄金チャーハンをつくることが可能になった。プロのチャーハンを万人に解放する驚異のアルゴリズムである（NHK『ためしてガッテン』二〇〇八年六月四日放送）。

それはそれとして、要するに、自然淘汰のプロセスはこうしたアルゴリズムのプロセスそのものだ、そうデネットは言っているのである。そしてダーウィンの基本思想を、次のように要約・再定式化する。

地上の生命は、たった一本の枝分かれする樹――生命の系統樹――をとおして、なんらかのアルゴリズムのプロセスによって、何十億年もかけて生みだされてきたのだ。(Dennett 1995=2000: 70)

つまり、自然淘汰のプロセスは、アルゴリズムの集積――生存繁殖する個体を選びだしたりふるいにかけたりする作業の集積――による地味な、しかし絶えざるR&D（研究開発）を通して、生き物たちをいまあるようなかたちにエンジニアリングしてきたということだ。そうだとすれば、ダーウィニズムの仕事はすなわち自然淘汰のアルゴリズムを解読する仕事だということになる。生物学とエンジニアリングの結婚は、このようにして成立したのである。

ちなみに、ジャック・モノーとともにノーベル賞を受賞したフランソワ・ジャコブは、生物進化のありかたを「ブリコラージュ」と表現した（Jacob 1982=1994: 33-64）。ブリコラージュとは、あり合わせの道具や材料で物をつくる「器用仕事」や「日曜大工」のことだ。そしてブリコラージュを、あらかじめ決まった設計図にもとづいて白紙から作業を行うエンジニアリングと対照させて論じるのである。

だが、これまでの議論を踏まえて考えれば、両者をことさらに対立させる必要はないことがわかる。進化がブリコラージュを行うというのはまさしくジャコブの言うとおりなのだが、それは別の角度から見れば、行き当たりばったりのエンジニアリングである。進化をもたらす自然は、いわば手持ちの道具や材料をもとにブリコラージュをするしかない非効率的で不自由なエンジニア、しかし厖大な時間と手間をかけて結果的には驚異的な仕事を成し遂げる粘り強いエンジニアなのである。

では、ダーウィニズムがどのようにして自然淘汰のアルゴリズムを解読するかというと、それは、生物の身体や行動を「リバース・エンジニアリング」にかけることによってである。

リバース・エンジニアリングとはなにか。企業が新製品を開発する際、もしすでに競合する製品が存在するのなら、それらをよく研究しなければならない。なぜヘッドフォン端子は下面についているのか、どのようにバッテリーの収納スペースを確保しているのか等々の疑問がわくだろうが、通常、競合企業が設計図やソースコードを公開してくれることはない。そこで実物を入手したうえで、動作を確認したり中身を分析したりして、製品の構造と機能を把握するのである。これがリバース・エンジニアリングだ。自社の製品であっても、企画製造にかんする資料が行方不明になったり、関係者がノウハウもろとも流出・失踪したりすることがあり、そのときにはリバース・エンジニアリングが必要になる。

企業や国の製品開発の場合、いよいよ困ったときには設計者を引き抜いたり設計図を盗み出したりスパイを送り込んだりという奥の手もあるにはあるだろう。しかしダーウィニズムの場合には、設計者も設計図もあてにはできない。進化をつかさどる設計者や設計図の存在を想定しないのがダーウィニズムなのだから。自然淘汰のプロセスは、なんらの意志も目的もなく、その場その場でR&Dを実施していくだけだ。だからダーウィニズムは、研究対象である生物の身体や行動そのものをリバース・エンジニアリングにかけることで、「盲目の時計職人」たる自然淘汰のアルゴリズムを解読するのである。

その際に必要となるものこそ、本章で議論してきた適応主義的なアプローチである。先に確認したとおり、適応主義とは最適性の仮定を用いて対象がなぜそのようであるのかを推定するヒューリスティクスだ。素数ゼミは毎世代が正確に一三年または一七年といった素数年周期で大量発生するが、なぜ一三年や一七年であって一五年や一六年でないのか。こうしたセミの習性をリバース・エンジニアリングにかけるさいに、素数年周期の羽化が生存と繁殖にとって最適の戦略ではないかと仮定する適応主義のヒューリスティクスが役に立つのである。それがリバース・エンジニアリングの仕事に強力な指針を与える。

ところで、心理学の読み物などではアルゴリズムとヒューリスティクスが二つの対照的な方法として紹介されることがある。たとえばアルゴリズムは論理的・科学的な解決方法であるのにたいして、ヒューリスティクスは直観的・人間的な解決方法である、というように。機械やプログラムと人間を対比するこうした説明は、わかりやすい反面、無用な誤解を生む可能性がある。ヒューリスティクスもまた、かぎられた資源をもとに近似的な解を求めるアルゴリズムの一種と考えることも可能だからである。必要以上にアルゴリズムとヒューリスティクスを対照させると、自然淘汰のアルゴリズムと適応主義のヒューリスティクスがまるで別物であるかのように誤解してしまうかもしれない。実際には、適応主義のヒューリスティクスは（自然淘汰がアルゴリズムであるのと同様に）アルゴリズムの一種であるし、自然淘汰のアルゴリズムも（人間のヒューリスティクスよりさらに非効率的かもしれないが）ヒューリスティクス的な解決を行うことがある。自然淘汰という研究対象と、適応主義という研究方法とは、ともにアルゴリズムという点で同じものだ。それが適応主義プログラムの有効性の秘訣なのである。

先に、「複雑なデザインがどうしてつくられたのか」というダーウィニズムの問いそのものが適応主義（機能主義）のヒューリスティクスを要請することを述べた。この問いと答えの組み合わせの適合性に加え、研究対象と研究方法のアルゴリズムにおける一致が、適応主義の有効性を両面から支えているのである。

デネットは、アルゴリズムの特徴として「結果の保証」「無精神性」「基質中立性」の三つを挙げている。結果の保証とは、ミスステップなしに実行されれば必ず一定の結果をもたらすというアルゴリズムの性質を指す。無精神性は、アルゴリズムを構成するひとつひとつのステップはなんらの精神性や創造性も必要としない定型的なものであることを指している。

上記の二者についてはこれまでの説明に何度も出てきた。では、基質中立性とはなんだろうか。これはアルゴリズムの素材を選ばない性質のことだ。筆算やレシピのアルゴリズムは、紙に鉛筆で書かれても、空中に花火で描かれても、秘密のサインで示されても、同じようにうまくいく。アルゴリズムの力は、そのプロセスがもつ論理的構造にあるのであって、アルゴリズムが運用される素材の物理的構造にあるのではない。これがアルゴリズムの基質中立性だ。

したがって、進化現象をアルゴリズムのプロセスとして見るダーウィニズムは、生物学と本来かかわりのないものをも研究対象にすることができる。ドーキンスが「ミーム」（文化の伝達や複製の基本単位）の概念を用いて人間文化を研究することを提案したのは、単なるアナロジーや思いつきによってではない（Dawkins 1976=2018）。それは生物だけでなく非生物も、物体だけでなく言葉やアイデアといった非物体的なものも扱うことができる。適切に運用されるならば、非生物を対象とした進化論も、ダーウィニズムの比喩や応用ではなく、ダーウィニズムそのものでありうるだろう。

このようにダーウィニズムは、アルゴリズムの基質中立性を通してデザインの複雑性を説明する、生物学の枠組にとらわれない汎用的な理論となる可能性を秘めている。だから猫も杓子も進化すると言ったところで、それはダーウィニズムにとっては比喩ではない。実際に進化するものとして猫も杓子も扱うことができるのである。

この辺で、デネットが提示したダーウィニズムの本義をまとめてみよう。要点だけを取り出せば、次のようになるだろうか。

・ダーウィンの革命性は生物進化が自然淘汰というアルゴリズミックなプロセスの結果であることを見出した点にある

・進化論とは自然淘汰のアルゴリズムをリバース・エンジニアリングによって解読する学問である

・進化論が行うリバース・エンジニアリングにおいて中心的役割を担うリサーチ・プログラムが適応主義である

これは、もし「ダーウィニズムはなぜそう呼ばれるか」という問いに現代的な観点から答えるなら、きっとこうなるにちがいないだろうと思わせるものだ。そこには現代のネオダーウィニズム（総合説）を支える堅固な理論的基盤が端的に示されている。ドーキンスやデネットが、激しい批判を受けながらもなおグールドなど敵のうちに入らないという態度をとるのは、このような後ろ盾があるからなのである。

論争の判定

主流派の防衛勝利——リサーチ・プログラムの観点から

適応主義プログラムは、現代進化論の主流派ネオダーウィニズムを支える標準的方法論である。これを痛烈に批判したスティーヴン・ジェイ・グールド（とリチャード・ルウォンティン）のスパンドレル論文は学界に大論争をまきおこした。本章では、応戦した主流派の代表としてリチャード・ドーキンスに登場を願い、適応主義プログラムがどのように擁護されうるかを紹介した。また、もうひとりの擁護者であるダニエル・C・デネットの所論からは、適応主義とそれを中心的方法論とする進化論（ダーウィニズム）がいかに強力なリサーチ・プログラムであるかを確認した。

本章の目標は、論争の検討を通して、そもそも進化論とはどのような科学理論であり、どれだけ有効であるのかを原理的に把握することだった。これまでの記述でその目標はほぼ達成されたと思うけれども、終章への助走も兼ねて、この論争をより包括的な視点からまとめておこう。

まずは論争の勝敗判定についてあらためて述べておこうと思う。最初に述べたとおり、専門家の世界では、論争はすでに終わったものと考えられているからだ。これまでの論調からも見当がつくように、勝者と認められているのは適応主義プログラムを掲げる主流派の陣営である。グールドも持ち前の雄弁さをいかんなく発揮したのだが、基本的に科学論争の勝敗はどちらが言い負かすかではなく、どちらの推すリサーチ・プログラムが有効な業績を残すかで決まる。その肝腎な点で、論戦をしかけた反主流派は分が悪かった。

グールドら反主流派にとって致命的だったのは、彼らが代替的なリサーチ・プログラムをうまく確立できなかったことだ。スパンドレル論文において、適応主義一辺倒ではない多元主義的アプローチを提唱したグールドは、代替案を考えなかったわけではない。彼は、適応をえこひいきしない（ほかの諸要因を差別しない）ような形式主義的あるいは構造主義的な進化理論を構想していたようだ。それが実現すればたしかに適応主義の出番は減るだろうが、その具体的内容ははっきりしない（Gould 2002b）。

また、グールドは同僚のナイルズ・エルドリッジとともに「断続平衡説」という仮説も提出した。それによれば、生物種の進化は、ほとんど変化しない長い平衡期と、急激に変化する短い変革期とによって特徴づけられる。つまり生物は（主流派が主張するように）徐々に進化するのでなく、区切りごとに突発的・断続的に進化するというのである（Eldredge & Gould 1972）。主流派の漸進的進化観に反論するこの仮説はセンセーショナルに迎えられたが、それが主流派のプログラムを覆すことはなかったし、断続平衡的な現象もその枠内で説明できると考えられている。

もちろん、ひとくちに論争といっても、そこにはさまざまな側面がある。スパンドレル論文は、この数十年間で学界にもっとも反響を呼んだ論文のひとつになった。結果として、専門家たちは適応による「なぜなぜ物語」をつくることにより慎重になったという報告もある（Pigliucci & Kaplan 2000; Segerstrale 2000=2005; Alcock 2001=2004）。業界にもたらした効果の大きさという観点からみれば、スパンドレル論文は十分に成功をおさめたということができるかもしれない。だが、「論敵の批判と自説の擁護」というスタンダードな観点からすると、やはりグールドは負けたのだといわざるをえないだろう。そもそもスパンドレル論文の主要な論点は、適応主義はまちがった方法論であり、これからは適応主義に代わる方法論を採用しなければならない、というものだったのだから。グールドらが望み、また主張したのは、適応主義プログラムを止揚するような根本的な方針変更だったのである。

しかし、適応主義プログラムを中核とするネオダーウィニズムの主流派陣営は、研究業績という点で当時から圧倒的に優勢であったし、いまなお優勢である。それだけではない。批判者にとっては皮肉なことに、論争によって鍛えられた適応主義プログラムは、批判を吸収することでより洗練され、より強力なリサーチ・プログラムに成長したとさえいえる。グールドが適応主義的アプローチの代替案として提唱した多元主義的アプローチ（や断続平衡説）自体が、事実上ネオダーウィニズムの枠組みに収まるはずだというのが、専門家の世界における一般的な評価であり定説である。

現場とジャーナリズムの食い違い——野次馬は見たいものを見る

ところで、読者のなかにはこのジャッジが保守的にすぎる、つまり私が主流派に肩入れしすぎているように感じる人もいるかもしれない。ジャーナリスティックな読み物などには、主流派のネオダーウィニズムは限界に行き当たっており、いままさに崩壊の危機に瀕しているのだ、というような主張がしばしば見られるからである。このような状況認識の食い違いは、次のような事情によるのではないかと思う。

まず、ある分野の専門家が支配的なパラダイムを打ち倒そうとした場合（まさにグールドがそうだった）、抵抗者が自身のマニフェストについて誇大広告を打つのは、ある意味で自然であり当然でもある。意識的な改革者には、パラダイム転換の必要性にかんする説明責任が重くのしかかるからだ。そこで彼は革命家と同じ立場に立たされる。「機が熟する」のを待っていては、生きて革命を目にすることなどできないだろう。革命家にとって、革命とは必然的に「時期尚早」（©ローザ・ルクセンブルク）であることを本質的要件としているのである。グールドが、事実に反していると指摘されるほどに、ネオダーウィニズムの「失墜」を叫びつづけたことには、こうした事情があったのだと思われる（実際には、科学史上の変革の重大性は、変革への意識の高さや示威行動の激しさとは必ずしも対応しない。グレゴール・ヨハン・メンデルの例を見よ。遺伝の法則は死後に再発見され評価された業績である）。

他方で、ジャーナリズムや他分野の専門家、また私たち一般読者といった外野の者たちは、つねにおもしろいネタを探している。その際、これまで通用していた常識がひっくり返るような革命的変化こそ、もっともおいしいネタであろう。それはジャーナリズムにとってはニュースバリューの高い有益な情報であり、他分野の専門家にとっては自分の分野に応用できる新型兵器になりうる。結果として、業界内の実情とはいくらか食い違った、希望的観測に彩られた業界像がつくられることになるのである（ノーベル賞経済学者のポール・クルーグマンは、経済学者という部外者が進化論をどう見ているかについて興味深い報告をしている（Krugman 1996; 1997））。

また、私たち素人というものは、まことに貪欲というか図々しいもので、当該分野についての包括的な理解を手っ取り早く、できれば一冊とか一晩で、場合によっては数分で、一気に手に入れたいと望むものだ。ふつうに考えればそんな大それたことなど望むべくもないはずなのだが、そんなことなどおかまいなしにそのように望むのである。結果として、当該分野の「可能性と限界」を安易にパッケージにした情報、その性質からして相当の誇張と省略を含んだ情報が重宝されることになる。こうした諸事情によって、業界内で実際に通用している常識とは異なる「世間の常識」が流通するようになるのだと思われる。

もちろん、革命は起こりうるし、実際にこれまで何度も起こってきた。だが、革命（パラダイム転換）が起こりうるということと、現在どのようなパラダイムの下で研究が行われているのかということは、とりあえず別の話である。ある専門分野を外野の立場から学ぼうとするときには、ここで述べたような諸事情に注意して事にかからなければならないだろう。

「最大限に大胆かつ細心な適応主義者」——最強の進化生物学者

話が脱線した。ドーキンスとグールドの論争に戻ろう。

グールドは一貫して、適応主義プログラムをパングロス主義——自然淘汰によってすべてが最適に配剤されているとする究極の楽観主義的現状肯定論——だと批判してきた。

たいするドーキンスは、生物の最適性だけでなく、最適性を制約する条件をも明らかにできる適応主義的アプローチの有効性を、一貫して弁護しつづけた。さらに返す刀で、グールドの反主流派的主張を、迷妄へと導く「偽りの詩」「ロマンに満ちた巨大な空虚」と酷評した（Dawkins 1998=2001: chap. 8）。

グールドの批判とドーキンスの反論とを比較してみると、ほとんどあらゆる点においてドーキンスの反論のほうが圧倒的に説得力をもっているように思われる。業界においても、論争はすでに決着ずみであり、グールドが放った批判は基本的にはネオダーウィニズムの枠組みに吸収可能であろうというのが一般的な見方だ。

こんな風に語ることができるかもしれない。妙な言い方になるが、もし、誰もが認めるような「最強の進化生物学者」をイメージするとしたら、どうなるだろうか。いろいろあるだろうが、だいたい「最大限に大胆かつ細心な適応主義者」といったあたりに落ち着くのではないだろうか。ダーウィニズム誕生以来ずっとそうだったといえばそうかもしれないが、論争において激しい応酬が繰り広げられた末に、そのイメージはいっそうはっきりしたと思う。

適応主義者がそなえるべき大胆さについては、いまや説明の必要はないだろう。適応的説明はダーウィニズムがもつ最大の武器である。それは生物の（一見）不可解な姿形や行動の謎を、あっと驚くようなしかたで解き明かしてきた。たとえばドーキンスの諸作品はそうした例の宝庫だ。本章でも、素数年周期で発生する周期ゼミや、不合理に見える行動をとるアナバチの例に触れた。これらは適応主義的方法の大胆な適用がもたらした成果である。

細心さ、あるいは注意深さといってもいいが、これについてはどうだろうか。ネオダーウィニズムの理論形成に決定的な影響を与えた進化生物学者ジョージ・C・ウィリアムズの『適応と自然淘汰』には、次のような警告が記されている。スパンドレル論文を一〇年以上さかのぼる一九六六年の著作だ。

> 進化的適応は特殊でやっかいな概念である。それは必要のない場合に用いられてはならない。またその作用は、明らかに偶然ではなくデザインによってつくられたものでないかぎり、機能と呼ばれてはならない。(Williams [1966] 1996: v)

「適切な用法・用量をお守りください」というわけで、まことにもっともである。いくら適応主義が有効な方法論だとしても、ありとあらゆるものが適応の産物であるとはかぎらないのだから、その適用には注意が必要だ。なんでもかんでも適応の産物と決めつける杜撰《ずさん》なやりかたでは、私たちに脚があるのは半ズボンを穿くためだと言い張るパングロス博士の過ちを繰り返すことになるだろう。最強の進化生物学者は、ダーウィニズム最大の武器である適応主義の方法論を駆使しながら、そのTPOをわきまえる注意深さをもそなえているはずだ（『盲目の時計職人』のドーキンスが、自らの関心を「複雑なデザインがどうしてつくられたのか」にあえて限定しようとしたことが思い出される）。

専門家の世界で尊敬を集める大家――ジョージ・C・ウィリアムズ、ジョン・メイナード・スミス、ビル・ハミルトン、ロバート・トリヴァース等々――は、みなそう呼ばれる資格があるだろう。もちろんリチャード・ドーキンスは、専門家だけでなく広く一般読者界からも尊敬を集めるチャンピオンだ。彼は、長く激しい論争を通じて、批判を次々に吸収しながら適応主義の方法論を洗練させ、およそ望みうる最良の「最大限に大胆かつ細心な適応主義者」として自らを完成させた（グールドの『ワンダフル・ライフ』にたいする回答というべき名作『祖先の物語』はその完成の証しである）。

興味深いのは、ドーキンスのような優れた「最大限に大胆かつ細心な適応主義者」の仕事は、グールドがスパンドレル論文において提唱した「多元主義的アプローチ」にかぎりなく近づいていくことだ。ほとんど見分けがつかないといってもいい。グールドの多元主義は適応的説明の有効性を認めながら、それを拘束する諸制約にも目を向けることを要求するが、それこそまさにドーキンスが批判に応えながら行ってきたことである。論争によって鍛えられたドーキンスの議論の汎用性は、グールドが提唱する多元主義的アプローチを包摂するまでに高まった。結局のところ残っているのは、個々のケースにおいてどのような方法が適切であり、どのような仮説が証拠によって支持されるのかを検討する、という実際的な課題だけであるように思われる。そうだとすれば、もう論争から学ぶことはないかもしれない。

だが、私はこの論争に大いに躓いたし、いまでも躓いたままだ。そこには進化論にかかわる魅惑と混乱のすべてが詰まっているというだけでなく、いまだ十分に検討がなされていない重要なトピックが含まれているように思えるからである。論争は終わったが、そこで争われた問題は死んでいないどころか、ますます重要なものになりつつあるのではないかと思われるのである。

グールド問題——なぜ負けを認めないのか

前項では論争の判定について述べた。たがいの擁護するリサーチ・プログラムの実績の有無という基準に照らせば、論争はドーキンスの勝ち、グールドの負けで揺るがない。判定はそれでいいとして、まだ考えてみなければならないことがある。グールドはどうして不利な戦いに挑みつづけたのか、という疑問だ。彼は二〇〇二年に死去するまで、自らの敗北は明白であったにもかかわらず、主流派の適応主義プログラムに抵抗することをやめなかった。それはなぜか。その意地はどこからくるのか。

この「グールド問題」を探っていくと、論争の勝敗判定だけで事を収めるわけにはいかなくなるのではないかと私は予感している。そして、論争は本当には終わっていないということ、議論の争点はいまなお私たちに重要な課題を与えるはずだということ、これらの可能性を真剣に考慮するよう誘われるのではないかと思う。

まず、グールドとドーキンスの主張がなにからなにまでちがうわけではないということは確認しておかなければならない。むしろ、進化にかんする多くの事柄について、両者の見解は一致しているはずだ。あらゆる生物が単一あるいは少数の祖先から長い時間をかけて進化してきたこと、それは神の意志や進化の目的といった超越的な動因によらずとも物理的な過程として記述できること、進化の産物はまったくの偶然によるものでも必然のみによるものでもなく、いわば偶然と必然の組み合わせによるものであること、等々。同じ分野の専門家であるのだから当然かもしれないが、相当な部分で意見は一致するだろう（Sterelny 2001=2004）。

とはいえ、だからといって両者を無理に調停させる必要はない。進化論を公教育から締め出そうと企む宗教的保守勢力にたいしてふたりが共闘しようとした事実（Dawkins 2003=2004: chap. 5）などはあるにせよ、そしてそれは美しい逸話であるにせよ、それはあくまで共通の敵が出現したことによるものだ。日頃は激しく対立している地球人が、宇宙人の襲来によって一致団結するのと同じである。少なくとも適応主義の問題にかんしては、両者はそれぞれが自らの正しさを信じて本気で戦っていたのである。プーマとアディダスが、サッカー競技自体が迫害されるようなことでもないかぎり、優位性を激しく競い合うライヴァル同士であるのと同じである。だからここでは両者の対立点をあえて際立たせて検討していこう。

さて、ではなぜ戦いはグールドにとって不利なものだったのか。これには身も蓋もない理由があると私は考えている。論争にはさまざまな論点、さまざまな側面があるが、とりあえず端的に要点を押さえておけば、まずは次のように言うことができるだろう。グールドは戦う土俵をまちがえたのだ、と。彼は、適応主義こそがうまく答えることができるような、もっといえば、私たちが利用できる方法論として適応主義しか見つけることができないような土俵において、当の適応主義を批判したのである。その土俵とは、ドーキンスが自らの仕事場であると宣言した「デザインの複雑性」にかんする問いと答えの空間だ。

先にも述べたとおり、生物の「複雑なデザインがどうしてつくられたのか」という問いに取り組むかぎり、進化論（ダーウィニズム）は生まれついての機能主義科学である。そしてダーウィニズムにおける機能主義とは適応主義にほかならないのであってみれば、適応主義的なアプローチそのものに反対する者が敗北するのは無理もないことなのだ。

もちろん、ひとくちに進化論といっても、その内部ではさまざまな種類の研究が行われている。個々の研究には適応主義への賛否やコミットメントの有無がただちには影響しないものもあるだろう。しかし、この問いと答えの空間にかかわるかぎり、諸研究は適応主義を基軸として整序される。グールドが指摘したような適応にたいする諸制約も、そこにおいては適応の相の下ではじめて位置を与えられるのであり、その逆ではない。グールドの批判は、リサーチ・プログラムとしての適応主義をより洗練するための材料として活かされることはあっても、（グールドがそう望んだように）適応主義プログラムそのものを克服するものではなかった。

グールドはドーキンス（やデネット）にたいして、また適応主義的アプローチを擁護する専門家にたいして、適応主義的アプローチの不完全性を指摘しつづけたが、彼らの関心がもっぱらこの複雑なデザインにある以上、「それがどうした」という話にならざるをえない。説明がうまくいかなければ、もっとうまい説明を探すだけだ。それは結果的にグールドの提案する多元主義的アプローチに近似したものにすらなるかもしれないが、このことは適応主義的アプローチの信頼性を高めこそすれ低めることはない。彼らはこの「デザインの複雑性」という土俵から一歩も出ることなく陣地戦を行うのであり、その意味ではじめから勝負はついていたのである。グールドが土俵をまちがえたとは、以上のような意味である。

それでは、両者の土俵を適切に切り分けるなら、問題は雲散霧消するだろうか。たしかに、進化論の仕事は複雑なデザインの説明に尽きるものではない。現代の進化論には二つの大きな柱があるとされている。「生命の樹」と「自然淘汰」の仮説だ。生命の樹(tree of life) とは、すべての生物種は単一あるいは少数の共通の祖先から枝分かれしてきたものであり、たがいに類縁関係にあるという考えである。そして、生物の多様性がなぜつくりだされたかを説明するのが、自然淘汰 (natural selection) の仮説である。どちらも完全にはダーウィン独自のものではなかったが、二つを組み合わせたところに彼の革新性があったとされている。生命の樹は進化がつくりだしたパターンであり、そうしたパターンが生じたことを説明する主要なプロセスが自然淘汰だ、というわけである(Sober 2000=2009: chap.1–3)。

進化論の仕事には、大まかにいって、進化のパターンにかんする研究と、進化のプロセスにかんする研究があるということになる。この観点からすると、複雑なデザインが形成されるメカニズムを探るドーキンスの仕事はおもに後者のプロセス研究にかかわり、歴史の偶発性や進化史に見られる一般的傾向を問題にしたグールドの仕事の真骨頂は前者のパターン研究にかかわるということができる。ドーキンスとグールドの論争について簡にして要を得たレポートを書いた科学哲学者のキム・ステレルニーは、次のような判定を下している。

私自身の考えは、グールドよりもドーキンスのほうにむしろ近い。とりわけ小進化、

> すなわち地域集団内での進化的変化に関しては、ドーキンスが正しいと考えている。しかし、大進化は小進化をスケールアップしただけのものではない。グールドの古生物学的な視点は、大量絶滅とその結果について、そしておそらくは種と種分化の本質について、真の洞察をもたらしてくれる。したがって、地域的なスケールの進化についてはドーキンスが正しく、一方、地域的スケールの事象と古生物学的に長大な時間スケールの事象との関連については、おそらくグールドのほうが正しいということになるだろう。（Sterely 2001＝2004: 166-7）

これは、ダーウィニズムの仕事を二つの土俵に切り分けたうえで、ドーキンスの土俵を進化のプロセスを探る研究に、そしてグールドの土俵を進化のパターンを探る研究に割り当て、それぞれの土俵で両者に軍配を上げる判定だ。私も自分の考えはグールドよりもドーキンスに近いと感じているが、このステレルニー判定は基本的には妥当なものだと考えている。

とはいえ、このように土俵を切り分けることでグールド問題が解消されるとは、とても思えない。大まかな理解としては、あるいは数分で理解する業界地図としては、それでいいかもしれない。だが、本書の最終的な目標は業界地図を提供することではなく、論争が私たちに提起する思考課題を理解することにある。それに、もし業界地図を考えるなら、むしろ論争は（この章で述べてきたように）主流派のドーキンス（適応主義）の完全勝利と理解するのが適切だろう。主流派と反主流派の戦いは互角どころではなく、その主導権はつねに主流派の掌中にあったのだから。

土俵の切り分けによる整理は一定の妥当性をもつと思うが、それだけでは、グールドがわざわざ相手の土俵にのこのこと出かけていって不利な戦いをしかけたことが理解できない。それになにより、ダーウィニズムの二本柱は（便宜的に切り分けることはできるとしても）たがいに密接に連関しているのである。グールドの真意はむしろ、ダーウィニズムにおける進化のパターンとプロセスの連関のしかたそのものを問い直すことにあったのではないかとも思えてくる。

そもそもグールドほどの者が土俵のちがいに気づかないなどということがあるはずがない。私が述べてきたような評価についても先刻御承知だっただろう。だからここは、「彼がそんな簡単な理由で戦いを放棄するわけがない」と考えるべきではないか。不利な戦いであることはわかりきっているのに、どうして彼はあくまで抵抗をつづけたのか、と問うのである。

ここには微妙な問題がある。グールドは決して反ダーウィニストではない。ダーウィニズムに反対することは、ほとんど現代進化論の全体に反対することに等しいので、もしそうであったならば、彼は「そういう人」だということで片づけることができる。しかし彼は、適応主義の方法論に激しい批判を行いながら、正統なダーウィンの後継者であることも自認していた。こうした事情が彼の立場をむずかしくする。それは彼自身にとってそうであろうというばかりではなく、私たちが彼の主張の真意を理解することをもむずかしくするのである。

グールドは、彼の知的ヒーローであるダーウィンにかぎりない讃辞をおくりながら、ダーウィニズムの適応主義的側面を批判しつづけた。しかし、先に述べたとおりダーウィニズムと適応主義とは切っても切れない関係にあるものだから、彼はジレンマに直面することになる。それはまるでダーウィンという偉大な父にたいして依存しつつの抵抗（©斎藤環）を行う息子のような苦しい立場だ。彼は、周期ゼミにたいして見事な適応的説明を与える一方で、適応主義はもう終わりだと叫んだりする。進化論にゲーム理論を導入した進化理論の大家ジョン・メイナード・スミスは、「グールドの研究について議論を交わした進化生物学者たちは皆、彼の考えは混乱していて、ほとんど考慮に値する価値もない（……）と見なしていた」と証言したことがあるが、なるほどそう言われたとしても不思議ではない（Maynard Smith 1995）。

グールドの読者ならよく知っているとおり、彼は自分では決して負けを認めなかったし、最後まで適応主義に反対しつづけた。その結果、彼は論争に負けただけでなく、自分で勝手に混乱し、分裂し、自滅していったようにすら見える。たしかに彼の考えには混乱があったかもしれない。だが、それはグールドが直面したジレンマの表現でもあったのではないか。グールドが負けた理由を説明するのは簡単なことだが、なぜ彼がそんな無理な反抗をあえてつづけたのか、なぜダーウィニズムに依存しつつの抵抗をせざるをえなかったのかを考えると、そこにはむずかしいが重要な問題が伏在しているように思えるのである。

ここまで、グールドの敗北にはもっともな理由があったことを論じてきた。しかし他方で、グールドが不利な挑戦をやめなかったことにも、もっともな理由があったのではないか。それは進化論という学問そのものの存立にかかわる重大事でありながら、あるいはむしろそれゆえに、彼を混乱させ、分裂させ、自滅させる蟻地獄になったのではないか。じつは勝利者が決して近寄らないその場所にこそ、進化論が喚起する魅惑と混乱の源泉があるのではないか。こうした見立てのもと、次の終章では、その魅惑と混乱の源泉を目指して歩を進めることにしたい。そこで明らかになるのは、グールドの敗走が、第二章で論じた私たちの誤解や混乱と無縁でないどころか、その鏡像のような、あるいは生き別れた双子のような存在だということである。そしてそれは、第一章で論じた進化の理不尽さを、いわば愚直に真に受けた結果なのだ。

終章　理不尽にたいする態度

われわれは自然法則を究明し利用しようとするが、
運命についてはそんなことは思わない。
——ルートヴィヒ・ウィトゲンシュタイン

グールドの地獄めぐり

非対称的な論争——グールドだけが困っている

第三章でとりあげた適応主義をめぐるグールドとドーキンス（＋デネット）の論争を振り返ってみると、どうも困っているのはグールドだけではないかという印象を受ける。ドーキンスやデネットが反論したように、適応主義プログラム（とそれを中軸に据えるネオダーウィニズムの枠組み）は、グールドの批判をも運用上の諸注意として自らのうちに吸収することができる。彼らは自らの方法論に全幅の信頼を置いており、そのかぎりにおいてまったく困っていない。

論争は明らかに非対称的だ。グールドは論敵、つまりドーキンスやデネットの土俵の上で戦いながら、その土俵にたいする不満を述べているだけのように見える。そしてそのような無茶をつづけた結果、勝手に自滅していったようにすら思える。

ちなみに、ドーキンスやデネットが困っていないからといって、それはなにも彼らが知的に傲慢だからというわけではない。彼らにしても、まだ解明できていない問題があることは認めるだろうし、あらゆる問題が適応主義的アプローチのみによって解けるとまでは考えていないだろう。もし彼らが困ることがあるとすれば、それは解きたい問題がうまく解けない場合だろうが、そのときにはまた別の角度からやりなおしてみるだけだ。彼らが困らないのは、適応主義的アプローチという方法論をあくまで方法論として割り切って運用しているからだ。

論争は、適応主義プログラムを方法論として割り切ることができる者と、そのようには割り切れない者のあいだにある。グールドは、自然淘汰というプロセスの重要性も適応的説明の有効性もともに認めている。彼が周期ゼミについて見事な適応的説明を与えたことも私たちは知っている。それなのに彼は批判ばかりしているのだ。なぜグールドは割り切れ

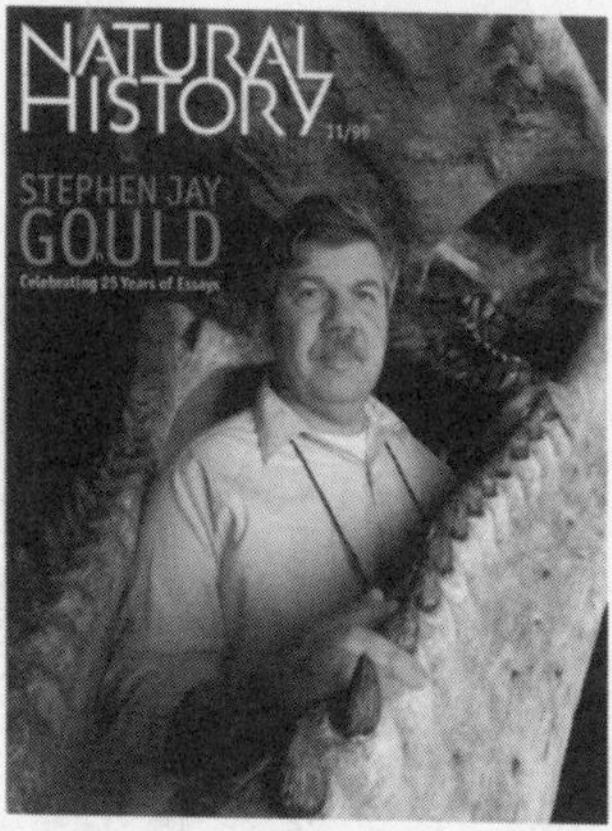

『ナチュラル・ヒストリー』誌の表紙を飾るグールド（一九九九）

ないのだろうか。彼の無茶な言動、つまり現代進化論の共通土俵であるネオダーウィニズムに依存しつつの抵抗をするという神経症的とも思える身ぶりは、どこからくるのだろうか。

グールドは地雷を踏んだ――進化論の魅惑と混乱

本書はこれまで、グールドによる適応主義批判が、適応主義を擁護する主流派のドーキンス（やデネット）による強力な反論によって打ち負かされる、あるいは包摂される様子を描いてきた。いわば反対者グールドの退路を断つようなかたちで話を進めてきた。なにもグールドが憎いからではない。グールドによる批判にも一理あったかもしれないが、逆にいえば一理しかなかった。第三章では、それをはっきりさせるために、論争はドーキンスの勝ちであることを示したうえで、適応主義を中軸とする現代の進化論がどのような学問であるか、また、それがいかに有効な科学的方法論であるかを明らかにしようと努めた。だが、まだグールドの「一理」の解明が残っている。これを検討しないまま本書を終えることはできない。なぜなら、彼が適応主義の主流派（総合説／ネオダーウィニズム）にたいして提示しようとした疑念を、彼の一理、つまり彼の進化にたいする基本的姿勢のほうから見たとき、この論争をたんに勝者の論理に沿ってだけ理解し、それによって包摂するだけでは不十分なのではないかと思われてくるからだ。この一理から見ると、彼が提示しようとした疑念は、論争の勝敗と適応主義の優越性を何度確認しようとも、その後にむっくりと起き上がってくる疑念として、いつまでも私たちに働きかけることをやめないのではないかと思えるのである。

グールドが大逆転をするというのではない。判定は覆らないし、それによって主流派が没落するのでもない。ただ彼の敗北からは、進化論にとって、またそれを享受する私たちにとって宿命的な課題でありながら、普段それとしては提起されることのないような、そんな課題を見出すことができるのではないか。あからさまに失敗したグールドの適応主義批判だが、そこには私たちが引き継ぐべき未完のプロジェクト、ひょっとすると永遠のプロジェクトになりうるものが含まれているのではないか、そう私は考えるのである。

どうしてグールドは困った立場に陥ったのか。私は次のように考える。それは彼が、進化論（ダーウィニズム）が私たちに呼び覚ます魅惑と混乱の源泉を正しく見定めたからだと。彼が困った事態に陥り自滅したのは、それを誤認したからではなく、直視したからこそなのだ。正しい者がどうして困ったり負けたりするのかと訝しむ人もいるかもしれない。そうした向きには、彼は正しく地雷を踏んだのだ、と言い換えてもいい。

進化にたいするグールドの基本的姿勢は、ある意味ではたいへんまともなものだった。それは、私たちが第一章で見た進化の理不尽さへの執着であり、その執着を手放さないまま、進化論が進化論であるための条件を原理的に確保しようとする姿勢であった。このまともさ、あるいは愚直さといってもいいかもしれないが、そうした「理不尽にたいする態度」が、彼を地雷へと導くことになったのである。彼が正しく地雷を踏んだとは、そのような意味だ。

つまり、すでに私たちが第一章で見た進化の理不尽さへの対応こそ、進化論が喚起する魅惑と混乱の源泉だということなのだが、どうしてそれが魅惑の源泉であるとともに混乱の源泉にもなるのか、また、どうしてそれに拘泥したグールドが自滅することになったのか、いまだそれほど明らかではない。進化の理不尽さにたいするグールドの執着と、それゆえに彼が強いられた敗走を考察することで、それが明らかになるかもしれない。同時に、第二章で見たような万能のお守りとして進化論を掲げる私たち素人の勝利は、地雷へと自ら突き進んだグールドの敗北と、鏡像のような関係にあることもわかってくるだろう。つまり、グールドの敗北を知ることは、私たち自身を知ることでもあるのだ。それがこの終章のテーマであり、本書最後のテーマとなる。

本章は次のように進む予定だ。まず、グールドの激しい適応主義批判はどこからきたのか、彼の底意地はなんだったのかを突き止めよう。それによって彼の一理、つまり彼が生涯にわたって貫こうとした「理不尽にたいする態度」が、それ自体としては進化論の魅惑の本質に迫る非常にまっとうなものであったことがわかると思う。そして次に、そのまっとうな志が彼を地雷へと導き、彼を混乱させ、まっとうでない主張へと最終的に駆り立てることになった次第を描こう。それは進化の理不尽さを真に受けたがために宿命的に地雷へと吸い寄せられることになったグールドの地獄めぐりのレポートだ。そして進化論とはその心臓部に魅惑と混乱が一体となった地雷を抱える学問なのである。そして最後に、そうしたグールドの地獄めぐりが教えてくれることを示そう。グールドの躓きが決して私たちと無縁ではないどころか、私たちの進化論理解にとって大きな意味をもつことがわかるはずだ。そこには、彼と同じ轍を踏まないための消極的な教訓だけでなく、私たちが彼の試みから引き継ぐべき積極的な課題もまた見出されるのである。

なお、この作業はグールドの議論をグールドその人に逆らって、いわば「逆なでに読む」(©カルロ・ギンズブルグ)ことによって行われる(なにしろ彼自身そのようには論じていないのだ)。だが、その見返りはあるはずだ。彼の議論には主張間の矛盾や言行不一致といった典型的な「作家性」が見られるが、そうした混乱も、本書の観点からならば、それが進化論が喚起する魅惑と一体のものとして統一的に理解できるようになると思う。それになにより、それは第二章で論じた私たち素人の混乱と第三章で論じた専門家間の紛糾とに等しく光を当ててくれるのである。

歴史の独立宣言

歴史が問題だ――グールドの底意地

文字どおり死ぬまで適応主義プログラムに反対しつづけたグールドだが、それにしても、どうして彼は納得しなかったのだろうか。論争の着地点はすでに決まっているのに！（いまやその先が問題だ！）あとは粛々と仕事を進めるだけの話ではないのか？（実際みんなそうしている！）なにをウダウダといつまでも文句をつけているのか？（俺たちの邪魔をしたいだけじゃないのか？）……こんな同業者の不満が聞こえてきそうである。それも無理はない。第三章で述べたように、論争には決着が、いわばはじめからついていたのだから。生物の進化において自然淘汰の働きはどの程度重要なのかという争点についても、結局のところ、対象の範囲を確定したうえで仮説の提出と検討を行うこと、つまりハードワークとそのチェックによって解決するしかない。

しかし、グールドにとっては、その先どころか、その手前こそがつねに問題だった。適応主義プログラムにたいする彼の反対は、生物の進化に占める自然淘汰の重要性にかんする見解の不一致にとどまらず、その方法論そのもの――自然淘汰説を用いた適応的説明――にたいする根底的な疑念に根ざしたものだったからである。

その疑念とは、適応主義がいかに有効な方法論であろうとも、それは不可避的に歴史を毀損するのではないか、というものだ。

> この論争（適応主義をめぐる論争――引用者註）には、歴史を相手にするときのわれわれの基本姿勢が具体的なかたちで現われている。進化生物学は、歴史を扱う科学の最たるものである。ところがちがちの適応論は、生物と環境との関係を現時点での最適性という孤立した問題と見なすことで、皮肉にも歴史を無意味なものとして片づけてしまっている。（Gould 1987=1991: 31-2）

適応主義による歴史の毀損に抗して、ありうべき歴史の擁護と回復を行うこと、これが彼の底意地だった。彼はそのようにして得られる歴史を「本当の歴史」（just history）と呼んだ（Gould 1989=2000: 489）。

この底意地は、（進化のメカニズムにたいして）生命の歴史の独立性を確保する企図としてあらわれる。それにしても、なぜ歴史なのか。グールドの主張は明快だ。

エンジニアが考えだす最良の考案も、歴史にはかなわない。（Gould 1980=1996: 上29-30）

第三章で見たように、哲学者のダニエル・C・デネットは、グールドの適応主義批判にたいする反批判において、適応主義擁護の立場からそのエンジニアリング思考を称賛した。適応主義プログラムは進化論にエンジニアリング思考という未曾有の武器をもたらした、これが進化のメカニズムを明らかにするのだと。

だが、グールドに言わせれば、歴史こそが問題だ。自然淘汰が遂行するエンジニアリングがどれだけ見事なものであろうとも、そのメカニズムに活躍の場を与えるのは歴史的な諸状況である。生物のすばらしいデザインは永遠の天上界に鎮座ましましているのではなく、与えられた特定の文脈において、つまり歴史的な文脈のもとでのみ存在することができる。進化論が研究対象とするのは、この世に存在する、あるいはかつて存在した具体的な生物とその歴史であるからだ（仮想環境に生息する人工生命の研究においても、なんらかのプログラムの実行とその履歴を必要とすることには変わりがない）。

進化なしの歴史を考えることはできるかもしれないが、歴史なしの進化などおよそ考えられない。進化という概念にはそれが歴史の産物であるという意味が含まれている。生物の進化を研究するとは、その系譜を探ることであり、それはすなわち、祖先の世代から現世代へといたる歴史を跡づけることだ。以前にも確認したとおり、進化論には論理的に独立な二本の柱があり、一方は進化のメカニズムを説明する自然淘汰の仮説、もう一方は生物の歴史を記述する生命の樹の仮説である。その意味で、歴史は重要であるというだけでなく本質的でもあり、オマケやトリビアとして扱うわけにはいかない。もし進化研究において歴史をないがしろにするなどということがあったとすれば、それはもはや進化研究ではなくなるだろう。

ネオダーウィニズム確立の中心人物であった遺伝学者・進化生物学者テオドシウス・ドブジャンスキーが残した名言に、「進化という観点から考えることなしには、生物学においてはなにも理解できない」というものがある（Dobzhansky 1973）。これは生物学における進化論の重要性を思い起こさせる言葉であると同時に、生物学における歴史――進化というかたちで生物に刻印された歴史――の重要性を思い起こさせるための言葉だ。科学哲学者エリオット・ソーバーは、これを「歴史を考慮しなければ、理解できるものはなにもない」あるいは「歴史に注意を払わなければ、完全に理解できるものはなにもない」とパラフレーズしている（Sober 2000=2009: 17）。

パンダの親指――現在的有用性と歴史的起源の論理的区別

歴史が重要であることはわかったとして、では、グールドは実際にどのようにしてその独立性を守ろうとしたのか。このテーマは彼の議論のあらゆるレヴェルで中心的な役割を演じているのだが、要点だけをいえば次のようになる。生物にかかわる「現在的有用性」(current utility)と「歴史的起源」(historical origin)の区別を保持すること、これである。現在的有用性と歴史的起源のあいだのズレこそ、生物進化の歴史が単なる発展や展開ではなく、文字どおりの歴史であることの証拠だからだ。これは、進化のメカニズム(自然淘汰)より生命の歴史(生命の樹)のほうが重要だということではない。両者は互いに独立した二本柱であり、前者によって後者を包摂してはならない、ということなのである。

　考え方そのものは簡単だ。生物がもつ特徴がなんの役に立っているのかということ(現在的有用性)と、それがどのような経緯でそうなったのかということ(歴史的起源)は、あくまで別々の事柄だということである。これは、グールドの歴史にかんするこだわりのもっとも基本的な論点だ。

> 進化生物学の概念の一つに、とても重要なのだがあまり評価されていないものがある。それは、生物が有する特徴の歴史的な起源とその現在の有用性との、注意を要する明確な区別についてである。たとえば羽毛は、もともとは飛翔のために生じたものではありえない。なぜなら、小型の走行性恐竜が鳥に進化する中途段階の生物

が保有していた完成度五パーセントの翼が、流体力学的に有効に機能していた可能性はないからだ（ただし、爬虫類の鱗に由来する羽毛が熱力学的な恩恵をもたらしていたことは間違いない）。しかし羽毛は、後には鳥をあれほどみごとに飛翔させるために活用されることになった。それと同じで、ヒトの大きな脳は、現代人が読み書きできるために進化したわけではない。ずっと後になってから獲得した機能が、現代人が意識を活用する上での重要な一面を定義しているにしても、その起源はまた別なのだ。（Gould 2002a=2011：下 227）

すでにスパンドレル論文でも触れられたこの論点は、『ナチュラル・ヒストリー』誌での四半世紀にわたる前人未到の連載エッセイや、死の直前に刊行された大事業（magnum opus）である『進化理論の構造』でも、一貫して保持されている。[30] 同書ではこ

30　グールドが亡くなる二〇〇二年に刊行された『進化理論の構造』（*The Structure of Evolutionary Theory*）は、進化論にかんする歴史的・方法論的考察を詰め込んだ一四〇〇頁を超える畢生の大作（未邦訳）。重さを測ったら二三三〇グラムあった。刊行されたばかりのころ、「思考世界三部作」の三中信宏はこれを三一の束に分解（！）して読み歩いたという。いまでは電子書籍版もある。

れを「基礎的な論理的区別」(a fundamental logical difference) と呼び、歴史を扱う科学 (historical science／歴史科学) としての進化生物学が決して見落としてはならないポイントとみなした (Gould 2002b: 85)。

現在的有用性と歴史的起源との区別を重視するグールドの姿勢は、奇妙なもの、変わったもの、おかしなものの探究へと導く。なぜなら、そうした奇妙さやおかしさこそ、現在的有用性と歴史的起源の食い違いのあらわれであり、それが固有の歴史をもつことの証しであるからだ。

デネットが明快に説いたように、ダーウィニズムの要諦は、自然淘汰のエンジニアリング的と呼ぶほかない驚異的な仕事が、実際には特定のエンジニアの存在なしに遂行されるという点にあった。では、それを立証するためにはどうすればよいか。自然淘汰によると思われる完全に調和のとれたグッドデザインを探せばよいのだろうか。逆である。不完全、不一致、不調和なものをこそ、探さなければならない。

> ダーウィンはまさに逆のことをしたのである。彼は奇異なものや不完全なものを探し求めた。(……) ダーウィンは、もし生物が歴史をもっているのならば、祖先のいろいろな段階で〝痕跡〟が残されているはずだと推論した。現代では意味を失っている過去の痕――無用のもの、奇妙なもの、特異なもの、不釣合いなものなど

──は、歴史があることを示すしるしである。これらは世界が今ある形でつくられたのではないという証拠である。（Gould 1980=1996: 上 36-7）

空気力学的に完璧に思えるカモメの翼のエンジニアリングは、まさに自然淘汰のもつ造形力を十全に表現しているように思える（し、実際にそうであるというのがダーウィニズムの回答だ）。だが、こうした生物体のデザインの完全さは、それが創造主の手になるものだという創造論者もまた昔から好んで主張してきた論拠でもあった。完全なものは歴史をもっていなくともよいからだ。完全さ（だけ）を引きあいに出して進化を立証することはできないのである。

だから、完全なものではなく、奇妙な配置やおかしな解決のしかたこそが進化の証しになる。それらは賢明なる神ならば決してとらないやりかたであり、歴史に束縛された自然の歩みだけがやむをえずたどる道だからだ。

グールド自身が有名にした事例に、パンダの親指にかんするエピソードがある。ご存じのとおりパンダは竹や笹を食べる（しかし元来の雑食性も残っており、小型哺乳類や魚、昆虫等の小動物や果物など、時と場合によってなんでも食べる。最近でも中国四川省で野生パンダが民家に侵入し仔羊を盗み食いするという衝撃的なニュースがあった）。パンダが竹を食べる様子を見ると、屈伸自在に見える「親指」とそれに向かい合った

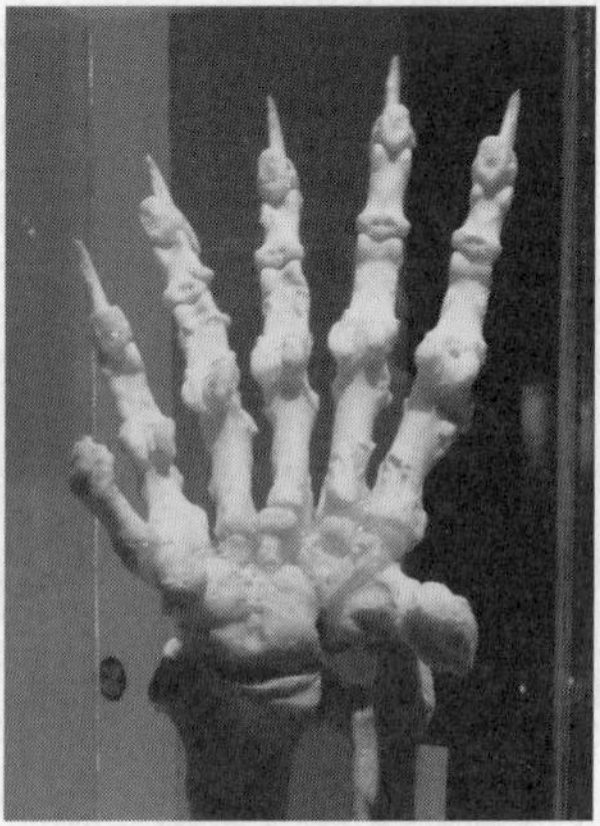

ジャイアントパンダ「フェイフェイ」の左前肢
(Wikipedia 2013 cc Momotarou2012)

他の指とのあいだに茎を通し、両手で器用に竹を握っているように見える。まあ実際に握っているのだが、これはちょっとした驚きである。ふつうクマには（というか霊長類を除くほとんどの動物には）そんなことはできないからだ。親指を含めすべての指が五本とも同じ方向を向いているためである。指の数をかぞえてみると、さらなる驚きが待っている。「親指」に向かい合うのは四本の指ではなく、同じ方向を向いた五本の指なのである。ではパンダの「親指」とはなんなのか。じつはこの「親指」は、解剖学的にはまったく指ではなく、異常に大きくなった手首の骨のひとつ（橈骨《とうこつ》種子《しゅし》骨《こつ》）であり、それが第六の指として私たちの親指のように働くのである。だからパンダは、本来の五本指に、件の「親指」を加えた合計六本の指をもっているように見える。

どうせ竹や笹ばかり食べるのならば、人間のように親指と他の指を向かい合わせにして物を握るように進化すればよかったではないか。しかしそうは問屋が卸さなかった。パンダにはクマの一味として雑食性の生活を送った長い歴史があり、その過程で本来の親指はクマ的に十分に特殊化してしまっていたからだ。そうした歴史的な拘束から逃れることは容易ではない。そこでとられた方策が、第六の指としての種子骨親指なのである（最近の研究では第七の指も存在するといわれている）。

パンダの真の親指は他の役割を振り当てられて別の機能をもつように特殊化しすぎていたから、物をつかむための対向可能な指に変わることはできない。そこでパンダは手持ちの部品を使わねばならず、拡大した手首の骨で間に合わせ、多少うまく使えなくともひとまず役に立つ解決方法で満足しなくてはならなかった。種子骨親指はエンジニアの競技大会で賞をとるようなものではない。（……）だが、それは立派に仕事をしているし、これまで見てきたような思いもよらない基盤から成り立ったものだからこそ、われわれの想像をいっそうかきたてるのだ。（Gould 1980=1996: 上 30）

こうした不調和や不一致（discordance）から研究対象の歴史性をあぶりだすやりかたを、グールドは「パンダ原理」（panda principle）と呼び、これを歴史的研究の重要な構成要素とみなした（Gould 1986）。ダーウィンの偉いところは、この原理をよく理解し、歴史科学としての進化生物学の方法論を確立したことにある。そうグールドは言う。

この世界は最適な場所ではないし、選択の全能の力によって調和させられているわけでもない。気まぐれな不完全さの集積でありながら、十分に（ときにはすばらしく）うまくいっているのである。それはいわば、過去の歴史におけるそれぞれの状況で手に入った奇妙な部品から構築された、一連の適応からなるまにあわせの仮建築なのである。歴史の鋭い観察者であったダーウィンは、単なる自然選択の帰依者ではなく、この原理こそが進化の主要な証拠であることを理解していた。いまの環境にもっとも適応した世界などというものは歴史なき世界であり、歴史なき世界ならば、私たちがいま見ているようなかたちで創造されたことになるではないか。歴史こそが問題なのだ——歴史は完全性をくじき、今日ある生命がそれぞれおのれの過去をつくりかえたものであることを立証する。（Gould 1985=2002: 上 77）

身のまわりの物事について、「はじめからそうしろよ」とか「なんでわざわざそんなふうに」と思うことはないだろうか。最新鋭の武器や戦略を目の当たりにすると、第一次世界大戦で活躍した戦闘機はいかにも牧歌的に見えるし、非力な銃器を用いた塹壕戦はいかにも不合理に見える。東京の鉄道では驚異的な技術力によって便利な相互乗り入れが進んでいるが、それにともなって新宿や渋谷のような主要駅が迷子必至の巨大ダンジョンと化していくさまは壮大な冗談のようにも思われる。しかし、どんな物事も「歴史におけるそれぞれの状況で手に入った奇妙な部品から構築された、一連の適応からなるまにあわせの仮建築」でしかありえない。いきなりF－22ラプターがつくられるわけではないし、いまさら平城京スタイルの路線を敷くわけにもいかない。その理由は歴史的起源にかんする調査と考察によってはじめて与えられる。そのような意味で、歴史こそが問題なのである。

あるいは、DNAの二重らせんモデルの発見者のひとりであるフランシス・クリックは、DNAの遺伝暗号（塩基とアミノ酸の対応関係）のありかたを、「凍りついた歴史の偶発事」(frozen accident in history) と呼んだ (Crick 1968)。それがまさに現在のようなものになったことに必然的な理由はない、だからそれはそういうもの、つまり歴史的所与として受け取るほかないのだということである。遺伝暗号はタンパク質を合成するという点において疑いもなく現在的有用性をもつが、ひょっとすると歴史的経緯のちょっとしたさじ加減によって、ほかの組み合わせや物質であったかもしれない。DNAにおける現在的有用性とその歴史的起源はそれぞれ独立の事柄なのである。

現在的有用性だけを考えればそれで十分といったようなものは、この世に存在しない。人為的な製造物ですらそうである。たとえば、ひょっとすると現在的有用性を考えるだけで済みそうなものとして、特定の目的のために開発された工具や道具のようなものが考えられるかもしれないが、これにしたって、凍りついた歴史の偶発事に行き着くまで調査をしなければ、十全に知ったことにはならないだろう。いま私の前にあるペーパーナイフは、封筒や袋とじの特殊記事などを開くのに便利だが、そもそもそうした用途のためにつくられたのだからそれも当然といえる。しかし、ペーパーナイフの進化についてまともに知りたいと思ったら、おそらく一五世紀以来の活版印刷術の発明と普及とか、封建社会における書物の地位とか、金物生産の職人制度といった歴史的背景を参照する必要があるだろう（昔の書物は裁断されないまま販売されるのが普通で、貴族や富裕層に属する購入者がペーパーナイフを用いて自分で頁を切り開き装幀していた）。第三章で見たスパンドレルの例では、美しい絵画で飾られた空間は、もともとドームを支えるために必要な構造的制約によるものであった。

区別をなかったことにすること――適応主義の甘い誘惑

現在的有用性と歴史的起源との基礎的な論理的区別にこだわることでグールドが確保

しようとしたのは、現在的有用性にたいする歴史的起源の独立性であり、自然淘汰説にたいする生命の樹の独立性（であり、後の議論のためにさらに一般化すれば、因果的説明にたいする歴史的出来事の独立性）だった。

これは一見当たり前のことのようにも思えるが、じつはそれほど当たり前のことではない。というのも、適応主義的なアプローチはこの区別をうまく考えることができないからだ、そうグールドは言う。それは機能的分析の要である有用性の観点から離れることができないために（離れてしまえばその利点自体を失う）、歴史的起源をつねに現在的有用性によって包摂してしまう。どれだけ注意深く用いたところで、本性上これら二つを区別することができないのである。

もし歴史的起源が現在的有用性に従属し、歴史の独立性が担保されなければどうなるか。そのとき進化論はパングロス主義と区別がつかなくなるだろう。「歴史における凍りついた偶発事」としての歴史的起源を現在的有用性に包摂させてしまうならば、それは、私たちに脚があるのは半ズボンを穿くためだと語るパングロス博士と同じ過ちを犯すことになる。それでは、進化のメカニズムを説明するとともに生命の歴史を理解し記述するという進化論の根幹が揺らいでしまう。

適応主義も過去の事象を扱うことができるではないか、そう考えたところで同じである。その場合には、現在的有用性が過去のその時点での有用性になるだけだ。問題は、有用性という観点が機能主義／適応主義的アプローチの自己都合によるものであり、研究の対象となる事象の都合とはとりあえず関係がないということなのである。

この筋の通った願望（適応主義的説明への願望――引用者註）と現実の証拠とのあいだの裂け目に、現代ダーウィニズムに共通する一つの偏向がひそんでいる。ダーウィン学説は基本的に自然淘汰をめぐる理論である。そのことをとやかく議論するつもりはないが、しかし私は、淘汰の力とそれがおよぶ範囲にあまりにこだわりすぎているのではないか、形態や行動をなんでもかんでも淘汰の直接の作用に帰しすぎているのではないかと思う。このダーウィン・ゲームの最高の賞品は、直観的には無意味に見える現象を淘汰主義的にうまく解釈してみせるという、抗しがたいほど甘い誘惑である。この世界が淘汰に支配されているとしたとき、雄（カマキリの雄――引用者註）はどうして交尾した後に血のしたたるごちそうとなるのか？　この問いに対し、一定の状況ではそうすることによって雄はみずからの繁殖成功度を高めるのである、と忠実な淘汰主義者は答える。しかし、たいていの場合、頭上にもう一つ別の（しばしば忘れられている）進化原理があって、生物とその環境とのあいだに干渉し、両者のあいだの最適な関係を妨害している――それは、制限され奇妙に曲がりくねった歴史の小道とでも言うべきものだ。（Gould 1985=2002: 上 75）

現在的有用性と歴史的起源とのあいだに裂け目をもたらす基本的な差異を、適応主義プログラムは自然淘汰説による適応的説明によって埋め尽くす（より正確にいえば、裂け目など最初からなかったことにする）。そうであるかぎり、それがどれだけ注意深く用いられたところで、これら二つを区別することができないし、その差異を認識することもできない。このプログラムは系統的に（不注意や悪意からではなく方法論の性質からして）歴史を貧困化するのである。もちろん、それでうまくいくこともあるだろう。グールド自身、周期ゼミの繁殖周期について見事な適応的説明を行った。裂け目をなかったことにできるとなれば、それはたしかに抗しがたいほど甘い誘惑である。

だが、ほんとうにそれでよいのだろうか？　適応という小さな窓からしか生物の歴史を覗くことができず、その視野の制限のせいで歴史的起源と現在的有用性の差異を認識できないような方法論に進化論を任せておいてよいのだろうか。ここはショーペンハウアー風に「否、断じて否！」と答えるべきところではないか。そこにあったはずの裂け目がなかったことにされることを、許すわけにはいかない。それを許せば、進化論の歴史科学としての側面が骨抜きにされてしまう。これがグールドの年来の主張なのである（ショーペンハウアー云々は私の付け足し）。

それにしても、論敵を「甘い誘惑」にその身をゆだねた者と形容するとは穏やかではない。学問的な批判というには激しすぎるように思えるし、道徳的な非難のトーンすら聞きとれる。そしておそらくその印象はまちがっていない。実際にグールドは義憤のようなものに駆られていたのだと思われる。彼にとって、適応主義が提供する進化的説明は、歴史（的起源）にたいする軽視であり中傷にほかならなかったからだ。第三者からは一方的な攻撃のようにも見える批判は、彼の立場からすれば、傷つけられた者からする反撃だったのである。

歴史にたいする中傷――憎悪の由来

科学による説明は、それが適切な範囲を超えて適用されたり、不適切な領域に適用されたりするとき、私たちに独特の混乱をもたらす。それは、科学が教える世界と私たちが実際に経験する世界には確執があり、それらの世界のうち前者が正しい本当の世界で後者は不正確なダミー世界であると感じられてしまう、つまり前者によって後者が中傷されているように感じるという混乱である。

イギリスの哲学者ギルバート・ライルは、これを「中傷効果」（poison-pen effect）と呼んだ（Ryle 1954=1997: 118）。彼は次のような例を挙げる。大学に雇われている会計監査人は、図書館員が大学図書館のために購入する本に多大の関心を払っている。購入される本はもれなく報告されなければならず、それらに支払われる金額は正確に記載されなければならず、代金が相手方に受領された事実はきちんと記録されなければならないからだ。しかし別の観点では、会計監査人はこれらの本に関心を払う必要はまったくない。そこになにが書かれているかとか、どんな装幀がなされているかとか、その本が誰に影響を与えたかとか、そうしたことを考える仕事は会計監査には含まれないからだ。だから、彼がつくる報告書は、実際に購入されたすべての本を含んでいるが、その内容や価値についてはなにごとも語ることはない。さて、どちらが本物の本で、どちらがダミーの本なのだろうか。会計監査人が報告書にその価格を記載する本か、学生がそれを読んで知識を豊かにしたり人生を誤ったりする本か。

ここで会計監査人が自分の報告書から引き出したと称する教訓、すなわち図書館とは貸借対照表に記載される数字にすぎないという教訓でもって、私たちを教化啓発しようとしたらどうだろうか。一種の警句や冗談として受け取ることは可能だが、図書館やそこに収蔵される本はその価格以外のなにものでもないということの主張を真に受けることはできないし、むしろそれは私たちが実際に利用する図書館やそこで読む本にたいする中傷だと感じるのではないだろうか。

もちろんそんな会計監査人はいない。彼はある種の事柄、たとえば図書館の存在意義や読書体験がもたらす喜びなどについては沈黙するだろう。彼は職務上、別の種類の事柄（会計監査）について発言しなければならないからである（飲みの席などでは読書体験

カテゴリー錯誤の例（イラスト：ワタナベケンイチ／拙著『脳がわかれば心がわかるか』より）

の価値や無価値について大いに語るかもしれないが）。会計監査人はその職務上、図書の価値について記述する方法をもたないし、勉学のために図書を利用する学生はその職務上、会計監査について記述する方法をもたない。会計監査の方法で読書の価値を計ったり、読書経験によって会計監査を断罪したりするのは「カテゴリー錯誤」（ある属性をそれが属していないクラスに帰属させる誤り）である（Ryle 1949=1987: 12）。

そこには、ひとつの図書館や一冊の本にかんして異なった観点から異なった情報を提供する、補完的な二つの方法があるだけなのである。べつにリアル図書館とダミー図書館があるわけではないし、リアル本の隣にダミー本が並んでいるわけでもない。どちらがリアルでどちらがダミーかと悩むこと自体が、カテゴリー錯誤によるナンセンスである。

ちなみに、ライルは現代における進化論の受容について示唆を与えるような事例も挙げているので、ついでに紹介しよう。経済学が学問として認知されつつあった彼の祖父母の時代、ある種の人びとは人間にかんして競合する二つの説明のあいだで引き裂かれるように感じることがあったという。経済学は人間を、もっぱら利益と損失への考慮によって動かされる生き物と仮定する。しかしそれは、我々が日常的に接している人間とは致命的に異なっている。他人に親切で、自分の学問に専念し、商取引について興奮することなどない普段の兄は、もし経済学を真剣に受け止めるならば、「ダミーの兄」ということになるだろうか。利益を最大限に損失を最小限にすることだけに関心がある「経済の兄」こそが本当の兄なのだろうか、云々。

もちろん、私たちはこのような混乱（カテゴリー錯誤）に悩まされる必要はない。経済学の登場人物は買い物をしたり投資をしたり労働したりする誰かであり、ライルのお兄さんも経済活動を営むかぎりではそこに含まれる。しかし、だからといって経済学がライルのお兄さんの人となりや暮らしぶりについてなにかを語るわけではない。ライルのお兄さんが他人に親切で、自分の学問に専念し、商取引にかんして一喜一憂することなどないどころか、そもそも商取引に普段まったく関心がないと語ることは、もし彼ができるかぎり儲けようとして商取引に従事することになった場合には、あえて損失をこうむるよりは利益を最大限に損失を最小限にしようとするだろうと語ることと、立派に両立するのである。

もしこの例がばかばかしく思えるとしたら、それは二一世紀に生きる私たちのあいだでは経済学がすでに混乱の種にならないほど一般的に認知されているためだろう。だが、進化論についてはどうだろうか。ポップ・サイエンス（科学の成果を一般大衆向けに解説して提供する娯楽ジャンル）に見られる進化論のお話には、かつて経済学がもたらしたような中傷効果をむしろ積極的に利用しているものがある。たとえば、どんなにあなたの恋人や配偶者が誠実を装おうとも、結局みんな自分の遺伝子を後世に残すために動いているにすぎないのだ、という具合に。誠実な恋人や配偶者などダミーだ、遺伝子複製マシーンとしての恋人や配偶者こそリアルなのだと言われると、私たちが日常的に経験している生活が巧みに中傷され、私たちはちょっとした不安を感じることになる。そして、それこそがこの分野の人気の秘訣なのである。もちろん、ときにはこうした中傷効果が爽快さや異化効果をもたらしてくれることもあるが、それがカテゴリー錯誤によるものであることには変わりがない。

さて、適応主義プログラムはその職務上、複雑なデザインがどのようにしてつくられたかを自然淘汰説によって説明するものである。そうである以上、適応的説明はある種の歴史的な説明にならざるをえないが、それは機能主義的な歴史、第三章でジャック・

モノーの引用とともに見たように、研究対象を遺伝子の「保存および増殖という、唯一無二の根源的な計画の単なる断片あるいはある局面にすぎないとみなす」歴史である。グールドが反対したのは、この機能主義的な歴史を、そのままイコール歴史そのものとみなすことだった。適応主義プログラムは適応という窓から覗いた歴史を語るが、その窓から見えない事象については（職務上）無視せざるをえない。しかしそれにもかかわらず、適応主義こそが進化論のアルファでありオメガであると適応主義者は考えるのだから、その機能主義的な歴史でもって本当の歴史を僭称《せんしょう》せざるをえない、つまり、歴史の一部でしかないものを全体に拡張するカテゴリー錯誤を犯さざるをえないのである。

グールドとともに断続平衡説を提唱した盟友ナイルズ・エルドリッジは、適応主義プログラムにたいして次のような苦言を呈している。「自動車のボンネットに頭を突っ込んでエンジンをいじくりまわしているウルトラ・ダーウィニスト（適応主義者のこと――引用者註）は、自動車を動かしているものの原理はわかるだろうが、その自動車が走っている道路の条件など想像さえできない」のだと（Eldredge 1995=1998: 118-9）。適応主義者は、自動車のエンジン（自然淘汰のメカニズム）のことにしか関心がないではないか、自動車がそこを走る道路がどこにどのように引かれたのかという歴史的経緯のことなど頭にないのではないか、というわけである。

適応主義プログラムにたいするグールドの激しい憎悪は、この中傷効果（機能的分析による歴史の中傷）にたいするリアクションだと考えれば、よく理解することができる。ここで適応主義者は、図書館について語ることができることのすべては貸借対照表に記載されていると主張する（私たちの仮想上の）会計監査人と同じ位置にいる。適応主義プログラムが描く生物の進化は歴史でもなんでもない、それを歴史と僭称することは、本当の歴史にたいする中傷、つまりその価値を不当に貶めることにほかならない、そうグールドは考えたのだった。

説明と理解

地雷の正体――「説明と理解」の問題

以上のように、適応主義プログラムによる歴史語りは本当の歴史ではない、というのがグールドの主張だ。それは現在的有用性の観点から歴史的起源を包摂することで、生命の歴史を骨抜きにしてしまうという主張である。

グールドにとって、現在的有用性と歴史的起源の区別、つまり進化のメカニズムにたいする生命の歴史の独立性は、どうしても確保されなければならないものであった。なぜなら、それが進化論（ダーウィニズム）の存在意義だからである。もし進化のメカニズムによって生命の歴史が演繹できるならば、つまり自然淘汰によって生命の樹が演繹できるならば、そもそもダーウィニズムの出番はない。第二章で論じたように、ダーウィニズムの革命性は、自然淘汰説と生命の樹仮説という二本柱を組み合わせて運用したことにあったのだから。ダーウィニズムがたがいに還元できない二本の柱をもつことを忘れたとき、それは自らを裏切るほかないのである。しかるに適応主義プログラムはそのようにしてパングロス主義に陥っているのではないか。これが彼の言い分である。

現在的有用性と歴史的起源とが別々の事柄だということ、つまり進化の道筋はそのメカニズムとは外的な関係にある物理的諸条件に左右されるという事実は、進化の歴史がたんなる発展や展開ではなく、ほかならぬ歴史であることと同義である。そう考えると、グールドが大量絶滅に格別な関心を寄せたのも当然のことだった。大量絶滅は、それが誰の目にも明らかになるようなモデルケースなのである。

すでに見たように、白亜紀末の大量絶滅事変は、自然淘汰という進化のメカニズムと天体衝突という事件による環境変化の出会いがもたらしたものだった。第一章ではそれを理不尽な絶滅／生存と呼んだのだが、こうしたメカニズム（遺伝子）と出来事（運）の独立性あるいは外的関係（無関係の関係）は、大量絶滅事変によるものにかぎらず、あらゆる進化の条件なのである（ここから、じつはどのような絶滅も生存も理不尽なものだというトリヴィアルな真理が得られる）。

しかしこの、歴史の擁護を通じて進化論の存在意義を確保しようというグールドの底意地が、彼を地雷へと導くことになった。

その地雷とはなにか。それは「説明と理解」という呼び名で知られる、科学的方法と歴史的思考の相克をめぐる古くて新しい哲学的問題である。一九世紀における実証主義科学の成立以来、ずっと論争の絶えることのなかったテーマであり、偉大な先人たちがさまざまなかたちで繰り返し論じてきた問題だ。それが提起するのは、歴史を理解するのに科学的な説明で十分なのかという疑問、あるいは、近代人が手にした科学的方法はどのように人間の世界経験に位置づけられるのかという疑問である。

あらかじめ断っておくと、本書がとりあげる論争の例に漏れず、「説明と理解」の問題もすでに過去の話とされ、いまをときめくトピックというわけではまったくない。しかし、これも例に漏れず、じつのところ論争は終わっていないどころか、いまなお蒸し返すに値する内容を含んでいる。

もうひとつ断っておくと、これは経験的・科学的な事実を積み重ねることでは決着しないような概念的・哲学的な問題、あるいは形而上学的・神学的といっていいような問題であり、そもそも科学活動の領域に属するテーマではない。まともな科学者ならかかずらうことのない問題だ。だからグールドが科学論争に敗れたのも、ドーキンスとの論争が「的を外した撃ち合い」（Segerstrale 2000=2005: 557）になったのも、無理からぬことであった。その意味でグールドはまともな科学者ではなかったかもしれない。グールドは自分の持ち場（科学）を放り出して哲学やら神学の領域に迷い込んだ結果、論争に負けただけでなく、勝手に自滅したということだろうか。ある意味ではそうだ。人間の知の営みには、経験的事実を確定しようとする科学と概念的問題を説き明かそうとする哲学（形而上学）とが截然とは区別できないような地点がある。そこは人が容易に足を踏み外す場所であり、精神の安寧にとっては危険な場所であるが、しかし同時に、それこそ知の営みを駆動する（あるいは知の営みを余儀なくさせる）ポイントでもある。グールドはわざわざそこに首を突っ込んだのである。

しかし、論争とはおもしろいもので、敗れるべくして敗れたように見える者の言い分が、妙な説得力をともなって、あとからじわじわ効いてくることがある。何度確認しようとも結果は変わらないのだが、敗者をして自らを敗北せしむるにいたったその必敗の執着が、不意に胸騒ぎのようにしてあらわれて、安全地帯にいるはずの者を落ち着かない気分にさせるのである。[31] グールドの執着もまたそうした種類のものに私には思われる。それは彼の執着が、知の営み（進化論による歴史記述）を可能にしながらその完全性を挫くような、知の可能性と限界を規定する根本的条件に触れていると思えるからだ。

こうした観点から、論争の発端となったスパンドレル論文を再読してみよう。そうすることで、グールドがこの「説明と理解」という哲学的地雷へと吸い寄せられていった必然性が理解できるようになるはずだ。それだけでなく、グールドという異議申立人を介して、この問題がほかならぬ進化論を舞台に再登場したことにはもっともな理由があるということも納得できるはずである。

歴史と科学的方法論――スパンドレル論文再訪

スパンドレル論文を一読してわかるのは、グールド（とルウォンティン）による適応主義批判には、方法論的な主張と自然にかんする主張が混在しているという点である(Sober 2000=2009: 237)。

グールドは、適応主義的アプローチは批判的な視点に欠けている、つまり適応主義者はいまあるものが最適最善のものであると仮定するが、その仮定が実際に正しいかどうかをテストしたり、対案となるような非適応的説明を検討したりすることを怠っていると主張する。同時にグールドは、非淘汰的な（自然淘汰とかかわりのない）諸力が現在の生命の多様性を形成するうえで重要な役割を演じてきたと主張している。

ここでは二つの事柄が主張されている。つまり、研究にどのような方法を用いるかという話と、対象である自然がどのようであるかという話だ。前者は方法論的な主張、後者は自然に関する主張である。だが、これら二つはとりあえず論理的に独立した事柄である。一方の主張が正しいからといって、他方の主張も正しくなるというわけではないし、その逆もいえる。つまり、適応主義者が最適性を仮定することは、自然は最適に配剤されているのだと主張することと同じではない。そう考えると、これは常軌を逸した批判のしかたである。科学の方法論に対して、それとは水準の異なる議論、つまり「そもそも自然とはかくかくしかじかなものだ」という存在論的な主張をぶつけているのだから。

科学（学問）の方法論というものは、基本的に、それを用いることで研究対象のありかたをどれだけうまく説明できるかという点が重要であり、それ以上でもそれ以下でもない。うまくいくようならそのまま洗練させていけばいいし、うまくいかない場合には必要に応じて改訂・削除・増補をほどこしていけばよい。どうやってもうまくいきそうに

31　すでに決着がついたとされる論争にまったく新しい意義を見出す――これは批評の醍醐味のひとつだ。サルトルとカミュの論争を論じる内田樹《うちだたつる》『ためらいの倫理学』、吉本隆明と花田清輝の論争を論じる絓秀実《すがひでみ》『花田清輝――砂のペルソナ』、吉本隆明と埴谷雄高の論争を論じる加藤典洋『君と世界の戦いでは、世界に支援せよ』は、敗者の理を梃に論争の相貌を一変させてしまう優れた批評実践である。

ないということになれば、方法論そのものが廃棄されるだろう。第三章で論じたように、適応主義的アプローチがリサーチ・プログラムであるとはこのような意味である。各々の適応主義者が自然をどのようなものと考えていようとも、学問共同体においては、適応主義はあくまで方法論として扱われるだろうし、そうでなければ科学上の業績として認められないだろう。

このように、方法論を方法論として割り切って扱う立場からすると（科学者は普通そうするのだが）、グールドの批判は方法のレヴェルと存在のレヴェルを混同した的外れな批判である。また、適応主義をめぐる論争で明らかになったのは、適応主義の方法論をリサーチ・プログラムとして「大胆かつ細心に」運用することが、もっとも効果的な方策だということである。そこからは、適応主義の是非をめぐる問題は、抽象的な議論の空中戦によってではなく、実際の研究成果にもとづいて長期的観点から判断されるべきものだという教訓が得られるだろう。これまでも述べてきたように、この問題に模範解答があるとすれば、以上のようなものになるはずである。もともと専門家はそのようにして粛々と仕事を進めてきたし、これからも進めていくだろう。

だが、模範解答はあるのに混乱はなくならないというのが本書の議論だ。それに本章での関心は、あくまで進化論が私たちに呼び覚ます魅惑と混乱にある。その目的に照らしたとき、グールドの対応は非常に示唆的なものなのである。そういうわけで、グールドによる、とてもまともではないが、しかし重要な教訓を与える対応、いや、ある意味ではむしろたいへんまともではないかとも思える対応を見ていこう。

グールドはなぜ、方法論に対して存在論を対置するというようなカテゴリー錯誤を自らの主張に許したのだろうか。それは、適応主義プログラムはそもそも方法論（リサーチ・プログラム）の枠内に行儀よく収まるものではない、そうグールドが考えていたからである。言い換えれば、適応主義の方法論は必ず方法論以上のもの、つまり自然にかんする存在論的主張にコミットせざるをえないということだ。

先に、グールドは論敵の土俵の上で神経症的な身ぶりを演じているだけに見えると述べた。だが、彼からすれば実情は逆だ。論敵たちのほうこそ、それとは気づかないままに、あるいはそれに気づかないふりをしながら、そのじつグールドの土俵——方法論的主張と存在論的主張の混在する場所——で踊っているのである。

なぜ適応主義は方法論の枠からはみ出さざるをえないのか。ひとことでいえば、進化論という学問が、生物界の一般法則を扱うだけでなく、生物の個別的な歴史をも扱うものだからである。すでに何度も確認したとおり、進化論をかたちづくるのは、進化のプロセスを扱う自然淘汰説だけではない。進化論にはもうひとつの柱があり、それが、進化の歴史を扱う生命の樹の仮説である。

では、なぜ歴史を扱うとそうなるのか。再びひとことでいえば、私たちの歴史の観念が、科学的方法を超え出るような性質をもっているからだ。あるいは、私たちが抱く歴史の観念と科学が提供する説明とは、必ずしもぴったりとは重ならないからだ。私たちの歴史の観念は、方法論と存在論とが明確には区別されないような、あるいは科学的方法論と形而上学的思想との区別が怪しくなるようなグレーゾーンを含むのである。

これは進化論という学問の性質――歴史を再構成する科学理論としての性質――から必然的にもたらされる帰結である。だから適応主義プログラムにだけその責が帰されるわけではない。ただ、第三章で確認したように、適応主義が進化論の原初の問い――「複雑なデザインがどうしてつくられたのか」――と特権的に結びついた方法論であるために、それが問題になるという次第である。

実証主義の隆盛――「説明と理解」論争のはじまり

人間は何千年も昔から学問、つまり物事を体系的に把握するための知識や方法を開発する営みをつづけてきたが、その歩みのなかで（現代から振り返って）もっとも重大な転機となったのは、一六世紀から一七世紀のヨーロッパにおいてコペルニクス、ケプラー、ガリレイ、ニュートンらを主要な担い手として起こった科学革命である[32]（Butterfield 1949=1978）。この変革によって、新しい科学が提供する知識と方法は高い一般性をもつものとなり、天文学、物理学や生理学など、こんにち私たちが自然科学と呼ぶ学問が大きく発展した。

科学革命によって、事物を説明するスタイルが根本的に変わったといわれる。目的論的説明から因果論的説明への転回である（Wright 1971=1984: chap. 1）。両者はその代表格の名からそれぞれアリストテレス的伝統、ガリレイ的伝統などと呼ばれる。それまでのアリストテレス的伝統においては、事物の意図や目的・目標といった観念を用いた説明がなされていた。しかし近代科学の誕生とともに、諸事物間の因果関係のみを自然法則のもとに包摂するという説明方法が主流になった。当のガリレイもしばしば自身の方法をアリストテレスの伝統と対比させている（Galilei 1632=1959-61; 1638=1937-48）。

一九世紀には、こうした自然科学の手法を用いて人間自身を研究しようという動きが出てくる。意図や目的・目標などといった目的論的説明に満ち満ちているように見える世界、つまり歴史や言語、社会制度などについても、自然科学と同じ方法によって解明

32　科学革命については、ハーバート・バターフィールド『近代科学の誕生』、トーマス・クーン『科学革命の構造』が基本文献。知力・体力・時間あるいは向学心のある人には、孤高の科学史家・山本義隆による近代科学誕生史三部作『磁力と重力の発見』『一六世紀文化革命』『世界の見方の転換』を。

切手になったコント（Wikipedia）

が可能だというわけだ。歴史学ではランケ、言語学ではフンボルト、人類学ではタイラーらが登場した。以降、いわゆる人文学的な分野にも自然科学の方法を適用しようとする努力が熱心につづけられることになった。

こうした動向は、同時代の理論家によって「実証主義」（positivism）と名づけられた。名付け親は一九世紀フランスの哲学者・社会学者オーギュスト・コント。[33]彼はこの運動に名前を与え、内容を定式化し、そして普及に勤しんだ大立者である（Comte 1822=2013）。その理想は、英国における実証主義の大立者ジョン・スチュアート・ミルを介して、例のハーバート・スペンサーにも多大な影響を与えた。

そのアイデアは大まかにいって次の三点にまとめられる（Wright 1971=1984: chap. 1）。

第一に学的方法の統一、第二に自然科学の理想化、第三に因果的説明の純化である。学的方法の統一とは、人文学を含めてすべての学問を同一の方法のもとに行おうとする姿勢だ。自然科学の理想化とは、統一されるべき学的方法として厳密な自然科学（とくに自然法則を解明する物理学）を基準とする方針である。因果的説明の純化とは、意図や目的といったあやふやな観念を排し、自然法則にもとづいた因果関係を用いた説明に徹することだ。この基本方針は、一九世紀当時とまったく同じようにとはいかないにせよ、大筋においては現代においても依然として効力をもっている。

ちなみにコントは、この実証主義の精神こそ人間が行き着く最終かつ最高の段階だと主張した（Comte 1822=2013）。彼によれば、人間の思考には三つの形態がある。神学的精神、形而上学的精神、実証的精神である。人間は、個としても類としても、これら三つの思考形態を順番に通過して進歩する。これが「三段階の法則」である。コント以

33　実証主義、社会学、そして人類教の創始者である偉人コント。近年、白水iクラシックスから『コント・コレクション』（全二巻）が刊行され、つづいて清水幾太郎の入手困難であった文章を集めた『オーギュスト・コント』が編まれた。「世界の名著」にも『コント　スペンサー』というおいしい巻がある。なお、コントについて調べる際には作品名や出版社名などと組み合わせて検索するとよい。下手をすると「ドリフ爆笑コント集」などがヒットし、思わぬ寄り道をすることになる。

来百数十年、この説はまともな専門家からはほとんど支持されてこなかったが、他方で、私たち現代の生活人にとってはむしろ当たり前の常識となっているのではないだろうか。興味深いことである。

自然を説明することと歴史を理解すること――理解派の主張

さて、そんな実証主義の覇権にたいして反旗を翻す者たちがいた。哲学者や歴史家である。一九世紀ドイツの歴史家ヨハン・グスタフ・ドロイゼンは、実証主義的な説明方法によっては歴史をとらえることはできないと主張した（Droysen 1858=1937）。彼は、自然を対象とする学問（自然科学）と歴史を対象とする学問（歴史学）とは、原理的に異なった種類の営みにもとづいていると主張したのである。[34]

彼は「説明（Erklären）と理解（了解／Verstehen）」という二分法を提案する。物理学などの自然科学は「説明」する。つまり個々の現象を観察し、帰納によって法則を立て、こんどは演繹的に、法則にもとづいて個々の現象を導きだす。しかし、歴史についてはそうはいかない。歴史において問題となるのは、法則を立てること（だけ）ではないからだ。時間のなかで限定された一回きりの個別的な出来事を、その独自性においてどのように「理解（了解）」することができるのか、これが問題なのである。

自然科学による説明は、一般的な法則、つまり自然法則によって対象を包摂する。説明対象は（たとえサンプルが一個だけであったとしても本質的には）、一般的な法則に服する一事例として位置づけられる。だが、歴史を理解しようとする場合はちがう。歴史的な出来事もまた種々の一般法則に従うと想定することは妥当なことだし必要なことでもある。しかし、それは単なる一事例として（だけ）扱われるのではない。当の歴史的出来事は、究極的には唯一無二の、とりかえのきかないユニークなものとして遇される。そして、その出来事のユニークさを把握することを通じて、歴史の真理へと到ることが

34　「説明と理解」論争については、カール＝オットー・アーペルによる *Understanding and Explanation: A Transcendental-Pragmatic Perspective*（英訳）がもっとも包括的な解説書。ウィトゲンシュタインの弟子であったG・H・フォン・ウリクトによる『説明と理解』、それにクルト・ヒュプナー『科学的理性批判』、渡邊二郎『歴史の哲学』『構造と解釈』も有益。ドイツの歴史主義者たちについてもっと知りたい場合には、ヘルベルト・シュネーデルバッハ『ヘーゲル以後の歴史哲学――歴史主義と歴史的理性批判』が詳しい。二〇世紀後半の理解派の著作としてウィリアム・ドレイの *Laws and Explanation in History* がある。それにたいする実証的な歴史哲学にはアーサー・ダント『物語としての歴史――歴史の分析哲学』があり、この著作からは私も大きな影響を受けた。また、解釈学の基本論文をまとめたオットー・ペゲラー編『解釈学の根本問題』は、ディルタイ、ハイデガー、ガダマーらの論文を一挙収録していて便利。

目指されているのである。

ドロイゼンの問題提起を受け継いだドイツの哲学者たちは、自然科学が行う「説明」の効力はそれとして認めながらも、歴史的思考における「理解」の独自性と独立性をさまざまなかたちで擁護した。哲学者ディルタイは、自然を説明する自然科学にたいして、歴史的生の全体を理解しようとする「精神科学」の方法論を確立しようとした。新カント派の首領ヴィンデルバントは「法則定立的」である自然科学的諸学科にたいして「個性記述的」である歴史学的諸学科を、リッケルトは対象を量的にのみ扱う「自然科学」にたいしてそこに質的価値を見出す「文化科学」という区別を立てた。

この流れはその後、かのマルティン・ハイデガーを経由して、百年にわたるジグザグリレーの末に、哲学的解釈学の樹立者ハンス＝ゲオルク・ガダマーの仕事によって、より深化・洗練されたかたちでまとめられた。その主著『真理と方法――哲学的解釈学の要綱』が刊行されたのは一九六〇年のことである。このように「説明と理解」の問題は長い論争の歴史をもつが、以上がそのうちの前半戦のあらましだ。

循環的構造とコミットメント――歴史的思考とはなにか

実証主義の覇権に異を唱えた歴史学派（理解派）は、自然を「説明」することと歴史を「理解」することは根本的に異なる営みだと主張した。とはいえ、それによって「理解」に特有の方法論が自然科学と同じように確立されたわけではない。論争がはじまってからも、実証主義的な自然科学に範を仰ぐ説明的方法は伸長をつづけた。

物理学を唯一の学問的基準とみなすような強硬な実証主義こそ勢いを失ったものの、現代においても、公共的な方法論によって経験的に検証可能な仮説をつくりだすという広い意味での実証主義の優越性は変わらない。そもそも近代以降の学問の世界で、そのような広い意味での実証主義が負けた試しなどない（し、それが負けるということがどのような事態であるかを想像することすら私にはむずかしい）。

議論が進み深まるにつれて、いま述べたように「説明」の汎用性の高さが再認識された一方で、たいする「理解」のほうは厳しい退却戦を強いられた。しかしそれを護持する試みが無駄に終わったわけではない。このことでかえって、理解という営みの注目すべき独特な様態がより精確に、より詳細に解き明かされることにもなった。以下において、歴史を理解する、またそれを語るとはどのようなことかという問いに、ドロイゼンとディルタイの問題提起を受け継ぎながら、より深化・洗練された答えを与えた二〇世紀の哲学者マルティン・ハイデガーとハンス＝ゲオルク・ガダマーの考えを見ていこう。[35]

歴史を理解する営みの特徴は、それが循環的な構造をもつことだ。これは、歴史を理解し語ろうとする者もまた当の歴史に巻き込まれているという、単純だがしかし根本的な制約条件による。有限な存在である私たち人間の歴史とのかかわりは、つねに準備不足の途中参加途中退場であるほかなく、自分だけ満を持して登場というわけにはいかないし、未来永劫にわたって変わらない歴史の決定版をつくるという夢もかなわない。

歴史家のE・H・カーが言うように、私たちはある程度は自由にものを見たり考えたりできる個人であるが、同時に「社会の意識的無意識的なスポークスマン」であり、そのような資格において歴史的事実に近づいていく。歴史とは、私たちと事実のあいだの「相互作用の不断の過程」あるいは現在と過去とのあいだの「尽きることを知らぬ対話」であり、私たちはそのようにして、歴史に規定されつつ歴史をつくるのである（Carr 1961=1962）。

こうした循環構造は、学問的あるいは科学的な方法以前のコミットメントを歴史にたいして行うことを私たちに要求する。そのコミットメントは、まずは歴史的事実の選択という行為に端的にあらわれる。歴史研究にも種々の学問的・科学的方法論が必要であることはいうまでもないが、どのような方法を用いるにせよ、そもそもどの事実を記述するべきなのかという選択がすでになされていなければ、なにもはじまらない。

その意味で、歴史家は必然的に選択的だ。カエサルがルビコン川を渡ったということは重要な歴史的事実とされている。その前にも後にもおそらく何十万何百万という人がルビコン川を渡ったにちがいないが、それらについては言及されない。ましてや私が昨夜遅くに神田川を渡った（橋を徒歩で）という事実に注目する者は誰もいないだろう。

どちらも事実ではあるが、カエサルのローマ進軍が歴史的事実であるのにたいし、私の神田川渡りはいまのところいかなる歴史にも影響を与えていない。歴史的事実というものは、歴史家が呼びかけたときにだけ語る。つまり、歴史家が狙いを定め、調べ、考え、認めた結果として、それは歴史的事実になるのである。なにもカエサルだけでなく私にも注目してほしいという話ではない。ポイントは、歴史にはなにが語られるべき事柄なのかという前学問的・前科学的な観点があるということだ。

基本的な語彙の選択においてさえむずかしい問題が生ずる場合がある。侵略か進出か、テロリズムか革命か、保護か隷属化か等々、私たちは歴史を語る語彙をめぐって争うことをやめない。歴史的事件の当事者や歴史家にかぎらず、既存の歴史に規定されながら新規に歴史をつくっていく存在であるところの私たちは、歴史的な事実にどのような意味を担わせるか、どのような語彙を用いるかを通じても、歴史に参加している。歴史と

35　ハイデガーには『存在と時間』、ガダマーには『真理と方法』という金字塔的著作がある。二〇世紀最大の哲学書などと評される前者に尻込みする人もいるかもしれないが、後者の曲がりくねった論述に辟易してから挑戦すれば、まるでエンターテインメント小説のように読めるかもしれない。ほかに本書のテーマとのかかわりでは、ハイデガーの『世界像の時代』『根據《こんきょ》律』『形而上学入門』、ガダマーの『科学の時代における理性』『理論を讃えて』も有益。

は解釈であり実践であると言われるのはそういう意味だ。歴史にかかわる論争がしばしば平行線をたどる背景にはこうした事情がある。

その際の選択に客観的な基準はない。学問・科学に助けを求めようにも、そもそも学問・科学以前の選択が問題なのだから、それはできない相談だ。歴史の外部から基準を調達できればよいのだが、歴史の解釈者もまた歴史の一員である以上、それも不可能である。そういうわけで、その選択は結局、自分自身以外には根拠をもたない実存的なコミットメントとならざるをえない。実存的といっても、それは立派な決意や決断によるものとはかぎらない。意識せざる偏見によるものであったり、受け継いだ伝統によるものであったり、はたまた政治的な意図によるものであるかもしれない。ともかく、そうしたコミットメントによってはじめて、歴史へのアプローチが成り立つのである。

ところで、こうした前学問的・前科学的な選択をもたらす「先入見」(Vorurteil)を滅却し、虚心坦懐に過去を眺めれば、純粋で客観的な歴史が浮かび上がるのだろうか。そういうわけにはいかない。なぜなら、人間は先入見なしにはやっていけない有限な存在であるというだけでなく、そうした先入見の存在こそが歴史を可能にする条件にもなっているからだ。

有限な時空間を生きる人間は、有限であるからこそ歴史に参入しようという動機をもつ(もし人間が「永遠の相の下に」ありとあらゆる物事すべてを一挙に見渡すことができるとしたら、わざわざ歴史を理解しようとする必要自体がなくなるだろう）。そしてその際に手元にあるのはとりあえずの先入見なのである。だから先入見というものは否定的なばかりではない。たしかにそれは解釈者に種々の制約を課すが、歴史という観念はむしろそうした制約によってこそ生みだされるのであり、その意味でそれは産出的（produktiv）なものでもあるのだ。

そもそも、ある事実が事実として認められるためには、たとえ漠然としてであれ、私たちは自らの先入見を起点として歴史に呼びかけなければならない。土地や史料の調査、文献の読解や記憶の探索、あるいは想像力による推理など、方法はさまざまだが、私たちが歴史を理解しようとするときには、つねにすでにそうしたコミットメントを行っている。だからそれは、ときには行いときには行わないとか、気が向いたら行うとかいった性質のものではない。そして、物証の一致や不一致、史料や証言の有無といったかたちで、歴史のほうがその呼びかけに応えるとき、歴史的事実が成立するのである。

私たちと歴史とのあいだでなされるこうした呼応は、そこから物事（この場合は歴史的事実）がはじめてそれとして存在しはじめるような出来事という意味で、存在論的な出来事と呼ばれるにふさわしい。また、そうした出来事のために自らの先入見を歴史に投げかける私たちの実践は、存在論的なコミットメントであるといえる。歴史の理解は、それが循環的であるという構造的な理由から、こうした前学問的・前科学的な存在論的コミットメントを必要としており、それは自然科学におけるよりもはるかに大きな役割を果たすのである。

このような学問的あるいは科学的な方法以前の選択を行うことで、歴史の語りは、それが用いる方法が語ることのできる以上の事柄を語ることになる。学問的・科学的な方法は「方法」である以上、一定の原理に従っており、その適用範囲が決まっている。たとえば化石や遺物の年代特定には放射性炭素による測定法が適用される。年代測定法は、その対象がいつの時代の産物であるかを語る。だが、それが歴史上どのような意味をもつかについて語ることはない。それを語るのは研究者自身である。そしてそれは、これまで述べてきたとおり、当人の歴史にたいする存在論的なコミットメントによってなされるのである。

ここにひとつの事実があるとして、それは重要なものなのか取るに足らないものなのか、ある時代の終わりを画する出来事だったのか別の時代の始まりを告げる出来事なのか、そうした意味づけによって、歴史は学問的・科学的方法が語る以上のことを語るのだ。先に述べた先入見の産出的機能とはこのことである。ハンス＝ゲオルク・ガダマーは、以上のように理解の循環構造における先入見の必然性とその産出的役割を解き明かした（Gadamer 1960=1986–2012）。

歴史にかんする理解が存在論的なコミットメントを要求する循環的構造（「解釈学的循

環」と呼ばれる）をもつことは、もはやいいとかわるいとかを云々できる問題ではない。それはそういうものとして受け入れるしかないような、私たちに歴史理解が可能であるための条件なのである。だから問題は、循環から逃れることではなく、そこに「正しく入り込む」ことだけだ、そうマルティン・ハイデガーは言う（Heidegger 1927=2013: 229）。

正しく入り込むとは、自らの先入見やそれによる選択を素のままに留めておくのではなく、それを歴史的事実のほうから検討にかけて改良し、そのうえでまたあらためて事実をとらえるという運動を繰り返すことで、それを学問的に妥当なものへと磨き上げていくことだ。そうである以上、こうした事情と無縁な立場から歴史を語っているつもりになるとすれば、それは暗愚というものであろう。

形而上学的・神学的・宇宙論的暗愚学――カンディードを再演するグールド

ここでグールドの出番である。グールドの適応主義批判が提起するのは、歴史を語る適応主義プログラムこそ、まさにそうした暗愚を犯しているのではないかという疑問なのだ。

適応主義的アプローチという方法論は、生物の局地的な適応（適応は基本的に局地的なものである）を説明する場合には非常に有効だ。しかしそれが生物の歴史物語を語りだしたとたん、それは科学的な方法論をはみ出し、前学問的・前科学的な存在論的コミットメントをせざるをえなくなる。それなのに適応主義者が歴史を扱うとき、まるでそんなコミットメントなどしていないかのように、まるでそれが自らの方法論がもたらす当然の帰結であるかのように澄まし顔で語るのはどうしたことか。科学的方法が語ることのできる以上のことを語りながら、それが科学的方法によってのみなされたものであるかのように偽るとき、それは暗愚学とでも呼ばれるべきものになるのではないか。

たとえば、グールドの主要な論敵のひとりであるリチャード・ドーキンスは、非常に優れた歴史物語の書き手でもあるが、論争となると自らの科学的方法論の議論（適応主義の有効性にかんする議論）に終始する。第三章でも確認したとおり、適応主義はなるほど強力かつ有効かつ支配的な方法論であるので、その陣地戦において彼は決して誤ることがない。攻勢をかけるたびにすばやく自軍の塹壕に退却する論敵を見て、グールドはまるでモグラ叩きでもしているようだと感じたかもしれない。

ここで、なにはともあれ進化論（進化生物学）は自然科学の一員なのだから、そんな文系っぽい問題は起こらないはずではないか、という疑問が生じるかもしれない。だが、自然科学といえども解釈学的循環と無縁ではないし、存在論的なコミットメントなしでやっているのでもない。物理学に代表されるハード・サイエンスにおいてそうしたコミットメントが問題になりにくいのは、コミットメントを行っていないからではない。研究する事象や理論を十分に対象化できるほどに、そのコミットメントを限定化し規格化しているからなのである。自然科学といえども、合意が不十分な最先端の分野においては、理論や事象の存在論的な身分が問題になる。量子力学の観測問題は激しい論争を生んだし、超弦理論の存在意義に疑念を呈する有力な専門家もいるし、宇宙がこのようであることの理由を人間の存在から解釈する人間原理の考え方は毀《き》誉《よ》褒《ほう》貶《へん》にさらされている。

アメリカの哲学者リチャード・ローティは、ガダマーの哲学的解釈学を受け継ぎながら、自然科学もまた解釈学的実践であることを指摘する（Rorty 1982=2014）。これは科学という営みを文系か理系かといった二分法ではなく、スペクトラム（連続体）としてとらえる考え方である。物理学から歴史学にいたるまで、さまざまな科学的実践があるということだ。スペクトラムの一方の端には物理学という因果の世界があり、もう一方の端には歴史学や文学研究といった意味の世界が広がっている。これは二分法よりも実情に即した理解だ。それぞれの学問が異なった事象への異なったコミットメントを行っているのである。この点について、たとえばハイデガーは「数学は史学より厳密であるわけではない。ただ数学にとって重要な実存論的な基礎の範囲が、史学の場合より狭いだけのことである」と言っている（Heidegger 1927=2013: 230）。ハイデガーと対照的な立場にいると思われる社会学者タルコット・パーソンズもまた、科学を「実在への

パングロス博士とカンディード青年（アラン・オードル画、『カンディード』英訳版）

知的態度の選択的体系」と呼ぶ（Parsons & Shils 1951: 167）。

こうした観点からすると、適応主義も一枚岩ではない。適応主義的方法を用いた研究の内部にもまたスペクトラムがある。一方の端には、局地的な適応現象を対象とした数学的モデルやシミュレーションを用いた研究があり、もう一方の端には、自然淘汰による適応という観点から生き物たちの歩みを描く歴史物語がある。当然といえば当然だが、前者から後者へとスペクトラムをたどるにつれ、それは理系っぽくなくなり、いわゆる歴史学に近づいていく。すなわち前学問的・前科学的なコミットメントの重要度が増していく。そして、学問的・科学的方法が語ることのできる以上のことを語る度合いも増していく。先に述べたとおり、歴史を語るとはそのような営みであるゆえに、それは当然のことなのである。『カンディード』に登場するパングロス博士は、すべては最適に配剤されているという「形而上学的・神学的・宇宙論的暗愚学」(métaphysico-théologo-cosmolonigologie) を講ずる哲学者だった。グールドがスパンドレル論文において適応主義プログラムを「パングロス主義パラダイム」と呼ぶとき、科学的方法論という自己申告とは裏腹に、それがパングロス博士が語るような形而上学的・神学的・宇宙論的暗愚学に陥っているのではないか、そう告発しているのである。『真理と方法』の著者ガダマーは、こうした事情にかんして次のように言っている。

ドゥットー「自分の用いている方法の客観性に頼り、自身の歴史的制約性を否認することによって、自分が先入見を免れていると確信していると思い込んでいる者は、先入見の暴力を経験する。先入見は背後からの力として、彼を制御できない仕方で支配する」

ガダマー「その通り！」

ドゥットー「これは『真理と方法』からの引用ですよ」

ガダマー「分かっている」(Gadamer 1993=1995: 22-3)

グールドが行った、適応主義者の方法論的主張にたいして自らの存在論的主張をぶつけるという「カテゴリー錯誤」も、客観性の過信と歴史的制約性の否認にもとづくパングロス博士の御高説に世界の悲惨を対置してこれに抗議した、素朴な青年カンディードの忠実な再演にほかならない。

百歩譲って、もし歴史を語る適応主義が自らの主張を、科学的方法論が語ることのできる以上のものであると認めたとすれば、それは普通に形而上学的・神学的・宇宙論的思想であるわけで、まあそのようなものとして遇することができるだろう。グールドが我慢できないのは、それが科学的方法論（のみ）によって導かれるという憶見のほうである。この憶見が暗愚学をもたらす。形而上学や神学、宇宙論が暗愚的というより、そうしたパングロス風の憶見こそが暗愚的なのである。

本章の冒頭で、グールドが適応主義を批判したのは、それが歴史への理解を毀損すると考えたからだったと述べた。いまやその含意を次のようにまとめることができる。歴史を毀損するのは、適応主義的方法論の越権である。越権とは、科学的方法論と歴史への存在論的コミットメントが重なり合うグレーゾーンを、方法論の色で塗りつぶし、なかったことにしてしまう行為である。これによって適応主義は「形而上学的・宇宙論的暗愚学」になるのだ、と。

では、適応主義が歴史を語るのをやめれば問題は解決するのだろうか。そうは問屋が卸さない。進化論（ダーウィニズム）はその任務上、歴史語りを止めることはできないからである。

先に確認したとおり、進化論のハード・コアは自然淘汰と生命の樹という二つの仮説である。どちらもダーウィン以前から存在したアイデアだが、ダーウィンの独創性と革新性はこれら二つを組み合わせて運用したことにある。歴史的状況のもとで自然淘汰が作動し、自然淘汰の造形力によって歴史的状況がつくられるというかたちで、それぞれが独立性を保ちながらも連関しているのである。進化の過程を説明することと生物の歴史を理解すること、つまり自然の「説明」と歴史の「理解」の両者がともに本質的な要件として切り離せないかたちで保持されていることが、ダーウィニズムのダーウィニズムたるゆえんなのである。

だから進化論において自然淘汰説は生命の樹仮説へと接続されなければならない。自然淘汰のメカニズムを説明する科学的方法論としての適応主義は、進化論（ダーウィニズム）という学問の本性上、生命の樹をかたちづくる歴史理解の領域へと足を踏み入れざるをえないのである。そのとき適応主義は、人間の歴史理解の宿命によって、方法論が語る以上のことを語るものとなる。それでもなお自らを科学的方法論の看板のもとで正当化しようとするとき、それは「形而上学的・神学的・宇宙論的暗愚学」に転ずるのである。

歴史と偶発性――グールドが守ろうとしたもの

ところで、適応主義プログラムが歴史を毀損するというとき、実際になにが損なわれるとグールドは考えているのだろうか。それは生物進化における「偶発性」――(contingency)である。現在的有用性と歴史的起源のあいだにある裂け目こそ、生物進化が偶発性に左右されることの証しであり、この偶発性こそ生命の歴史(というよりあらゆる歴史)を歴史たらしめる中心原理であるからだ。カナダのバージェス頁岩で発見されたカンブリア紀(約五億年前)の「奇妙奇天烈動物」を紹介したグールドの代表作『ワンダフル・ライフ――バージェス頁岩と生物進化の物語』は、生物の歴史における偶発性の重要性を力強く謳いあげたものだ。[36]

私が問題にしているのは、あらゆる歴史の中心原理である〝偶発性〟である。歴史的な説明がその基礎を置いているのは、自然法則からの直接的な演繹ではなく、予測のつかないかたちで継起する先行状態である。この場合、一連の先行状態のうちのどれか一つが大きく変わるだけで、最終結果が変更されてしまう。したがって歴史上の最終結果は、それ以前に生じたすべての事態に依存している(偶発的な付随条件としている)わけで、これこそが、ぬぐい去ることのできない決定的な歴史の

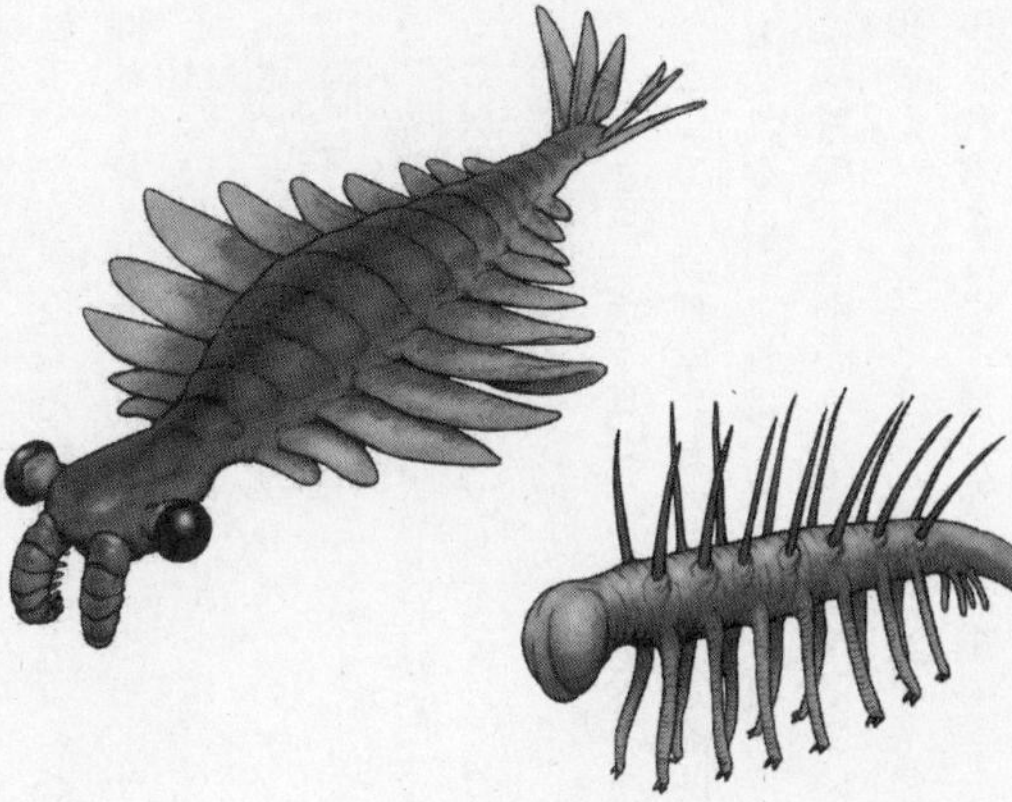

バージェス頁岩で見つかった五億年前の奇妙奇天烈動物アノマロカリス（左）とハルキゲニア（右）の復元図（イラスト：川崎悟司）

刻印なのである。（Gould 1989=2000: 490）

偶発性とは「ほかでもありえた」という事態をあらわす概念だ。第二章で見たように、生物の進化はあらかじめ決められたゴールへ向かって段階的に進むようなものではない。ダーウィン以前の発展的進化論（ラマルキズムやその社会版であるスペンサー主義）は、進化というものを目的や終点への発展段階と考えたが、それではうまくいかないことが明らかになった。ダーウィニズムの革命性は、進化を目的も終点ももたないものとして、つまり偶発性に左右されるものとして描いたことにある。

グールドはこれを、次のような比喩をもちいて解説する。もし「生命史のテープ」を五億年前のカンブリア紀まで巻き戻して、そこにさして重要でないほんのちょっとした変更を加えたのちにテープをリプレイさせてみたらどうなるか。そこから展開される歴史は、当然ながら自然法則に則った筋の通ったものであるだろうが、しかし現実の歴史とはまったく異なった様相を呈することだろう。カンブリア紀を起点にしてテープを百万回リプレイさせたところで、ホモ・サピエンス（ヒト）のような生物が再び進化することはないだろう。そうグールドは言う。

この「生命史のリプレイ」のアイデアは、フランク・キャプラ監督の名作映画『素晴らしき哉、人生！《イッツ・ア・ワンダフル・ライフ》』のストーリーを翻案したものだ（本のタイトルもこの作品からきている）。映画には、絶望に沈む主人公のジョージにたいし、機知に富んだ天使がジョージ抜きの世界のリプレイを行うことで、彼がいかにすばらしい人生を送ってきたかを示す感動的なシーンがある（ジョージ抜きでリプレイされた世界は寒々とした世界であった）（Gould 1989=2000: 498-502）。

ここで、物理学における「決定論的カオス」と呼ばれる現象を思い起こす人がいるかもしれない。これは、対象が一貫して決定論的法則に従っているにもかかわらず、非常に複雑で不規則かつ不安定なふるまいをするために、将来の予測が不可能になるという現象だ。[37]「ブラジルでの蝶の羽ばたきがテキサスでトルネードを引き起こす」などと表現されるように、通常なら無視できそうな極めて小さな差が、やがては無視できないような大きな差となるのである（バタフライ効果）。グールドが指摘するように、私たちが「歴史」と呼ぶ対象がまさにそれだ。一七世紀フランスの哲学者・数学者ブレーズ・パスカルは、「クレオパトラの鼻がもう少し低かったら、世界の歴史も変わっていたであ

36　グールドによる一般読者向け作品の代表作が『ワンダフル・ライフ――バージェス頁岩と生物進化の物語』だ。一九〇九年にカナダで発掘された五億年前の動物群の奇妙奇天烈な姿と、彼らの存在が私たちの進化観にもたらす意義を追究した大作である。もっとも読まれた作品であるというだけでなく、グールド自身の歴史観が存分に披瀝されているという点でも、代表作にふさわしい。『ナチュラル・ヒストリー』誌の連載エッセイも早川書房から単行本化・文庫化されている。また、近年「グールド論」とでも呼ぶべき本が何冊か出た。たとえば彼の同僚や学生たちを中心とした論集である *Stephen Jay Gould: Reflections on His View of Life* がある。一貫した視点で書かれたものとしては社会学者リチャード・ヨークとブレット・クラークの *The Science and Humanism of Stephen Jay Gould* や、政治学者デイヴィッド・プリンドルの *Stephen Jay Gould and the Politics of Evolution* があるが、ともに（本の性質上しかたがないことかもしれないが）議論の争点においてグールドの主張をなぞるだけに終わる点は惜しい。私としては、アルフレッド・エイヤーのウィトゲンシュタイン論のように、問題点を批判的な観点からえぐりだすようなものを読みたい。すでにデネット『ダーウィンの危険な思想』第一〇章「がんばれカミナリ竜」やドーキンス『悪魔に仕える牧師』第五章「トスカナの隊列でさえ」という決定的な論評があるために新たな観点は出にくいのかもしれないが。

ろう」と歴史におけるバタフライ効果を指摘している。

SF作家レイ・ブラッドベリの小説「雷のような音」を映画化した『サウンド・オブ・サンダー』(二〇〇五)という作品がある。西暦二〇五五年の地球では、タイムマシンに乗って白亜紀に飛んで恐竜を狩るという金持ち向けツアーが好評を博していた。タイムトラベル物の定石どおり、このツアーでも歴史を改変してしまわないよう細心の注意が払われていたはずだったが、これも定石どおり、タイムトラベル先で発生したアクシデントによってツアー客が白亜紀から「一・三グラムのなにか」を持ち帰ってしまう。スタッフたちは事件解決のために歴史の再改変(修復)を行おうとするも、歴史をつくり変えてしまったことで発生したタイムウェイブと呼ばれる「進化の波」が立て続けに迫り、人類滅亡の危機が訪れる。……という具合に、筋立てはよくあるタイムトラベル物なのだが、「進化の波」によって見たこともないような動植物——捕食能力を獲得したシダとかトカゲのようなヒヒとか——が出現するさまが興味深い。白亜紀から「一・三グラムのなにか」が失われたことによるバタフライ効果が、(現に実現している「この」歴史に生きる私たちから見れば異形の)「ほかでもありえた」進化史を出現させるのである。まあ、件のアクシデントによって実際に人殺しシダやヒヒトカゲが出現するかどうかは微妙だと思うし(生物の系統樹を考えると、もっと早い段階で歴史に介入しなければならないだろうが、人気の恐竜がいないようではツアーも商業的に成立しないのだろう)、映画そのものはとくに名作というわけでもないのだが、決定論的カオスとしての進化史に思いを馳せるにはよい題材かもしれない。[38]

ちなみに、「進化」（evolution）という言葉自体、その歴史的起源と現在的有用性とのあいだの裂け目によって私たちの注意を歴史の偶発性へと向けさせる、実にダーウィニズム的な「進化」を遂げてきた来歴をもつことが知られている。

37　カオス概念の形成と発展を描いたジェイムズ・グリック『カオス――新しい科学をつくる』、M・ミッチェル・ワールドロップ『複雑系――科学革命の震源地・サンタフェ研究所の天才たち』は、いまだに一読の価値ある科学読み物。科学の新天地をめぐる研究者たちの人間臭い群像劇としても読める。カオスの哲学的含意については、カント研究者である黒崎政男の『カオス系の暗礁めぐる哲学の魚』がある。貫成人《ぬきしげと》『歴史の哲学』は、歴史哲学における諸議論をおさらいしつつ、歴史をカオス系システムとしてとらえることを提案している。

38　「想像の進化史」を読むのは楽しい。古典としてハラルト・シュテュンプケ『鼻行類――新しく発見された哺乳類の構造と生活』、レオ・レオーニ『平行植物』、それにジョアン・フォンクベルタ&ペレ・フォルミゲーラ『秘密の動物誌』がある。遠い未来の生物世界をグラフィカルに表現するドゥーガル・ディクソンによる連作も刺激的。人類滅亡後の生命世界を描く『フューチャー・イズ・ワイルド』『アフターマン』、白亜紀末に絶滅しなかった恐竜の進化を描く『新恐竜』など。

ダーウィンのデビュー当時、“evolution”という語は前進的な発展や進歩といったニュアンスを強く含む、むしろ非ダーウィニズム的／非ダーウィン革命的な言葉だった（日本語の「進化」も同様）。だからダーウィン自身は当初『種の起源』ではキャッチーではないが誤解を招く危険の少ない「変化をともなう由来」（descent with modification）を愛用していた。

初版刊行から一三年後に刷られた第六版から、ようやく『種の起源』にも“evolution”の語が記載されるようになる。そして二〇世紀に入り現代的なダーウィニズムの確立によってはじめて、この語から発展・進歩の含意が剝ぎ取られ、偶発性に左右される盲目の時計職人（©ドーキンス）的プロセスとして認知されるようになった（少なくとも専門家のあいだでは）。このように、“evolution”（進化）という言葉もまた、パンダの親指と同様に、偶発性のいたずらによって思わぬ役割を担うことになった歴史をもっているのである（Gould 1977b=1995: chap. 3）。

解説書などを読むと、「進化」（evolution）という用語は発展や進歩を連想させるから注意すべしとか、ダーウィンその人による「変化をともなう由来」のほうが実情に即している、といった記述を目にすることがある。たしかにそのとおりだ。だが、以上のような「進化」という言葉自体の進化の歴史を思い起こせば、それはそれでなかなか教訓的であり、わるくないのではないかとも思えてくる。

進化の過程に偶発性を見出すことは、進化の過程がすなわち「歴史」（history）であるという基本的な事実を確認することだ。もしそれがいつでもどこでも一般的に成り立つような事象であれば、それは「法則」（law）とでも呼ばれるだろうし、その道筋があらかじめ決まっているのであれば、それは先に述べたとおり「発展」「展開」とでも呼ばれるだろう。私たちが歴史と呼ぶのは、特定の時と場所における特定の個物がたどる決定論的カオスの遍歴にほかならない。つまり歴史とはそもそも偶発性に左右される事物の遍歴を指す概念なのだ。グールドが偶発性を「あらゆる歴史の中心原理」（Gould 1989=2000: 490）と呼び、これを重視するのは、このような意味においてである。

過去に起こった出来事や変化を眺めるとき、それらのすべてが「いま・ここ・われわれ」を目指してまっしぐらに進んできたという印象を拭いさることはむずかしい。過去を振り返るときには、つねに時系列の最終地点（＝現在）からそうするしかないのだし、過去は現在に近づけば近づくほど現在に似てくるのだから、当たり前といえば当たり前の話ではある。後知恵バイアスという言葉もある。

しかし同時に、歴史の行く末を見通すことはきわめてむずかしい。振り返ってみればそうでしかありえなかったとしか思えない出来事も、その時点において予見できるかどうかとなると話は別だ。パスカルが語ったように、歴史ではほんのわずかなちがいが重大な結果をもたらしうるようなかたちでカオス的に遍歴する。歴史とはそうしたものだということを、すでに私たちはよく知っている。本能寺の変、アメリカ同時多発テロ、ＱＷＥＲＴＹ配列キーボードの普及、ベータ方式に対するＶＨＳ方式の勝利等々、後知恵でもって振り返れば一連の出来事が明確な方向性を持って推移してきたように見えるが、当時それを適確に予見することは不可能だっただろう。

なお、進化における偶発性を強調することは、あらゆる進化はランダムであると主張することではないし、進化はまったく進歩を含まないと断定することでもない。それとこれとは別の話だ。進化にあらかじめ決まったゴールがあるわけではないということ、進化は必ずしも一方向的な発展や進歩を意味するわけではないということは現代進化論においては常識だが、ではそこにはいっさいの方向性も進歩も含まれないのかという点については議論の余地があるし、実際に議論されている。

進化の方向性についていえば、収斂進化という現象がある。生物の世界が多様性に満ちていることは確かだが、物理法則がもたらす強い制約によって、生物の形態には一定のパターンが見出される。水中で暮らすクジラやイルカが魚とそっくりであるように、同じ課題に取り組む生物は系統を超えて形態が似てくるのである。とはいえ、クジラやイルカもカオス的な遍歴のすえにクジラやイルカになったわけで、あらかじめ決められたスケジュール表にしたがってそうなったのだと断定することはできない。進化現象に一定のパターンが存在することと、そこに偶発性が含まれることは必ずしも矛盾しない[39]。

進化はどのていど進歩といえるのかという点についても議論がある。グールドは進歩の概念にたいして全般的に懐疑的、ドーキンスは限定つきでそれを認める。バージェス動物群研究のスターのひとりサイモン・コンウェイ＝モリスは、人間のような存在は進化における必然とまで主張する。まあ、進歩の概念をどう考えるかにもよるのだが（Gould 1996=2003; Dawkins 2004=2006; Conway Morris 2003=2010）。

進化論の中間的性格——「説明と理解」を内蔵する学問装置

以上のように、グールドによる適応主義批判を一九世紀以来の「説明と理解」の問題圏に置いてみると、適応主義をめぐって激しい論争が生じたことは、むしろ当然の成り

39　ジョナサン・B・ロソス『生命の歴史は繰り返すのか？——進化の偶然と必然のナゾに実験で挑む』は、進化は偶然か必然か？　それは予測可能なのか？　というグールドの問いに進化実験によって答えようとする快著。ロソスは長期的な予測については否定的だが、短期的な予測は可能であると胸を張る。研究の進展により、いまや天秤はグールドが想定していたよりもずっと必然の側、予測可能の側へと傾いている。マット・ウィルキンソン『脚・ひれ・翼はなぜ進化したのか——生き物の「動き」と「形」の40億年』とチャールズ・コケル『生命進化の物理法則』は、物理法則が生物の形と動きにいかに強い制約をもたらしているかを説得的に示す。

行きであったことがわかる。なにしろダーウィニズムの心臓部には「説明と理解」という哲学的問題がビルトインされている、しかも、もし取り外そうものなら本体が死んでしまうようなかたちでビルトインされているのだから。進化論を真面目に受け取るかぎり、この問題を避けて通ることはできないことを、グールドの批判は示している。

ところで、その核心部にこうした難問が伏在していることは、進化論の欠点だろうか。もちろんそんなことはない。むしろここは、「だがそれがいい」と言うべきところであって、それこそが進化論の尽きせぬ魅力の源泉でもあるのである。

グールドは読者に向けてじつにさまざまなかたちで進化生物学の魅力について語ったが、なかでももっとも力強いと感じるものは次の言葉だ。私たちが進化論に惹きつけられる理由がこれほど端的に言い表された文章を私は知らない。

多くの人びとが進化論に惹かれるのは、それ自体がもつ三つの属性のためだと私は考えている。第一に、進化論は、現在の発展水準で、満足と確信を与えるにはじゅうぶん確立されているものの、不可解な現象という貴重な発掘物をまだまだ提供してくれるほど、未発達でもあり将来性に富んでもいるということ。第二に、時間を超えた数量的な一般法則を取りあつかう諸科学から歴史の特殊性を直接の対象とする諸科学にまで広がる連続体のまんなかに、進化論が位置していること。それゆえ進化論は、さまざまな流儀や性癖の持ち主たちに共通の広場を提供する。彼らは、抽象的な一般性（個体群の成長とかDNAの構造などの諸法則）を探求する人たちから一般的なものへは還元のしようもない雑多な特殊性（たとえば、ティラノサウルスはその貧弱な前肢でいったい何をしていたのかなど）を楽しむような人びとにまでわたっている。第三に、進化論はわれわれすべての生存に関わりをもつものだということ。自分たちがどこから来たのか、そのことはそもそも何を意味するのかといった系譜に関する大問題にわれわれが無関心でいられるわけがない。そのうえもちろん、バクテリアからシロナガスクジラにいたる、記載されたものだけでも百万種以上におよぶ動物がいる。その中間には、おびただしい甲虫類の世界もある。そのそれぞれが独自の美しさをもち、また語るに足る物語をもっているのである。（Gould 1980=1996: 上 10-1）

注目すべきは、もっとも詳しく語られている第二の属性だ。進化生物学という学問が「時間を超えた数量的な一般法則を取りあつかう諸科学」と「歴史の特殊性を直接の対象とする諸科学」のあいだ、あるいは「抽象的な一般性」と「一般的なものへは還元のしようもない雑多な特殊性」のあいだ、つまり「自然の説明」と「歴史の理解」のあいだのちょうど真ん中に位置していることが、明快に指摘されている。

たとえば、物理学においては後者（一般的なものへは還元のしようもない雑多な特殊性）はトリヴィアルなものとして、つまり無関係というわけではないがとりあえずは無視できる要素として扱われるだろう。他方で歴史学においては前者（抽象的な一般性）がトリヴィアルなものとして扱われるだろう。

しかるに進化論においては、両者はともにトリヴィアルどころではない。そこでは両者が同等に全幅の資格をもって自らの権利を主張するのだ。かくして進化論は、両者を等しく歓待する度量の広さを示すかと思えば、両者の関係という一点において激しい議論を呼び起こす主戦場とでもいうべき様相を呈することにもなるのである。

なお、歴史を扱う諸科学にだけ焦点を当ててみると、進化論はそのなかでもまた中間的な存在であることがわかる。科学哲学者の伊勢田哲治は、歴史科学研究の諸側面を次のように概念的に整理している（伊勢田 2009）。すなわち、歴史科学には過去研究と現在研究、特定連鎖研究と普遍研究、精神研究と自然研究という三つの対立軸がある。過去研究と現在研究の区別は読んで字のごとしであるが、特定連鎖研究と普遍研究の軸は、それが固有名詞で呼ばれるような特定の事物の連なりにかんする研究であるか、その連鎖から離れてあるタイプの事物すべてにあてはまるような性質についての研究であるかのちがいにある。そして精神研究と自然研究の軸は、人間に特徴的とされる意図や行為を対象とするか、自然界の全般に存在する性質を対象とするかのちがいだ。以上のように歴史科学の諸側面を考えた場合にも、進化論はこれらのどの対立軸においても中間に位置し、どちらの側をも相手にするような学問なのである。

このように、進化論の特異な魅力はその中間的性格にある。中途半端という意味ではない。「時間を超えた数量的な一般法則を取りあつかう諸科学」と「歴史の特殊性を直接の対象とする諸科学」のあいだの広大な領域を行き来することができるという意味である。

このことをグールドは正確に見抜いていた。だからグールドの適応主義批判の主旨は、越権はズルいとか看板に偽りありとか、ただ文句をつけることではなかった。彼の関心は、この進化論の中間的性格をいかにして守り抜くかにあった。進化論の二本柱――進化のメカニズム（自然淘汰）と生命の歴史（生命の樹）――の論理的な独立性と平等な関係は、進化論（ダーウィニズム）が進化論であるための条件なのだから。その条件を原理的に確保しようとするのが彼の試みであり、適応主義批判の意義もそこにあった。そのかぎりにおいて彼の企図は非常にまっとうなものだったのである。

しかし、だからといって彼が正しい道を歩んだのかといえば、私はそうは考えない。まっとうな志を貫徹しようとして地雷に触れ、まっとうでない立場に追いやられてしまったというのが、彼の地獄めぐりのシナリオである。進化論の魅力の源泉である中間的性格は、それを護持しようとする者を混乱させる地雷ともなる。彼は正しく問題を見定めたが、むしろそれによって進むべき道を失ったのである。

理不尽にたいする態度

分裂するグールド——ロマン主義と全体主義

はたしてグールドは、一九世紀の歴史家や哲学者のように、科学的説明から歴史理解の独自性を守り、歴史の理解に固有の、自然科学とは異なる方法論を提唱しようとしたのだろうか。たとえばディルタイは「精神科学」の方法論を確立しようとしたが、グールドもなにかそのようなものを確立しようとしていたのだろうか。あるいは彼は、「科学には完全には解明できない領域がある」という、それ自体ではトリヴィアルに正しい主張によって科学者禁制の遊び場を確保しようとする反科学主義者の軍門に下ったのだろうか。

もしそうだったとしたら、それはそれで話は簡単だった。だが、もちろんそうではない。彼自身も科学者であるからして、頼みとしたのはあくまでも科学的な解決である。論敵のドーキンスが自らをモダンな啓蒙主義者、実証主義者として呈示することを好む分、彼と争うグールドはその逆の立場、たとえば啓蒙主義も実証主義も信じない相対主義的・反科学主義的なポストモダン思想などと親和性が高いのではないかと推測されるかもしれない。だが実情は異なる。グールドもまた科学の価値と進歩を信じる啓蒙主義者、実証主義者であり、ある意味ではドーキンスよりはるかに野心的であった。

そのことが彼の立場をさらに困難なものにした。彼は、実証主義的な科学者を自認しながらも、実質的には、一九世紀の歴史家や哲学者たちの立場に身を置いていることになるからだ。適応主義プログラムに抗して歴史とその中心原理である偶発性の独立性を確保しようとする試みは、精神科学や歴史学に独自の方法論を求めたドロイゼンやディルタイの立場に彼を近づける。だが、そこは彼の安住の地ではない。彼はあくまで実証主義を奉じる科学者であり、歴史を自然科学にたいする防衛線や聖域として扱う反科学的蒙昧主義に与することはできないからだ。これは苦しい二正面作戦である。

このジレンマのせいでグールドは自滅してしまった、というのが私の考えである。適応主義を批判する際のグールドは、二つの極端な立場へと分裂し、それらを同時に抱え込むことになった。彼がもつことになった二つの顔は、それぞれロマン主義科学者と全体主義科学者、あるいはウルトラ文学主義者とウルトラ科学主義者としての顔とでも呼べるものだ。

では、グールドのロマン主義科学者あるいはウルトラ文学主義者としての顔とはどのようなものだろうか。彼は、適応主義プログラムの「形而上学的・神学的・宇宙論的暗愚学」的暴虐から歴史の独立性を守るための最後の砦として偶発性の概念を位置づけていた。なぜなら偶発性こそが「あらゆる歴史の中心原理」であるからだ。彼がつねづね近代科学の決定論的傾向を批判しながら、進化の過程が偶発的契機を含むことを強調してきたことを考えれば、こうした主張も自然なものに思われる。

進化の過程が偶発性に左右されるということ、つまりそれがあらかじめ決まった目的や目標へと向かう発展や展開ではないこと、つまり歴史をもつものだということは、まぎれもなく正しいだろう。ダーウィニズムがそれ以前の発展的進化論と袂を分かつのも、それが進化の過程を偶発的なものとして、つまりなんらの目的や目標をもたないものとして描く点においてであった。このことを主張するかぎりにおいて、グールドの主張にはなにもまちがったところはない。

だが、偶発性という概念にたいして、それ以上になにを求めることができるのだろうか。というのも、グールドは偶発性という概念がまるでそれ以上のなにかであるかのように語るからだ。つまり、生命の歴史において偶発性が演じる役割を描くことそれ自体が、適応主義プログラムにたいする反証にでもなるかのように彼は語るのである。

彼は進化の「ほかでもありえた」様相、つまりその偶発的性質を、おおげさにロマンティックに語ることによってそれを行う。そのようにして彼は偶発性概念に過大な負荷をかけるが、その負荷の内容はといえば、それは適応主義プログラムにたいする反証事例でもなければ、彼自身の進化理論にたいする確証事例でもない。じつのところそれは、定評ある彼の教養にあふれた華麗で繊細かつ力強い文体の力によるもの以外の何物でもないのである。

だが、偶発性の概念がグールドのいうとおり「あらゆる歴史の中心原理」であるためには、その中身は空っぽでなければならない。それは進化が「ほかでもありえた」というかたちで進行するという事実以上の何事も語るものであってはならない。「ほかでもありえた」ということ以外になにも明確にいえないという点、たとえば偶発性に特有の因果的作用など見つけることができないという点こそ、この概念にとって本質的なことだからである。この概念にそれ以上の実質的な内容を与えることは、それを別物の概念にしてしまうだろう。そしてそれは科学者としてのグールド自身の抱負をも裏切るものであるはずだ。

だから彼は装飾をほどこすにとどまるのだが、しかしなぜ装飾をほどこすのだろうか。これはたんなる文体にかんする趣味の問題ではない。彼は修辞学的効果をあてにすることで、偶発性がなにかそれ以上のものであるかのように、それが既成の進化理論を切り崩すようなものであるかのように装うのである。そこでは偶発性という概念がマジックワードのようなものになっているのだ。

リチャード・ドーキンスは、グールドのこうした語りを「偽りの詩」と呼んで厳しく批判した（Dawkins 1998=2001: chap. 8）。ドーキンスの標的は、詩そのものではない。詩的に科学を語ることだ。科学の成果はしばしば詩性——美しかったり、壮大だったり、不可思議だったり等々——をともなう。しかしそれはあくまで結果としてそうなるのであって、科学の活動が詩作と同じであるからそうなるのではない。もしこの関係を転倒させて詩的に科学を語るとすれば、それは「ロマンに満ちた巨大な空虚」となるだろう。

このようにドーキンスは、科学の詩性を擁護しながら、偶発性にかんするグールドの詩的な科学語りを批判するのである。この批判は、ロマン主義科学者グールドの偶発性概念の急所を突くものだと私は思う。

では、もうひとつの全体主義科学者あるいはウルトラ科学主義者としての顔とはどのようなものか。ドーキンスの盟友ダニエル・C・デネットが行ったグールド批判を援用して説明しよう。グールドのロマン主義科学は彼のもうひとつの顔である全体主義科学を必要とすること、そして二つの顔はたがいに支え合うことによって存在することがわかるだろう。

デネットは、研究開発の道具には「クレーン」（crane）と「スカイフック」（skyhook）があると言う（Dennett 1995=2000: 105-8）。

クレーンとは、建設現場などで見かける起重機で、巨大なものや重いものを吊り下げ

さまざまなクレーン（©angelh）

て運ぶ機械である。それは次のような特徴をもつ。まず、大地という堅固な地盤のうえにしつらえてある点。そして、単純な機構の組み合わせによって複雑な機構を実現している点。つまり、ものを吊り下げるという目的を果たすのに適切な物理的・工学的仕組みによってつくられた機械がクレーンである。だから、もしその機構になんらかのまやかしが含まれていれば、ものを吊り下げる仕事はできないだろう。

では、スカイフックとはなんだろうか。直訳すれば「天空の鉤《かぎ》」であり、ものを吊り下げるために空中に存在する仕掛けのようなものであるはずである。しかし当然ながらこの世にそんなものは存在しない。つまりスカイフックとは「ありもしない道具」のことだ。ちなみに、*Oxford English Dictionary* によると“skyhook”の初出は一九一五年。ある航空機パイロットの言葉である。空中にて待機せよとの要請にたいし、即座に「本機にスカイフックはついていません」と応答したとの由。気の利いたことを言うパイロットである。

クレーンとちがって大地という基盤をもたないスカイフックは、超自然的な奇跡のようなものをつねに必要としている。たとえば科学の問題にたいして神や精神を持ちだして解決しようとした場合、それはスカイフックになる。

この比喩によってデネットがなにを言いたいのかは明らかだろう。彼が擁護する主流派のネオダーウィニズム――自然淘汰をアルゴリズムのプロセスとして扱う適応主義プログラムを装備したダーウィニズム――は正真正銘のクレーンである。だが、「母なる自然」のあらゆる驚異がアルゴリズミックなプロセスの積み重ねによって説明できる、つまりすべてはクレーンによって説明できるというアイデアは、その登場時からずっと根強い抵抗にあってきた。盲目的で無精神的なプロセスによって成り立つ世界とは、なんと荒涼として味気ない世界であることだろうか、と。このようにダーウィニズムが見出したクレーンの万能性に反抗しようとする者がなんらかのスカイフックを追い求めるのであり、グールドもそのひとりだというのである。彼の適応主義にたいする激しすぎる批判は、すべてがクレーンによって説明されることにたいする恐怖を物語っている、というわけだ。

そのグールドが担ぎ上げる偶発性の概念こそ、彼のスカイフックである。当然ながら、グールドは進化を語るさいに決して神や精神性といった伝統的なスカイフックを持ちだすわけではない。それでもなおデネットがグールドにたいしてスカイフック使用の嫌疑をかけるのは、グールドの顕揚するロマンティックな偶発性の概念が、ドーキンスが批判した「偽りの詩」的効果によって、事実上スカイフックのような存在になっていると考えるからなのである。

ここで注意しなければならないのは、当たり前といえば当たり前のことではあるが、グールドも科学者である以上、また彼も彼なりにダーウィニズムの擁護者である以上、なんらかのクレーンを提案せざるをえないということだ。そこに登場するのが、グールドの全体主義科学者としての顔である。

グールドは適応主義プログラムを、自然淘汰だけを重視する部分的で不完全な理論であると批判する。そうである以上、彼が提案するクレーンは、適応主義がとりこぼす歴史の偶発性をも含めて一挙に説明できるような全体的な理論でなければならないだろう。それは最終的には適応主義プログラムを不要とするような、つまりダーウィニズムそのものを不要とするような、あるいはそれを「必要悪」として繰り込むような進化理論であるかもしれない。彼がつねづね近代科学が備える還元主義的傾向を攻撃していたことを考えれば、このような全体性志向もうなずける。

しかし悩ましいのは、それが実際にどのような理論であるかが、いまいちはっきりしないことだ。論争の総括を試みた科学哲学者のマイケル・ルースが不満を述べているように、グールドはその主張を学問共同体において検討可能なかたちで提出しないのである（Ruse 2000: 247-8）。第三章で論じたように、適応主義プログラムの是非にしろ、そしてもちろんグールドの主張にしろ、それらはなにか決定的な証拠や論拠によってあらかじめ真偽が決せられるようなものではなく、ある程度長期的な観点からリサーチ・プログラムとしての有効性が判断されなければならない類いのものだ。それなのにグールドの議論はつねにスローガンにとどまり、仮説の提出とその検証という一連のプロセスになかなか乗ろうとしない。

そこで、ひょっとすると彼の「理論」はスローガンのかたちでしか存在できないような代物なのではないかという疑いが生じる。考えてみれば、それは偶発性というスカイフックを備えたクレーンという矛盾に満ちた存在だ。それを実現することは、まるで自分で自分を吊り上げるクレーンをつくるようなドン・キホーテ的仕事、つまり実行不可能な仕事になってしまうのではないだろうか。同業の専門家たちが彼の提唱する「理論」を評価するさいに歯切れがわるくなるのは、それが科学研究のリサーチ・プログラムの体をなしていないからであり、さりとてそれを言下に否定するのもはばかられるという事情があるせいだと思われる。

実際、彼の全体性志向は通常の実証的科学の観点からはつかみどころのないものであるかもしれない。これにはおそらく三つの源泉がある。最初の著作『個体発生と系統発生』の準備の途上でドイツの進化論（エルンスト・ヘッケルなど）に親しんだこと（Gould 1993）、同業の生物学者エルンスト・マイアや数理生態学者リチャード・レヴィンズ、スパンドレル論文の共著者リチャード・ルウォンティンらによる全体論的アプローチの影響（Segerstrale 2000=2005: 233）、そして幼いころから「父親の膝の上で」学んだというマルクス主義である（Gould & Eldredge 1977: 146）。グールドが生物学における反還元主義的伝統に連なることはまちがいないが、本書の関心からは、マルクス主義思想とのかかわりが重要に思われる。もちろん彼は普通の意味ではマルクス主義理論家ではないし、進化理論にマルクス主義を導入しようとしたのでもない。しかし、影響関係からすればいちばん遠い（いちばん最初に獲得された）と思われるマルクス主義の弁証法と全体性のアイデアが、理論にたいする基本的姿勢という原理的・抽象的なレヴェルにおいて彼の思考を規定していたように思えるのである（Gould 1987=1991: 218-9）。

第二次大戦後のドイツにおいて、テオドール・アドルノらマルクス主義社会理論家とカール・ポパーやハンス・アルバートら実証主義者とのあいだで、「ドイツ社会学における実証主義論争」と呼ばれる論争があった。そのとき実証主義者たちが問いただそうとしたのもこの全体性の概念だった。だが結局それは、少なくとも実証主義者が満足するようなかたちでは、明らかにならなかった。その理由は、そこで用いられる「全体性」が、実証的な理論構築のための概念ではなく、あくまで「批判」のための概念として機能していたことにある。グールドにおいても同様なことがいえる[40]（ちなみに、アドルノの全体性概念は非常にややこしいもので、それは全体性からこぼれるものを救いだす弁証法的批判という任務、つまり後に述べるベンヤミン的モチーフを受け継ぐものであり、この点にもグールドとの親近性が見出される）（Adorno et al. 1969=1979; Jameson 1990=2013）。

ともかく、このようにしてグールドは、一方で事実上のスカイフックとして偶発性を無限遠点に置きながら、他方でその偶発性をも説明する全体的理論という矛盾に満ちたクレーンを提唱する二重生活を営むことになってしまった。それもこれもスカイフックを追い求めながらクレーンを提案せざるをえないというジレンマ、あるいは批判のために働いている概念に実証的な内実を与えなければならないというジレンマのゆえである。

グールドの二つの顔――全体主義科学者とロマン主義科学者――がたがいに支え合うことで成り立つとは、以上のような意味だ。歴史上にあらわれたロマン主義思想がつねに反還元主義と一体であったことを考えれば、彼のロマン主義と全体主義は同じコインの両面であったといえる。

ちなみに、このようなグールドの全体主義とロマン主義は、それぞれ適応主義プログラムの欠点である（とグールドが主張する）遺伝子還元主義と遺伝的決定論にたいする抵抗であったと同時に、近代科学自体の限界である（とグールドが主張する）還元主義的傾向と決定論的傾向にたいする抵抗でもあった。つまり彼は近代科学そのものの限界を乗り超える革命的科学者として自身を位置づけていたのである。彼が野心的な科学者だったというのはそのような意味だ。

とはいえ、科学革命家としてのグールドを評価することはたいへんむずかしい。ひょっとしたら将来、コンピュータの発達やパラダイムの転換によって、グールドの企図が実現する日がくるかもしれない（し、こないかもしれない）。私にいえるのは、せいぜい次のようなことだ。どちらにせよ、なんらかの意味で還元主義的でない科学理論、なん

40　ドイツ社会学における実証主義論争については、アドルノ、ポパーほか『社会科学の論理』に両陣営の主張がまとめられている。マルクス主義における全体性概念についてはマーティン・ジェイ『マルクス主義と全体性』、西欧マルクス主義の弁証法的思考についてはジェイムスン『弁証法的批評の冒険』が詳しい。なお、グールドの父レナードは独学のマルクス主義者でありナチュラリストであった。彼は父の膝の上でマルクスを学び、父に連れられていった博物館で恐竜に出会ったという。弁証法的思考と自然科学とのつながりについてはフリードリヒ・エンゲルスの古典『自然の弁証法』、グールドと近い立場にいたレヴィンズとルウォンテインの *The Dialectical Biologist* を参照。

らかの意味で決定論的でない科学理論を私は見たことがないし、それでなにか不都合があるとは思われない。また、これまで近代科学を乗り超えると喧伝されてきた構想の多くはそれほど革命的でもなかったり偽物であったりした。そういうわけで私は、グールドの革命的科学にはとくに期待していない。後に述べるように、グールドの可能性はべつのところにあると考えている。

グールドの地獄めぐりのシナリオをまとめると次のようになるだろう。グールドは適応主義プログラムに抗して歴史の独立性を主張するかぎりにおいてまともだった。進化論の二本柱――進化のメカニズムと生命の歴史――はそれぞれ論理的に独立した事柄であり、そのように自然の説明と歴史の理解のあいだの真ん中に位置するという中間的性格こそが進化論の魅惑の源泉であるからだ。

しかし、それを真に受けたことで彼は「説明と理解」のジレンマに直面することになった。適応主義にたいする依存しつつの抵抗を強いられた彼は、結果的に二つのまともでない方向――ロマン主義科学と全体主義科学――へと分裂することで、このジレンマを「解決」するしかなかった。前者は「説明と理解」という対概念をさらに上位の「理解」によって止揚・包摂しようとする立場、いわば偶発性を科学的方法の桃源郷としてロマンティックに提示する立場だ。後者は「説明と理解」という対概念をさらに上位の「説明」によって止揚・包摂しようとする立場、いわば完全無欠の全体的理論によってそれが克服できるとする立場である。

グールドは「説明と理解」の問題を解決しようとして、その上位にもうひとつの「説明と理解」（超-説明的な全体主義と超-理解的なロマン主義）の哲学的問題を再生産する結果に終わったのである。いわばウルトラに文学的な立場とウルトラに科学的な立場の解離的共存だが、それはリサーチ・プログラムとして評価すること自体が困難な哲学的アクロバットである。メイナード・スミスがグールドに与えた「混乱している」という評言――「まちがっている」ではなく――は、その意味でなかなか正鵠を得たものだったのかもしれない。

方法と真理――論争後半戦

ここで「説明と理解」論争の後半戦、すなわちハンス＝ゲオルク・ガダマーによって「説明と理解」が「方法と真理」の問題へと転換される二〇世紀半ばから現代へといたる論争史に目を転じ、そこにグールドの地獄めぐりを位置づけてみよう。先に論じた「説明と理解」論争の前半戦は、グールドによる適応主義批判の意義を明らかにすることに役立った。論争の後半戦は、その意義深い批判を行ったグールドがなぜ自滅しなければならなかったのかを理解可能にするはずだ。

「説明と理解」をめぐる論争において、理解派の歴史家や哲学者たちは、歴史研究は自然科学とは異なる独自の方法をもっと主張した。つまり歴史研究が目指す「理解」は、自然科学が行う「説明」とは異なるのだと。そして実際、物事の推移を因果的に説明することと、それを歴史として理解することとは、ずいぶん異なった営みであることも確認した。

それでは、歴史を対象とした場合に特有の学問的方法があるということだろうか。あるいは、学問は説明を旨とする方法と理解を旨とする方法とに二分されるということだろうか。今風の言葉でいえば、学問には理系の方法と文系の方法があるということだろうか。

たしかに、理解派の論者は自然科学とは異なる「理解」のための方法論を確立しようと努力した。だが、二〇世紀半ば以降の「説明と理解」論争の展開は、それがなかなかうまくいかないことを告げている。

ドイツの哲学者カール＝オットー・アーペルは、この論争を三つの画期に区分している（Apel 1979=1984）。第一期は、一九世紀から二〇世紀前半における、歴史学派やディルタイによる問題提起の時代。そこでは、自然科学の「説明」にたいする「理解」の独自性、自然科学にたいする「精神科学」の自立が主張された。第二期は、二〇世紀前半から半ばまで隆盛を誇った、論理実証主義による反批判の時代。ヘンペルやポパーといった有力な科学哲学者が、対象が歴史だろうとなんだろうと学問は自然科学の「説明」的方法によって一元的に構築できるのであって、「理解」は学問の方法にはなりえないとする統一科学の理念を掲げた。

そして二〇世紀後半以降が第三期である。これはある面では混迷の時代だが、しかしべつの面では弁証法的総合の時代であるともいえる。これが混迷の時代であるというのは、理解派と説明派それぞれの旗印であった強い主張がともに打ち砕かれたからだ。つまり、第一期で理解派が主張した歴史学／精神科学の自立も、第二期で説明派が主張した統一科学の理想も、どちらも保持できないことが明らかになった。他方で、これが弁証法的総合の時代でもあるのは、両陣営の強い主張は退けられながらも、それぞれの弱い主張は保存され、とりあえず議論が沈静化したからである。

どういうことか。本書の関心に即して私なりにまとめると、およそ次のようになる。「説明」と「理解」とは、同じ水準に並び立つような営みではないし、ましてや対立する営みでもない。また、学問（科学）には「説明」的方法と「理解」的方法という二つの方法があるのでもない。つまり、自然を対象にしたときには「説明」的方法が用いられるが歴史や芸術を対象にしたときには「理解」的方法が用いられるとか、自然科学は「説明」するが人文科学は「理解」する、とかいうわけではないのだ。強いていえば「説明」だけが方法的である。学問とは「説明」という方法と、それによって獲得された知の総体にほかならない。

第一期の理解派の誤りは、「理解」が学問的方法として自立できると考えた点にあった。実証主義科学の隆盛にたいする危機感がそこにあったことはまちがいないが、これは保持できない考えであることがほとんど明らかとなっている。しかし他方で、彼らにも正しいところがあった。それは「理解」という営みが人間の根底的な世界経験のありかたであり、そういうものとして学問的活動を含む私たちのあらゆる活動を支えているという指摘である。先に紹介したとおり、ハイデガーやガダマーといった哲学者は、私たちが生きているかぎり保ちつづける世界経験として「理解」の内実を詳細に解き明かした。

なお、本書で私は「学問」という言葉を「公的に共有された方法に則って行われ、その成果もまた公的に世に問われ検証される調査研究の総体」という、ゆるい意味で「科学」と呼ばれる活動と同じ意味で用いている。そのかぎりにおいては進化研究も歴史研究も文化研究も同じように学問＝科学である。

第二期の説明派の主張にも正しい点と誤った点があった。彼らが正しかったのは、学問とはすなわち「説明」の営みであるということを主張しつづけた点だ。公的に共有可能な法則やモデルによって事物を説明することこそが学問だという実証主義の精神は不滅であり、それは歴史を対象とする研究においてもじつに強力に働く（伊勢田 2009）。しかし他方で、その科学的「説明」の方法が物理学のような模範的科学を基準として一元的に整序できると主張した点で、彼らは誤った。実際には、「説明」というひとつの方法があるのではなく、物理学から歴史学にいたるまでの一元的には整序できない雑多な諸方法があるのである。

アーペルは、こうした諸方法の併存という事態を、哲学者ルートヴィヒ・ウィトゲンシュタインが唱えた「言語ゲーム」の考え方によって説明している（Apel 1979=1984）。諸々の科学的方法は、同一の本質（たとえば物理学的基準）を共有しているのではない。諸学問の体系は、第二期の説明派が望んだようには整然としたものではなく、あくまで部分的な共通性——家族的類似——によってのみ、ゆるくつながった集合体なのである[41]（Wittgenstein［1953］2009=2020）。

さて、ガダマーは、この問題にかんする集大成的仕事といえる『真理と方法』において、説明と理解を対立させる「説明と理解」の枠組みそのものを破棄し、それを「方法と真理」という別の区別をもって代えた。先に述べたとおり、「理解」は「説明」と対

41　*Atlas of Science: Visualizing What We Know* は、世界の諸科学とそれらの関係を地図にして見せてくれる大型本。アメリカ政府の公費を投じてつくられただけあって非常によくできている。ウェブサイトにはオンライン版もある（http://scimaps.org/）。言語ゲームの概念については、ウィトゲンシュタイン『哲学探究』を参照。

立するような学問的方法論ではないからである（じつは『真理と方法』というタイトルはガダマーではなく出版社がつけたものであるし、彼自身はこのような図式的な叙述を嫌うのだが、簡便なのでこの区分をそのまま利用させてもらう）。

学問とは「方法」にもとづいて「説明」を行う知の総体である。とはいえ、その方法はひとつではない。そこには家族的類似性によってゆるくつながった諸「方法」があるのであり、そうした諸方法の集合を私たちは学問と呼び、それによってもたらされるものを学問的（科学的）知識と呼ぶ。いわゆる理系の学問も文系の学問も、自然科学も社会科学も人文科学も、方法によって物事を説明するという点では同じく学問＝科学である。言い換えれば、非方法的な知識の探求は学問＝科学にならない。

では、「理解」はなにをもたらすのか。それは学問的知識のおよばない真理の経験である。真理というとなにかものものしい印象を受けるかもしれないが、私たちはその経験をよく知っている。たとえば、芸術作品や歴史的瞬間といったものに遭遇したとき、ほかのやりかたによっては——学問によっても、またほかの作品や瞬間によっても——決して得られないような、唯一無二としかいいようのない経験が否応なくもたらされる。それがここでは真理と呼ばれている。

（哲学と——引用者註）同様なことが、芸術の経験についてもあてはまる。この場合、いわゆる芸術学が営む学問的研究は、初めから、芸術経験に代わりえないことも、芸術経験を凌駕しえないこともわかっている。芸術作品において他のいかなる道筋をとっても到達しえない真理の経験ができるということが、いかなる理性的判断に対しても自己の立場を主張する芸術の哲学的意義である。このように、哲学の経験と並んで、芸術の経験は、科学的意識に向かって自己の限界を認めるよう、もっとも鋭い警告を発するのである。(Gadamer 1960=1986-2012: vol. 1, xxix)

とはいえ、なにもそれは学問的知識よりも偉いというようなものではない。真理が学問のおよばない領域にあるのは、ただそれが方法によって得られる知識ではないという理由によるのであり、私たちの人生経験にはそうした契機がどうしたわけか含まれるということなのだ。簡単にいえば、方法が人間の知性の行使であるとするなら、真理とは私たちの情緒を通じて与えられる認識や経験である。それは学問をしていようとしていまいと、私たちが生きているかぎりもちつづける世界経験のありかたであり、学問そのものをも可能とするような基盤を私たちに提供するのである。

第一期の歴史家や哲学者がこだわったのは、人間に真理経験をもたらすこの「理解」という契機をなきものにしないためにはどうすればよいかということだった。それがガダマーにおいて、人間に見出される根源的な世界経験の様式(しかし非学問的な様式)

としての場所を得たのである（もちろんこのことは、歴史や芸術を学問的に研究することや、学問の成果が歴史を画する事件となったり芸術的な美しさをもってあらわれてきたりすることをさまたげるものではない）。

いま、ガダマーにおいて「理解」が真理との特権的関係という「場所を得た」と述べたが、それは同時に、「理解」が学問的知識をもたらす「方法」候補の地位から転落したことをも意味する。学問的知識の特性が「方法」にもとづいた確実性にあるとすれば、「理解」の特性はいかなる方法によっても追跡不可能なかけがえのなさにある（こう言ったからといって、それが素晴らしいものや好ましいものであるとはかぎらない。それはかけがえのない悲惨なものでもありうる）。

それは私たちの人生にかけがえのない経験をもたらすが、まさにその特性がそれを学問的方法から遠ざける。学問というものは、公共的な方法によって公共的に検証される知識、あるいは「方法」に則るかぎり誰にでも追跡可能な確実な知識、つまりかけがえのあるものを目指すものだからだ。

学問の「方法」は、「ほかの条件が等しければ」(ceteris paribus) いかなるものにもあてはまる知識をもたらす。それにたいして芸術の「真理」は、「ほかのいかなる条件によっても」あてはまらない経験をもたらすのである。もちろん、学問に携わる者も各々がかけがえのない人生を生きているにちがいないし、その学問的活動の土台にはそうしたかけがえのない人生があるはずだが、それは「私の履歴書」（著名人が人生を語る『日本経済新聞』の名物連載）で語られることはあっても、学術論文に記されることはないのである。

回帰する疑似問題――対立から位置づけへ

以上のように、ガダマーの哲学的解釈学は、「説明と理解」の問題を「方法と真理」の問題に変換した。そして歴史理解に固有の経験は学問的「方法」にはなりえないが、それは芸術や文物が与えるものと同類の「真理」にかかわるものであると位置づけた。

ちなみに、こうしたことはすべて当たり前の話ではないかと思う人がいるかもしれない。そのとおりである。理由は単純で、いまでは当たり前のことが、かつては当たり前ではなかったということだ。このように言うと、過去の迷妄と混乱を脱した私たちはなんとすばらしい存在かと思うかもしれない。ある意味ではそのとおりだが、べつの意味ではそうではない。なぜなら、このようなことはおそらく今後も何度となく起こるだろうからだ。

学問（科学）が発展するたびに、世界についての私たちの知識や物の見方は更新されていく。すると、それまで採用してきた知識や物の見方と新しくもたらされたそれらとの折り合いをどうつけるのかという問題が生じる。場合によっては従来の知識に新しい知識を加えるだけですむかもしれないが、ひょっとすると新しい物の見方に合わせて従来の知識を捨てたり解釈しなおしたりしなければならないかもしれない。そんな場合には、新旧の知識や物の見方のあいだに激しい緊張が生じる。学問の発展がゆるやかな時代にはこうしたことはそれほど大きな問題にならないかもしれないが、科学革命以降の近代社会では、科学がもたらす知識と技術の急速な発展によって、こうした緊張状態が恒常的なものになっている。先に挙げた経済学やポップ・サイエンスにまつわる「中傷効果」もそうした事例のひとつだ。

こうした緊張が生みだす哲学的問題を、かつて「回帰する疑似問題」と呼んだ[42]ことがある（山本&吉川［2004］2017: 158）。これが疑似的な問題であるのは、対立すべきでないものが対立することで生じる偽の問題であるからだ。その対立こそ、新しい学問的方法による「説明」と、私たちの基礎的な世界経験である「理解」とのあいだの対立である。先に見たように、両者はそもそも競合するものではない。だから最終的にそれは、前者を後者のなかにいかに位置づけるのかという問題に行き着く（論理や実験・観察によって解答できるように立てられたものだけを問題と呼ぶのなら、これは疑似的あるいは偽の問題である）。

この対立は、「当該の学問的方法によってなにがどこまで説明できると考えるのが妥当なのか」という哲学的問題となってあらわれる。それは学問の事実というより権利にかかわる問題だ。だからそれに取り組むことが当該の学問の発展に直接的に寄与することはない（安楽椅子に身を沈めて哲学的解釈学に思いをはせるだけで研究開発ができるとしたら、誰も苦労して調査や実験をする必要はない）。そこで求められるのは事実の発見ではなく概念の交通整理であり、それこそこれが個別の学問（科学）にではなく哲学に属する問題であるゆえんなのである。

その意味で、これは学問の発展という観点からすれば不毛な問題であるかもしれないが、だからといって重要でないということにはならない。ただ個別の学問（科学）の問題ではないというだけのことだ。それは私たちの時代や社会や心性といった、より広い

42　私は文筆家・ゲーム作家の山本貴光との共著で二〇〇四年、『心脳問題――「脳の世紀」を生き抜く』という本を刊行した（その後『脳がわかれば心がわかるか』と改題して再刊）。ここでは「心脳問題」――心と脳（身体）の関係をどう考えたらよいかをめぐる哲学的問題――を「回帰する疑似問題」と位置づけ、その現代的意義を考察した。山本との仕事としてほかに、アメリカの代表的哲学者のひとりジョン・R・サールによる「心の哲学」の入門書『マインド 心の哲学』の共訳、哲学的問題をはじめとして世の中のさまざまな「問題」について考察する『問題がモンダイなのだ』、古代ギリシア・ローマの哲学者エピクテトスの思想を紹介する『その悩み、エピクテトスなら、こう言うね。』、対談型ブックガイド『人文的、あまりに人文的』などの共著がある。

コンテクストにおいてもたらされる厄介事であり、そういうものとして、それはそれで重要なのである。学問が発展をつづける以上、新旧の知識や物の見方のあいだに緊張が走ることは避けられず、そのたびに概念の交通整理や事故対応の仕事もまた避けられないものになる。だからこの問いかけは、どんなに知識が増大しても、学問の発展や時代の状況に応じて、亡霊のように何度でも姿をあらわすのである。[43]

一九世紀に勃発した「説明と理解」をめぐる論争は、こうした概念の交通事故が歴史理解を舞台にして起こった事例だった。それがこんどは二〇世紀後半になって、進化論の分野に再登場したのである。よりによってこの時期に再登場したということには、もっともな理由がある。自然の説明と歴史の理解という二本柱から成り立つ進化論（ダーウィニズム）は、生まれながらにしてこの問題を含むはずの学問なのだが、第二章で見たように、一九世紀のダーウィニズム（非ダーウィン革命におけるそれ）は発展的進化論との区別すらあいまいであり、この問題が十分に認識されることはなかった。それが二〇世紀の後半にいたって、ようやく進化論が「満足と確信を与えるにはじゅうぶん確立されているものの（……）未発達でもあり将来性に富んでもいる」（©グールド）という絶妙な段階に達したことで、一気に顕在化したというわけだ。これに正面から立ち向かって散ったのがグールドだったのである。

先に論じたグールドの分裂も、「説明と理解」の問題において理解派の論客が陥った苦境と同型である。先行者のディルタイもまた、学問的方法として「理解」の自立を獲得しようとして深刻な分裂に直面し、それを克服することができなかった。その分裂とは、かけがえのない生とかけがえのある学とのあいだの分裂、つまり「生」と「学」との分裂、あるいは心理主義と方法論主義の分裂であった。グールドにおけるウルトラ文学主義とウルトラ科学主義の解離的共存は、ディルタイにおける分裂の忠実な再演である。「歴史主義のアポリア」とガダマーが呼ぶこの苦境は、「説明と理解」という回帰する疑似問題に直面した者が背負う宿命なのかもしれない（Gadamer 1960=1986-2012: vol. 1, 354-87）。

このように述べると、グールドはヘマをやらかしただけなのかと思われるかもしれない。つまり、彼は科学者のくせに不毛な哲学的問題に手をだしたばかりでなく、あまつ

43　回帰する疑似問題（＝「説明と理解」）の（私の知るかぎり）最古の例は、紀元前四世紀のギリシャでソクラテスが発した疑問である。弟子のプラトンは『パイドン』において、その問いを次のように描いている。死刑判決を受けたソクラテスは、逃げようと思えば逃げられるのに牢獄にとどまっている。これをどのように考えたらよいか。ソクラテスの骨や腱の動きが原因となって彼は牢獄にいるのか、あるいは、アテナイ市民がソクラテスを有罪にすると決め、彼もまたそれを受け入れることに決めたからこそ彼はそこにいるのか。このようにソクラテスは「説明と理解」の対立をあえて先鋭化させるのである。

さえそれを科学的に解決しようとするカテゴリー錯誤を犯したすえに自滅したのだと。

たしかにそうした面もあるだろう。しかし、先ほど述べたように、学問（この場合は進化論）が発展をつづける以上、新旧の知識や物の見方のあいだに緊張が走ることは避けられない。そこで提起される回帰する疑似問題にたいして、私たちはその都度、試行錯誤しながら妥当な問題の解消法を見出さなければならない。その場合、首尾一貫した失敗ほど後進・後衛の者にとってためになるものはないのであり、そのほとんど一切合切の素材提供をグールドはひとりでやってのけたのである。

ここで大事なことが二つある。ひとつめは、つねに問題はあれかこれかの対立というかたちであらわれることだ。新しい学問的方法によって、それを歓迎するにせよ忌避するにせよ、旧来の世界経験が脅かされるように見えるからである。そして二つめは、「説明と理解」の問題が「方法と真理」の問題に変換されたように、その対立は位置づけへと変換されるということである。それにともない、問題の性質もまた決定的な解答のない、あるいは相互に矛盾する諸解答を許す、あれもこれもの多事争論に変わる。それがこうした問題がたどる道筋である。

グールドは、この問題の対立から位置づけへという転換に（決して彼自身が望んだかたちではないにせよ）おおいに貢献した。第三章で見たとおり、グールドによる適応主義批判は、その原理的な不完全性を指摘するものだった。しかし、それを乗り超えるような方法論が提出されたわけではない。議論が進むにつれて、適応主義プログラムはあくまでリサーチ・プログラムとして長期的な観点から評価されなければならないものであることがますます明白になった。グールドが設定した、進化のメカニズムにかんする「説明」と生命の歴史の「理解」という対立は、適応主義という「方法」をリサーチ・プログラムとして適切に位置づけ運用するという課題へと変換されたのである。

人間的、あまりに人間的——偶発性から理不尽さへ

「方法と真理」のパースペクティヴからすると、学問とはなによりも「方法」によって導かれる「説明」の体系である。そして進化論という学問において私たちは適応主義プログラム以上の「方法」を（グールドの主張に反して）現実には持っていない。しかもそれはリサーチ・プログラムとして実際にうまく運用されているのである。とすれば、もはやグールドの反論はお役御免ということだろうか。学問的にはそれでいいように思われるし、これまで何度も述べてきたように、実際そうなっている。

しかし、本書の主目的が進化論の解説ではなく、私たち自身の進化論理解を理解する、という点にあることを考慮すると、グールドの敗走が真価を発揮するのはむしろここからである。

適応主義プログラムにたいするグールドの反抗は、まさしく「説明と理解」という回

帰する疑似問題のフォーマットに乗ったものだった。「説明と理解」の論争史において、歴史を「理解」することは、「方法」によってもたらされる学問的知識とは異なった、非方法的な「真理」の領域に属する経験であることが明らかになったが、じつのところ、グールドが適応主義プログラムにたいする最後の砦として独自の味付けをほどこした偶発性の概念は、「方法」によってもたらされる学問的知識を超えたものになっている。いくらグールドがそれを科学の言葉で語ろうとしたところで、それは事実上、ハイデガーやガダマーが追究した人間の根源的な世界経験としての「真理」に属する事柄であり、あくまで非方法的（非学問的）な「理解」によって感受されるしかないものである。

要するに、彼が提示する偶発性の概念は学問（科学）の外にあるということだ。だからグールドは、偶発性の概念をロマンティックに語る以上のことができなかった。そしてその補完物として夢想的な全体的理論を提唱するしかなかったのである。では、グールドは最後の砦である偶発性を、どうすればよかったのか。彼は彼の偶発性概念を（本書の意味で）正しく理不尽さと呼べばよかったのである。明らかな我田引水のようだが、どういうことだろうか。

量子論の父とも呼ばれる偉大な物理学者マックス・プランクは、自然科学の思考は「あらゆる人間的要素を除去しようとする恒常的な努力にほかならない」と述べた（Planck 1909=1978: 127; Cassirer 1944=1997: 401）。科学は人間を研究しないということではない。科学はなんでも研究対象にする。ただその方法は、対象が人間であろうとなかろうと、研究者の感覚や主観から離れて、さらには人間の身体的諸制限からも離れて、汎用性のある知識を生みだそうとするということだ。私たちは生まれたままの姿では素粒子をとらえるには大きすぎ、宇宙を見渡すには小さすぎる存在だ。だが、科学はそうした諸制限を逃れて物事を把握する知識と技術を開発することによって、私たちが客観性とか確実性と呼ぶ美徳をそなえることになった。自然法則を公式化するさいには、人間の都合など忘れなければならない。その意味で、科学活動は人間的要素にたいして遠心的に働く知の営みである。

こうした遠心化作用[44]は、科学活動とその知識にどのような性格を与えるだろうか。第一章で言及した「道徳における運」の哲学者バーナード・ウィリアムズは、それを「絶対的な捉え方」(absolute conception of the world) と呼んだ（Williams 1985=2020: 273-6)。

それは特定の視点からできるだけ離れることで、誰にでも手に届く知識をつくりだす努力だ。たとえば私たちは「芝生は青い」ということを知ることができる。ここで

44　遠心化／求心化作用という用語は大澤真幸の論考から借用した。詳しくは『社会システムの生成』『身体の比較社会学Ｉ』を参照。

「芝」は文化や言語がちがえば呼び名や分類法が異なるだろうし、芝のない地域では該当する言葉がないかもしれない。そこで学名が用いられるようになるだろう（学名で足りなければ素材の物理化学的特性が呼びだされるだろう）。また、芝にたいして「青い」と形容するとき、いやそれは緑だと反論されるかもしれないし、そもそも色の体系が文化や言語で異なることもある。そこでその色を光の波長であらわすことになるだろう。このようにして科学は、特定の人や文化や立場からできるだけ離れた視点から対象を描写しようとする。これが絶対的な捉え方である。

注意しなければならないのは、それはあくまで「絶対的」(absolute) な捉え方であって、「完全」(perfect) な捉え方ではないという点だ。もし完全な捉え方というものがあるとしたら、それはあらゆる視点から対象を描写するものであるだろうが、科学は絶対的であることと引き換えに、完全性とは手を切るのである。それはいわば「どこでもないところからの眺め」(©トマス・ネーゲル) から、誰にでも手に入る知識のために、誰のものでもない知識をつくりだす努力だ。結果としてそれは、人間でなくとも知性をそなえた存在ならばひょっとしたら読み解けるかもしれないような知識をもたらすだろう。

ここで、人間的要素の除去とか絶対的な捉え方というものは物理学や化学などのハード・サイエンスの話であり、進化論（進化生物学）にはあてはまらないのではないかと感じる人もいるかもしれない。だが、進化論もまた人間的要素を除去した捉え方を要する学問である。まず、進化論は人間的尺度からはずいぶん離れたスケールの事象を扱うことがある。たとえば、自然淘汰によって眼のような複雑な器官ができたことはにわかには信じられないかもしれないが、それは私たちの日常的な感覚から理解しがたいだけである。進化論が扱う数千万年とか数億年という圧倒的なタイムスケールにおいては、それは十分に可能であるというのが進化論の回答である。

それだけではない。人間的尺度からも容易に見てとることが可能なスケールの事象についても同じことがいえる。進化論、なかでもその自然淘汰説は、基本的な考え方そのものが人間の通常の思考習慣とはまったく異なる。

アリストテレス、聖書からラマルクまで、ダーウィン以前の進化論は、ある意味で人間の自然な思考習慣――認知バイアス――に合致した考え方をしてきた。その自然な思考習慣とは目的論的思考である。キリンは高所の葉っぱを食べるために首を長くしたとか、神が自身のため人間のために生き物を創造したという考え方だ。

目的論的思考は、それ自体は日々の暮らしに役立つ、というかそれなくしては生きていけないくらい重要な思考習慣だ。これがなければ朝食のためにパンを焼くこともできなくなる。つまり私たちの行為の多くが宙に浮いてしまうことになる。

専門家でさえ便宜のために目的論的思考の助けを借りる。たとえば、眼はものを見るために、脚は移動するために、肺は酸素を取り込んで二酸化炭素を排出するために発達した、等々（そもそも「機能」という概念自体が目的論的である）。

しかし、厳密にいえば逆なのだ。それは、ものを見るのに適した形質をもった個体が生き残り子孫を残した結果なのであり、移動するのに適した形質をもった個体が生き残り子孫を残した結果なのであり、以下同様である。ダーウィニズムは、三浦俊彦の言い方を借りていえば、目的論的にしか理解できない事象を結果論的に説明する方法を発明したのである。エリオット・ソーバーはこれを「目的論の自然化」と呼んでいる(Sober 2000=2009, chap. 3-7)。

ここで大事なことは、目的論的にしか理解できない事象を結果論的に説明する革命的理論を手にしたとしてもなお、私たちがその事象を目的論的にしか理解できないという事態は変わらないということである。目的論的思考はそれだけ強力な認知バイアスであり、自然淘汰説は人間には習得しづらい考え方というより、そもそも人間の考え方ではない。この点において自然淘汰説はじつのところ量子力学や相対性理論と同じくらい人間には理解しづらい理論装置だ。ふだんは弱肉強食とか優勝劣敗といった人間的なわかりやすい衣にくるまれているために、そのことがわかりにくくなっているだけなのである。第二章において「自然淘汰説は、学問の世界から離れて日常的な世界像へと入っていく瞬間、別人に変わってしまう」と論じたことを思い出してほしい[45]。

科学がどのような営みであるかについては、もちろんこれまでじつにさまざまなことがいわれてきた。そのことばかり考えているといってもいい科学哲学という分野もあるくらいだが、なかでもこのプランクの寸言とウィリアムズの考察は、その一種ハードボイルドな雰囲気がいかしているだけではなく、本章の今後の議論を理解しやすくもしてくれる。[46]

本書は第一章において、生物種の絶滅に見られる遺伝子と運の出会いを進化の理不尽さと呼んだ。大事なことは、運というものが、徹頭徹尾、人間にたいして求心的に働く概念であり、人間的要素そのものである点だ。自然を科学的に（絶対的な捉え方のもと

45　宗教の「自然さ」と進化論／科学の「不自然さ」については、垂水雄二『科学はなぜ誤解されるのか――わかりにくさの理由を探る』、ロバート・N・マッコーレー "The Naturalness of Religion and the Unnaturalness of Science" を参照（木島泰三の教示による）。

46　科学哲学に興味をもった人は次の本を手にとってみてほしい。戸田山和久『科学哲学の冒険』は入門に好適で、水準が高く、そしてノリがいいという三拍子そろった傑作。伊勢田哲治『疑似科学と科学の哲学』は、科学と疑似科学の線引き問題という視点から科学とはなにかを考えるユニークな本で、さまざまなことに応用できそうな考え方が披露されている。改訂新版が出たA・F・チャルマーズ『科学論の展開』は、世界中で定評ある入門書だ。また、雪の科学者・中谷宇吉郎の『科学の方法』は古い本だが（岩波新書青版）、いまなお読み返すに値する名著。

で）記述する観点からすれば、あらかじめAからDが生じた結果としてEが必然的に生じる。それが予測できる現象であろうとなかろうと、起こることはただ起こるだけだし、起こったことはただ起こっただけだ。そこでは因果や確率といった概念が用いられるかもしれないし、生物進化のように決定論的カオスの遍歴をたどる事象には偶発性の概念が用いられるかもしれない。しかし、そこに運不運といった概念が顔を出すことはない。それはあくまで人間側の事情だからである。人間の都合などおかまいなしに進んでいく自然の運行が人間の人生と出会い、私たち自身の都合にかかわる運不運の問題としてあらわれるとき、それが理不尽なものとして感受されるのである。

社会学者の大澤真幸は、阪神・淡路大震災で被災したある女性について語っている（大澤 2000）。彼女は震災の朝、とくに理由もなくふだんより一〇分ほど早く寝床を離れたのだが、それが彼女と夫との命運を分けることになった。二階にいた彼女は生き残ったが、一階で寝ていた夫は瓦礫の下敷きになり亡くなってしまったのである。彼女はそれ以来ずっと、自分の「責任」に苦しめられることになったという。それは、「死んだのは自分でもよかったのに、夫のほうが死んでしまった」という責め苦であり、その苦しみは全身麻痺と離人症という激しい症状をともなうものだった。大澤は、彼女を苦しめた罪の意識を、ドイツの哲学者ヤスパースの概念を借りて「形而上の責任」と呼んだ。

ヤスパースは、刑法上の罪、政治的な罪、道徳上の罪に加えて、形而上の罪という概念を提示した。前の三者が、ある選択にたいして課せられる罪であるのにたいし、形而上の罪とはどんな選択や行為とも無縁に成立する罪のことだ（Jaspers 1946=1998）。それはどのような説明や釈明がなされたとしても残ってしまう罪である。これまでも戦争や災害、事故のサヴァイヴァーはさまざまなかたちでこのような形而上の責任について語ってきた。絶滅収容所から生還した作家のプリーモ・レーヴィは、収容所で亡くなった仲間にたいする負い目を吐露している（Levi［1947］1958=2017; 1986=2019）。

このような感覚にはなにも受難や艱難辛苦の経験が必須というわけではない。それはふだんの生活のなかで、ふとした拍子に訪れることもある。数学者の小島寛之は、ある棋士の次のような感慨を報告している。「ホームレスの人を見ると、ときどきこんなことを思う。あのとき、銀を左下ではなく右下に引いていたら、今自分はこの人だったかもしれない」と（小島 2004）。棋士はそのとき、迷ったすえにほとんど偶然に銀を左下に引いたかもしれない。それは結果的には正解だったのだが、それ以降、棋士には「ほかでもありえた」世界、つまり銀を右下に引いたことで生じた世界がつきまとうことになった。その可能性を付与しなければ、棋士は自分の現在を正当に評価することができないからである。もちろん将棋の世界では、その手が熟慮によるものだったにせよ偶然によるものだったにせよ、勝ちは勝ちで負けは負けだ。しかし棋士には自分の手がほとんど意志的なものでなかったことがわかっているがゆえに、ある種の居心地のわるさというかたちで形而上の責任を感じるのである。

こうした事態に出会うとき、私たちはしばしば（よい意味でもわるい意味でも）「どうしてこうなった」と慨嘆する。そのとき私たちは、そうなっていることはすでに確固とした事実であること、すべては超常現象などによってではなく自然法則によってそのようになるべくしてなったということ、いまさらそれを動かすことなどできないことを正確に理解している。しかし同時に、そのようにしてなるべくしてなった事態の裏側には「ほかでもありえた」がぴったりと貼りついていることもまた、正確に理解しているのである。「どうしてこうなった」という慨嘆は「ほかでもありえた」という認識と表裏一体なのである。

理不尽さとは、こうした「どうしてこうなった／ほかでもありえた」偶発的事象にたいして私たち自身が抱く人間的感覚である。それは悲しみや痛みとともにあらわれるかもしれないし、喜びや安堵とともにあらわれるかもしれない（いいことばかりとはかぎらないが、わるいことばかりともかぎらない）。理不尽さとは、このような偶発性にたいする私たちの人間的・形而上学的反応なのである。

それがなぜ人間的・形而上学的なものであるかといえば、（先の形而上の責任と同様に）たとえあらゆる学問的（科学的）説明が与えられようとも、その感覚が解消されるわけではないからだ。学問は、地震発生の機構、家屋の耐震強度、人間の推論メカニズム、無用の責任を感じる人間心理の仕組み等々について教えるが、それが「死んだのは自分でもよかったのに、夫のほうが死んでしまった」「あのとき、銀を左下ではなく右下に引いていたら」という人間的・形而上学的な感覚を満足させることはないだろう。だがそれでよいのであり、それが学問なのである。この懸隔を乗り超えることができると考えたとき、そこには偽りの詩とスカイフックが待っていることだろう。

ちなみに、「こうした人間的・形而上学的な問題に学問＝科学は答えられない」とは、よく用いられる言い回しであるが、しかし、こうした問題はそもそも学問＝科学の答えを求めてなどいないのだ、というのがより精確なところであろう。学問＝科学は、つねにうまくいくとはかぎらないにしても、答えられる問いを立ててそれに答える営みである。その管轄外のことについてまで学問＝科学に負担を強いることはない。「こうした問題に学問＝科学は答えられない」という考えは、その落胆がもたらす空隙（心の隙間）に偽りの詩とスカイフックを呼びこむ温床にもなりかねない。

「説明と理解／方法と真理」の用語で言い換えれば、本書のいう理不尽さの感覚は、「方法」的な「説明」を与える学問の外側にある、非方法的な「理解」をつうじた「真理」の経験に属する事柄である。それが学問のなかに占める場所はない。その意味で、じつは第一章で見たデイヴィッド・ラウプの「理不尽な絶滅」は、進化生物学における正式な（科学的な）分類ではないし、そうしたものを目指すものでもない。それは、偶然の産物を当然・公正・正当なものとみなす私たちの通常の人間的感覚に、それとは逆向きの人間的感覚をぶつけて逆なでするために彼が仕掛けた異化の戦略だったのである。

フランスの哲学者・作家ジャン＝ポール・サルトルの小説『嘔吐』に、存在の不条理を描いたとして有名なシーンがある。主人公はアントワーヌ・ロカンタンという赤毛の男。図書館で歴史の研究をしている。その彼があるとき自分の異変に気づく。海岸で拾った石やカフェの給仕のサスペンダーといった何気ないものを見て、思わず胸のむかつきをもよおしてしまうのだ。そして公園のベンチに座り、目の前にあるマロニエの樹の根っこを見たとき、ついに激しい吐き気に襲われる。そしてこの吐き気が、どのような法則や原理によっても演繹できない存在との出会いの偶発性が、そのものとして迫ってきたときの人間的反応であることに気づくのである。

本質的なことは偶然性なのだ。つまり定義すれば、存在は必然ではない。存在するとは単に、そこにあるということなのだ。存在者は出現し、出会いに身を委ねるが、人は絶対にこれを演繹できない。そのことを理解した人もいるだろう。ただし彼らは、必然的な自己原因の存在を作り上げて、この偶然性を乗り越えようと試みたのだ。ところでいかなる必然的なものも、存在を説明することはできない。存在の偶然性は見せかけでもなく、消し去ることのできる仮象でもない。それは絶対であり、したがって完全な無償性である。すべては無償だ、この公園も、この町も、私自身も。それを理解すると胸がむかむかして、すべてはふわふわと漂い始める。（Sartre 1938=2010: 218）

本書が論じてきた理不尽さを突き詰めていくと、このようなほとんど狂気すれすれの不条理性に行き着くことになる（だから理不尽さを不条理性と呼んでもよいのだが、「不条理」には必要以上に高踏的文学的な含みがあるように感じるので、とりあえず本書は「理不尽」で通す）。

もちろん、そうした理不尽さを感受してしまうような人間的経験もまた科学的研究の対象になりうるが（心理学や認知科学など）、そこで得られる知識は当然ながら人間的経験そのものとは別物である。むしろ文学や芸術といった活動がこうした人間的経験の諸相をありのままに描こうとしてきたということは、誰もが知るところだろう。

ここで大事なことは、ふだん私たちは正気や常識や慣習によってこの偶発性をつねにすでに乗り超えているということであり、しかし同時にその乗り超えに失敗することもあるということだ。人類の歴史においては、なにより宗教が偶発性にたいする対処法を提供しようとしてきた。「義人の苦難」を描く聖書の「ヨブ記」は、それが端的にあらわれたテキストである（Kushner 1981=2008; 大澤 2010）。

偶発性はいわば人間的諸劇の素である。それが人生や社会の大きな流れ、個人の力ではどうしようもない奔流に飲み込まれるなら、それは悲劇の素材となるだろう。他方、それが人生や社会の意味と接続することなく宙に浮いてしまうなら、それは理不尽なものとなり、喜劇やコント、あるいは不条理劇の素材となるかもしれない。

形而上の責任の苦しみは、それがまぎれもなく悲劇的な出来事を含むものでありながら、そこになんらの意味づけも与えることができない、つまり非劇的なものである点に存する。偶発性がどのような人間劇にも回収されないとき、つまりそれにどのような意味も与えられないとき、それは理不尽さの感覚、形而上の責任としてあらわれるのである。

先に私は、グールドは「偶発性という概念がまるでそれ以上のなにかであるかのように語る」と述べ、それを「偽りの詩」と批判したドーキンスに同意した。グールドの語る偶発性は実際それ以上のなにかである。それはじつのところ、本書が用いる意味での、偶発性にたいする人間的反応としての理不尽さの感覚にほかならない。進化論という学問において、偶発性の概念はマックス・プランク的な意味で人間にたいして遠心的に働くはずの概念であるが、彼は逆に人間にたいして求心的にそれを（そう明示することなく）用いることで、実質的に科学活動の外部に置いてしまったのである。だからその偶発性擁護は科学の皮を被った「偽りの詩」になってしまったのだ。この手管がグールドの人気を支える要素のひとつでもあるのだが。

グールドは彼にとっての最後の砦であった偶発性を正しく理不尽さと呼ぶべきであったと私が述べたのは、以上のような理由からである。そうすれば彼の偶発性概念はもはや科学の領分に属する事柄ではなくなる。そして「偽りの詩」という嫌疑からも解放されたはずである。

グールドと私たち——鏡像的な関係

しかしもちろん、グールドはそんな主張をするわけにはいかなかった。それは彼の科学的野望を放棄するに等しいからだ。だからこそ彼は自ら分裂してしまったのだが、そんな彼の悲劇的な敗走を思うにつけ、「ハリネズミと狐」の話を想起させられる。

政治哲学者アイザイア・バーリンの評論に、トルストイを論じた『ハリネズミと狐』という名著がある（Berlin 1953=1997）。バーリンは、ギリシア詩人アルキロコスの断片「狐はたくさんのことを知っているが、ハリネズミはでかいことをひとつだけ知っている」という一行を紹介する。この言葉を常識的に解釈すれば、多方面に頭が働くずがしこいキツネも、強固な防御法をひとつ知るハリネズミにはかなわない、といった訓話になるかもしれない。しかしバーリンにとって、要点はどちらが優れているかということではなかった。彼はそれを、作家や思想家ひいては人間一般を大別するもっとも深い差異を指し示すものとして提示し、トルストイという矛盾に満ちた巨人の芸術と思想を解読するのである。

バーリンの診断は、トルストイは本来はキツネであったが自分ではハリネズミだと信じていた、というものだ。トルストイが『戦争と平和』で描くのは、ひとつではなく数多くのものであり、しかも彼はそれらをどこまでも微細に、そしてあふれんばかりの個性において現出せしめる。トルストイの天才は、それらの対象をまさに当のものにしている独自性をあますところなく知覚し、そのすべての構成要素を完全にそれぞれの個性的な本質において描写することで、事物と個人の置換不可能な個性の全体をほとんど奇跡的に呼び起こしてしまうという、驚くべきキツネ的能力にあった。トルストイの作品に引き込まれたことのある人なら、誰でもこの評価に同意することだろう。[47]

しかし、とバーリンはつづける。それにもかかわらず、トルストイは自らの天分とは異なり、普遍的な説明の原理に憧れ、ハリネズミ的に世界を見ようと切望した。『戦争と平和』において延々と語られる歴史哲学的思索は、多くの読者にとって作家の余計な付け足しと感じられるかもしれないが、それは単一の包括的ヴィジョンにたいするトルストイの熱望のあらわれなのである。

このようにして、彼の才能と彼の意見、多様な事物と単一のヴィジョン、つまりキツネの天分とハリネズミへの切望とのあいだの激烈な矛盾が、『戦争と平和』をあのような超弩級の傑作かつ不可思議な怪作にしているのだ、そうバーリンは論じる。

定評のある連作エッセイにおいて、なんらの一般的な原理や法則にも還元できない歴史的事象の細部にまなざしを注ぎ、些細な生物や忘れ去られた科学者といった題材をその単独性において描き込んできたグールドには、まちがいなくキツネの天分があった。しかし彼はそれに満足せず、適応主義を超える完全無欠のヴィジョンを唱えるハリネズミになろうと熱望して自滅したのである。

バーリンの比類ないトルストイ評が摘出した才能と意見の矛盾は、グールドにもまたふさわしいものだ。私はグールドの論争的文章を読むたびに、「彼は繰り返す。彼は哲学している！」とトルストイにたいして不満を述べたフローベールのような気持ちになる。しかもグールドは、書評集や死後に出版されたエッセイ集において、よりによって

47　トルストイにはすべてがある。藤沼貴による新訳『戦争と平和』は、読みやすい訳文に時代背景の解説や小話などが盛り込まれた親切設計。『戦争と平和』が矛盾に満ちた高峰だとすれば、『アンナ・カレーニナ』は一点の曇りもない珠玉であり（巨大な珠玉だが）、トーマス・マンやドストエフスキーにとってだけでなく、私にとっても完璧な小説作品だ。なお、動くトルストイに興味のある人は動画検索をしてみてほしい。晩年の作品『文読む月日』を四カ国語で朗読するトルストイを見ることができる。

そのアルキロコスの言葉をいつもの名調子で論じたりもしているのだ(Gould 1987=1991; 2003)。

実際のところグールドは自身のなかに住むハリネズミとキツネをどう考えていたのだろうか。それを思うと、なんとも複雑な気持ちになるのである。

こうしたグールドの混乱は、第二章で論じた私たち素人の進化論理解を理解するのに重要な示唆を与える。第二章では、私たちは進化論の用語や学説を限定解除することによって言葉のお守りとして利用すると述べた。つまり、進化論の学説はもともと学問的な限定がなされることで有効性が確保されているのだが、私たちはそのような限定から離れて融通無碍にそれを利用するということである。

こうした私たちのやりかたは、本章での議論をもとにグールドとその論敵ドーキンスの名を借りて、いまや次のようにパラフレーズすることができる。すなわち、私たちはグールドの舞台の上でドーキンスの威光を笠に着ているのだと。グールドの舞台とは、彼のウルトラ文学主義/科学主義の問題設定が要求する人間的「真理」の領野である。ドーキンスの威光とは、「方法」的限定のもとで練り上げられた説明の体系とそれにたいする名声である。これは、私たちが彼らから影響を受けた結果というより(おそらく私たちの多くは彼らから直接影響を受けるほど勉強熱心ではない)、進化論の魅力であるその中間的性格が系統的にもたらす構造であろう。

ともあれ、このようにして私たちはグールドの切った空手形をドーキンスの名声によって現金化する。こうした「俗情との結託」(©大西巨人)のおかげで、私たちはグールドの苦悩ともドーキンスの修練とも無縁なまま地雷を回避できる。それによって進化論を易々と理解し、得々として適用することができるのだ。このとき私たちは、グールドにおいて分裂したウルトラ文学主義とウルトラ科学主義のあいだにある無限の空隙をドーキンスの知見によって埋め合わせることで、無敵の進化論者となる。つまり、私たちの勝利はグールドの敗北の鏡像なのである。グールドの混乱と分裂が私たち自身の進化論理解の理解を助けるとは、このような意味においてである。

このことが私たちに課す宿題はどんなものだろうか。それを論じて本章を終えたいのだが、その前に、グールドの肯定的な側面にも触れておきたい。これまで反面教師のように描いてきたグールドだが、彼が知的世界に残した功績は決して小さくないと私は考えている。

グールドの功績(理論篇)——歴史科学の方法論

グールドは、その歴史にたいするこだわりからわかるとおり、進化論の歴史科学的な側面を豊かにした功労者だ。このことは理論と実践の両面にかんしていえる。まずは理論面について述べよう。

彼は、歴史科学としての進化論がそなえるべき原理と方法を、ダーウィンを手本にさまざまなかたちで定式化した。そのエッセンスは次のようなものだ（Gould 1989=2000: chap. 4）。

グールドはまず、歴史を扱う科学（historical science／歴史科学）とその方法にかんする「ひどく限定的で最悪ともいえる固定観念」の存在を指摘する。実験、定量化、反復、還元、予測と制御、そして白衣を着て実験室でダイヤルをいじる男といった固定観念である。こうした固定観念のせいで、歴史科学は、固定観念に合致した研究（たとえば実験と予測にもとづく物理学）と比べて低い地位に甘んじてきた。結果として、物理学を頂点とする科学の格付けのなかで、歴史科学は心理学や社会学とともに「ふにゃふにゃの主観的な分野」という「二級科学」の扱いを受けることになる。

しかし、歴史科学において自然法則のもとでの実験や予測が難しいからといって、歴史科学が科学として劣っているとか、まともな結論に到達する能力を欠いているということにはならない[48]。歴史を相手にする科学は「手元のデータが比較と観察の点でどれだけたくさんのことを語るかにもとづいた、他（実験と予測にもとづく説明様式――引用者註）とは異なる説明様式」を採用するが、それが証拠をもとにした推論と検証によって仮説を形成する点では他の科学と変わらない。こうした検証可能性こそすべての科学的方法に要求されるものであり、「歴史上の出来事の奇想天外さは、異なる検証方法をわれわれに強いるが、それでも検証可能性が規準であることは変わらない」のである。このようにしてグールドは、科学にかんする固定観念とそれによる格付けの発想を退ける。そして歴史科学を、固定観念に合致した科学とは異なるが、しかし十全に科学的な営みとして提示するのである。

グールドによれば、やはりダーウィンこそ、歴史が科学研究の対象となることを立証した「もっとも偉大な歴史科学者」である。彼はそのダーウィンに範を仰ぎ、次のようにその根本原理を定式化する（Gould 1989=2000: chap. 4; 2002b: 97-116）。

ダーウィンが確立した歴史的推論方法の最大の特長は、論じる主題にかんして入手できる証拠やデータの密度のちがいに応じて、それぞれにふさわしい説明様式があるということを教えてくれる点にある。歴史研究においては、入手できる情報の質や量は研究対象によってまちまちである。良質なデータを豊富に入手できる場合もあれば、そうはいかないときもある。たとえば、現存する扱いやすい生物を研究する場合には十分なデ

48　近年では、註39で紹介した進化実験だけでなく、人間の歴史を実験的ないし数学的手法によって探究する試みも盛んになっている。ジャレド・ダイアモンド、ジェイムズ・A・ロビンソン編『歴史は実験できるのか――自然実験が解き明かす人類史』、ピーター・ターチン『国家興亡の方程式――歴史に対する数学的アプローチ』などを参照。

ータを入手できるだろう。しかし、太古の生物を相手にする場合などには、化石記録などの断片的なデータをもとに、より慎重に推論を行わなければならない。それぞれの場合に応じて適切な推論の方法が異なってくるのである。ダーウィンは、入手できる情報密度のちがいに応じて、異なる四つの原理にもとづいた推論方法を使い分けている。

グールドはそれら四つの原理を、入手できる情報密度の高い場合から低い場合へと順に説明していく。まず、もっとも情報密度が高い場合、たとえば直接的に変化を観察することが可能な場合である。これには「斉一性」(uniformity)の原理を用いることができる。こうした恵まれた条件においては、事象の状態と変化の程度をそのまま過去に、あるいは未来に引き延ばす(外挿する)かたちで歴史を再構成したり未来を予測したりできるだろう。グールドはこれを、ダーウィンが長い時間と労力をかけて行い、生前最後の本としてその成果をまとめたミミズ研究にちなんで「ミミズ原理」(the worm principle)と名づけている。

次に、直接的な変化を観察することができない事象を、ひとつの時系列のなかに位置づけなければならない場合。これには「配列」(sequencing)の原理が用いられる。より長期的で大きなプロセスにおいて事がどのような順番で起こったのかをデータをもとに推論するのである。ダーウィンはこの原理にもとづいて裾礁《きんしょう》、堡礁《ほしょう》、環礁《かんしょう》として知られるサンゴ礁の三つの形態が、じつは礁が中心の島の沈降とともに順次とる三つの段階であることを示した。そこからグールドはこれを「サンゴ礁原理」(the coral reef principle)と名づけている。

三つめは、斉一性も配列も利用できないほど情報密度が低い場合である。ある事象の変化を直接観察できる場合には斉一性を用いることができるし、変化を観察できなくともそれが大きなプロセスの一部であると想定できれば配列という方法がある。しかし、どちらも利用できないほど情報に乏しい場合にはどうするか。そんな場合にも、「符合」(consilience)という原理がある。もしここで、多数の独立した情報が、そろいもそろって特定のパターンを示したとき、それは単なる偶然によるものではなく、そこには多数の事象を束ねるなんらかの原理が存在するということになるだろう。これが符合《コンシリエンス》であり、まさに進化生物学の真骨頂となる原理である。いまあるような生命の秩序が進化によるものであることをわれわれが知ることができるのは、「発生学、生物地理学、化石記録、痕跡器官、分類学などが提供する異質なデータを一つに結ぶ説明は進化論以外に存在しない」という、ダーウィニズムが見出した符合のおかげなのである。グールドはこれを、花の変異を調査したダーウィンの研究にちなんで「花の原理」(the different flowers principle)と名づけた。ちなみに"consilience"とは一九世紀の科学者・神学者のウィリアム・ヒューウェルがつくりだした言葉で、ラテン語の「con」(いっしょに)と「salio」(飛ぶ)を組み合わせたものだ。文字どおり飛び飛びに離れた別々の事柄をいっしょに説明してしまう原理である（Whewell 1840; 三中 2006）。

最後に「不調和」（discordance）の原理がくる。ある対象を観察していて、斉一性や配列はおろか、なんらの符合をも見出せない場合にはどうするか。一見どうしようもないように思えるが、ダーウィンはここで、その対象にどこか不協和や不一致、あるいは失敗と思えるような要素がないか探るように命じる。たとえば生物の身体のなかでうまく働いていないような器官、あるいは現在の環境にうまく適合していないような性質や行動がないか探るのである。じつはそうした要素こそ、かつて異なる状況を生きていた祖先からその生物が受け継いだ遺産である。そして、そこに見られる不調和や不一致にもとづいた推論によって、祖先が生きていた過去から現在へといたる歴史の変遷が再構成できるのである。この驚くべき歴史的推論の方法を、グールドはダーウィンのラン研究にちなんで「ラン原理」（the orchid principle）と名づけたが、もっとも人口に膾炙した例は、グールドが自ら紹介したパンダの親指（解剖学上は指ではない六本目の指）かもしれない。先にもとりあげた「パンダ原理」（panda principle）は、この原理にグールドが与えた別名である。

このようにダーウィンは、歴史にかんする科学的推論の方法論を、入手できる情報密度に応じた四つの原理の連続体として磨き上げた。このような推論と検証の手続きによって歴史科学は、物理学のような自然法則を用いた説明とは異なるが、しかし等しく厳密な説明を歴史にたいして行う科学になったのであるし、またそうでなければならない。そうグールドは主張するのである。

これはダーウィニズムの驚異的な説明能力の由来をあますところなく明らかにしてくれる定式化だ。しかもそれは適応主義的アプローチによって歴史的推論を行うさいに役に立つものとなりこそすれ、それを排除するようなものではない。実際、第三章で論じた「最大限に大胆かつ細心な適応主義者」ならば、この諸原理を大胆かつ細心に駆使して、驚くような適応主義的説明をもたらすだろう。まさにダーウィンその人がそのような進化論者だったのであり、グールドの論敵であり「ダーウィンのロットワイラー」とも呼ばれるリチャード・ドーキンスもまた然りである。グールドの死の直前に刊行された一四〇〇頁を超える代表作『進化理論の構造』には、こうした理論的な考察がたくさん詰まっている。残された研究者にとって有益な道具箱となるだろう。

グールドの功績（実践篇）——過去の救済

以上、不十分ながらグールドの理論的貢献について触れた。次に実践面、つまり具体的な歴史叙述における功績について述べよう。

彼には科学史・科学思想史をテーマにした仕事があるだけではない。なによりもアメリカの科学雑誌『ナチュラル・ヒストリー』の連載において厖大な量の歴史エッセイを残した。次々と単行本化された連作エッセイを読んで、そのおそるべき博学と調査力、力強い推論と華麗な文体に舌を巻いた人も少なくないはずだ。

ここで注目したいのは、その独特のテーマとスタイルである。グールドの歴史記述は、彼の理論的主張よりも、私にとってはより興味をそそられるものだ。分析的知性の「あらゆる人間的要素を除去しようとする恒常的な努力」である科学的方法論の行使が、歴史へのコミットメントと過去の救済という「人間的、あまりに人間的」な実践と踵を接するという、歴史科学の醍醐味が端的にあらわれているからである。

これまで述べてきたように、グールドは歴史の独立を要求した点においてはまっとうだったが、その結果ダーウィニズムへの依存しつつの抵抗を強いられることになり、ウルトラ文学主義とウルトラ科学主義の二方向に分裂してしまった。このことが教えるのは、グールドが自身の分裂によって夢想的に克服してしまった「依存しつつの抵抗」にとどまることこそ、じつは進化論の歴史記述において唯一のまっとうなありかたなのではないかということだ。なぜ依存だけでなく抵抗が要請されるのか。

私たちは第二章で、自然淘汰が「自らの足跡を消す」傾向をもつことを確認した。自然淘汰が働くためには複数の変異が存在しなければならないが、自然淘汰のプロセスは自らの活動の痕跡――かつてどのような変異が存在したか、それらがどのように選別されたかの痕跡――を破壊しながら進むということだ。この自然淘汰の性質によって私たちは、あらかじめ適者のさだめにあった適者がやっぱり適者になったのだというトートロジカルな言葉のお守りへと導かれるのだった。だから進化の歴史を記述する際には、自然淘汰の自己申告はそれとして受け止めながらも、同時にそれに抵抗して、かつて存在した諸変異の競合状態を再構成しなければならない。

ドーキンスが「盲目の時計職人」と呼ぶように、自然淘汰は「結果的にこうなった」というしかないやりかたで生物を造形する。あらかじめ目的地が決まっているのでない以上、進化論がその道筋を説明するためには、手にした結果のほうから回顧的に振り返ったのち、そのプロセスを再構成するという手順が必要になる。そしてその再構成は、それが因果的に記述される以上、はじめからそうなるべくしてなったものとして記述されるほかない。そのとき、共存していたはずの「ほかでありえた」諸候補は姿を消す。このようにして、自然淘汰が自らを可能にした諸変異の共存状況を破壊しながら進むように、自然淘汰説を用いた適応主義プログラムの説明もまた、自らを可能にした偶発性を消去しながら進むのである。だから適応的説明による自己申告はそれとして受け止めながらも、同時にそれに抵抗して、かつて存在した偶発的状況を再構成しなければならない。

自らの足跡を消しながら進むという自然淘汰の性質はこのようにして、私たち素人には言葉のお守りというトートロジーを、そして専門家にはパングロス主義という形而上学的・神学的・宇宙論的暗愚学という罠をしかける。この自然淘汰の本性を考えれば、それに依存しながらもなお抵抗するということは、それが成功するか失敗に終わるかにかかわらず、ほとんど造反有理といっていい道理をもつのではないだろうか。それは自然淘汰説／適応主義という強すぎる武器を手にしたダーウィニストの倫理ではないかと私は考える。

グールドこそ、この依存しつつの抵抗を歴史記述において実践した進化論者なのかもしれない。グールドのハリネズミ志向がもたらした彼の意見、つまり適応主義の乗り超えは実行されないままに終わったが、彼がその歴史叙述において発揮したキツネ的な才能は、極度に困難に思えるその課題を手を替え品を替え実演できるほど豊かなものだったことは覚えておいてよい。まずは歴史（科）学の用語でその功績を表現すれば、彼は社会史的手法の導入によって進化論の歴史記述を豊かにしたのだということができる。

社会史とは、伝統的な歴史学において軽視あるいは無視されてきた民衆の日常生活や習俗といった領域に光を当てることで、社会とその歴史の全体像を把握しようとする歴史研究である。二〇世紀初頭まで、歴史学の主流は戦争や外交などを中心とする「事件史」であり、国王や英雄を主役とする「大人物史」であった。そこへ一九二九年、フランスの学術誌『社会経済史年報』に集った歴史家たち（アナール学派）が立ち上がり、これまで見過ごされてきた民衆の生活文化や社会の全体像を把握する新しい歴史学を提唱した。そうした学問運動の総称が社会史である。その後、さまざまなマイノリティの権利運動と結びつきながら二〇世紀後半に一般的な研究分野となった。

社会史の特徴は、自然科学や人文地理学など隣接諸科学の成果を多面的にとりいれる学際性や、文献資料だけでなく生活用品や民俗学的資料なども用いる全体性志向である。代表的な作品に、長期にわたる地中海世界全体の変化を描いたフェルナン・ブローデル『地中海』や、アンシャン・レジーム期の人びとの子供観を描くフィリップ・アリエス『〈子供〉の誕生』などがある。日本でも、ドイツ中世史の阿部謹也や日本中世史の網野善彦、そして一八四八年ウィーンの革命における都市下層民の働きを描いた『向う岸からの世界史』『青きドナウの乱痴気』の良知力の仕事がある。[49]

伝統的な歴史学において主流を占めていたのが事件史や大人物史だったとするなら、進化論におけるそれは、原始的で下等な生物から複雑で高等な生物へといたる発展史で

49　思想史家・歴史家の良知力《らちちから》『向う岸からの世界史』『青きドナウの乱痴気』は、一八四八年のウィーンにおいて、「歴史なき民」――世界史になんらの貢献もしなかった被支配民族――こそが革命の主体であったことを活写した名著（その「革命」の内実がハチャメチャなものだったこともわかる）。日本の社会史研究の代表作として阿部謹也『ハーメルンの笛吹き男』『中世の星の下で』、網野善彦の『無縁・公界・楽――日本中世の自由と平和』『日本社会の歴史』など。

あり、恐竜や哺乳類といった人気者の歴史物語であろう。グールドはまったく異なったアプローチをとる。彼の歴史記述は、伝統的な歴史学にたいする社会史の挑戦と同じように、忘却の淵へと沈みつつある生物や事件、不正や誤謬や不運によって転落した人物といった（従来の進化論にとっては）汚辱に塗れた題材や風変わりな題材を好んでとりあげる。あるいはベースボールやミッキーマウス、自らが罹患した病気などといった（通常の進化論にとっては）疎遠な題材を大胆に進化論的思考に結びつけたりもする。これまで誰も見たことのないような方法で聞いたこともないような題材を扱うその手際は見事というほかないものだ。いわば「向う岸」からの進化論であり、彼はそれを誰よりもうまくやってのけたのである（とはいえ、グールドの歴史エッセイがいいことずくめかというと、そうともいえないところがもどかしい。グールドにたいする評価に、彼の適応主義批判はいただけないが歴史を論じるエッセイはおもしろい、というものがある。それはそれで適切な評価だと思うのだが、しかし私はグールドの作品を他人にすすめることに躊躇を感じることがある。本章で論じてきた彼の才能と意見の矛盾が小さなエッセイにもひょいと顔をだし、私の善良な友人を無駄に混乱させはしないかと心配になるのである。他方でドーキンスの作品にはそんな心配は無用だ。つくづくグールドとは面倒くさい作家である）。

こうしたグールドのやりかたを野党根性のあらわれとして嫌う人がいるかもしれない。あるいはそれをあからさまに「左翼的」ないし「解放的」な問題関心として冷笑する人もいるかもしれない。しかし、彼のこうした手法は、なにも（政治的）良心（だけ）からくるのではない（彼自身は左翼的解放的な問題関心を隠そうともしなかったが）。グールドの依存しつつの抵抗が要請するのは、自然淘汰が消していく足跡の回復であり、ほかでもありえた歴史の構築であり、忘れ去られた過去の救済である。こうした関心が社会史的な歴史叙述へ向かうのは自然な成り行きだろう。

　また、彼の仕事をほかの多くの同業者たちのそれから際立たせる諸要素――生命の歴史とその偶発性の強調、例外的事象への執着、汚名に塗れた科学者への偏愛、人文学的知識にたいする愛好、等々――は、いっけん彼をただの衒学者《ペダント》に見せるほど多彩で領域横断的だが、彼の仕事を特徴づけるこのような脱領域性も、そうした社会史的実践として理解することができる。歴史学において、革命における下層民の働きには着目されなければならなかったし、カースト制度における女性の地位や、アラブから見た十字軍の姿も描かれなければならなかった。進化論においてもそれは同じなのである。

　自らの足跡を消しながら進む自然淘汰に依存しつつ抵抗することによって、過去に存在したはずの偶発性を救出すること。二〇世紀ドイツの特異な哲学者ヴァルター・ベンヤミンが提出した歴史哲学のヴィジョンを用いて、グールドの仕事をそう定式化することができるだろう[50]。そこではグールドはいわば歴史の救済者としてあらわれる。ベンヤミンは一九四〇年、ナチスから逃れる途上で服毒自殺を遂げてしまうが、その

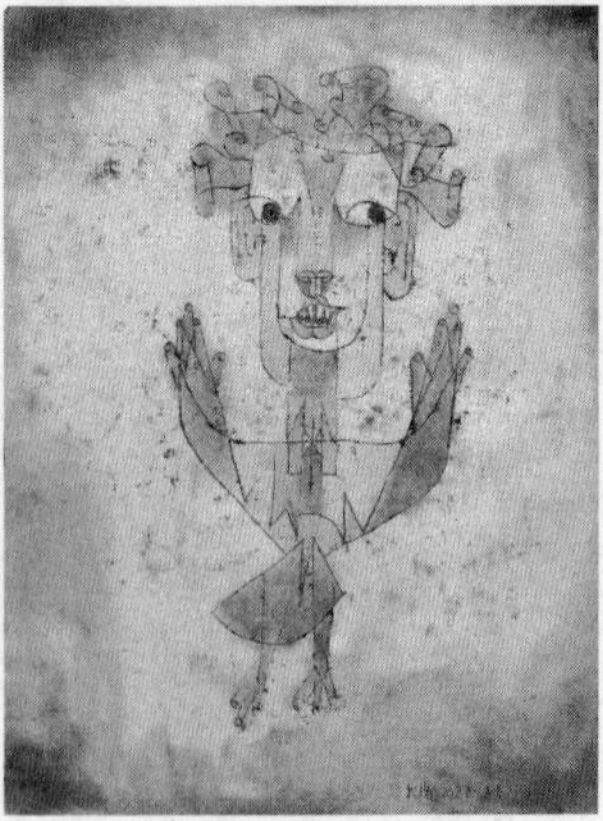

パウル・クレー「新しい天使」(一九二〇)

直前に書いたとされる遺稿「歴史の概念について」に、次のようなくだりがある。画家パウル・クレーの「新しい天使」という作品についての記述だ。

その天使は、じっと見つめているなにかから、いままさに遠ざかろうとしているかに見える。ふぞろいの二つの目は大きく見開かれ、口は開き、そして翼がひろげられている。ベンヤミンはこれを「歴史の天使」と呼び、その姿をこのように描く。

彼は顔を過去の方に向けている。私たちの眼には出来事の連鎖が立ち現われてくるところに、彼はただひとつ、破局だけを見るのだ。その破局はひっきりなしに瓦礫のうえに瓦礫を積み重ねて、それを彼の足元に投げつけている。きっと彼は、なろうことならそこにとどまり、死者たちを目覚めさせ、破壊されたものを寄せ集めて繋ぎ合わせたいのだろう。ところが楽園から嵐が吹きつけていて、それが彼の翼にはらまれ、あまりの激しさに天使はもはや翼を閉じることができない。この嵐が彼を、背を向けている未来の方へ引き留めがたく押し流してゆき、その間にも彼の眼前では、瓦礫の山が積み上がって天にも届かんばかりである。私たちが進歩と呼んでいるもの、それがこの嵐なのだ。(Benjamin 1974=1995: 653)

これが依存しつつの抵抗のイメージである。私たちの目には、自然淘汰のプロセスがもたらす出来事の連鎖だけが立ち現れてくる。しかし歴史の天使が見るのは、自然淘汰が消した足跡であり、それが破壊していった「ほかでもありえた」可能性の数々だ。現

50　ベンヤミンの「歴史の概念について」(歴史哲学テーゼ)は、さまざまなアンソロジーに収録されている。本書では、ちくま学芸文庫の「ベンヤミン・コレクション」(全六巻)をおもに参照した。だが、この文章は覚書のようなものなので、それだけを読んでもよくわからないところが残る。副読本に今村仁司『ベンヤミン「歴史哲学テーゼ」精読』がある。また、未完の主著『パサージュ論』も文庫化されている(全五巻)。研究書・解説書としては、スーザン・バック＝モース『ベンヤミンとパサージュ論——見ることの弁証法』、仲正昌樹『ヴァルター・ベンヤミン——「危機」の時代の思想家を読む』が有益。

実のものとなったひとつの出来事の連鎖は、その背後に現実になりそこねた無数の可能性の瓦礫をうずたかく積み上げていく。そのようにして自然淘汰のプロセスはどんどん進行していくのだが、歴史の天使は、なんとかしてその瓦礫を寄せ集めようとするのである。

もう少し具体的にいえばどうなるだろうか。ベンヤミンは未完の大作『パサージュ論』において、こんなことを言っている。

どの時代に関しても、そのさまざまな「領域」なるものについてある特定の観点から二分法を行うのは簡単である。片方には当該の時代の中での「実り多き」部分、「未来をはらみ」「生き生きした」「積極的な」部分があり、他方には、空しい部分、遅れた、死滅した部分があるというわけだ。それどころか、この積極的部分をもっとはっきりさせるために、消極的部分と対照させ、その輪郭を浮かび上がらせることもなされるであろう。だが、いかなる否定的なもの〔消極的なもの〕も、まさに生き生きしたもの、積極的なものの輪郭を浮かび上がらせる下地となることによって価値を持つのだ。それゆえ、いったん排除された否定的部分にまた新たにこの二分法を適用することが決定的な重要性を持つ。それによって、視角がずらされ〔基準がではない!〕、その部分のなかから新たに積極的な部分が、つまり、先に積極的とされた部分と異なるものが出現してくるようになる。そしてこれを無限に続けるのである。過去の全体がある歴史的な回帰を遂げて、現代のうちに参入して来るまで。（Benjamin 1982=2003: vol. 3, 176-7）

歴史には積極的な部分と消極的な部分がある。消極的な部分は通常、この二分法によって積極的な部分の引き立て役を演じた後には、そのまま忘れ去られてしまう。しかし、最初の二分法によって生まれた消極的な部分に焦点を当てるとどうなるか。そこから新たな積極的な部分と消極的な部分が見出されるだろう。当然ながら、新たな二分法によって見出される積極的な部分は、その前の二分法における積極的な部分とは異なったものになる。そのような操作を際限なくつづけると、二分法の度毎に見出された積極的な部分が連なる星座のようなものができるだろう。過去はそのようにして救済される。そしてそれこそ、通常の出来事の連鎖ではなく、瓦礫の上に瓦礫を積み重ねる破局を見つめる「歴史の天使」の仕事なのである（今村 2000: 18-24）。

グールドの歴史記述のスタイル、つまりよく知られているはずの物事の知られざる側面をあらわにし、それまで軽視されてきた事象を大きく扱い、虐げられ忘れ去られた人物や生物にスポットライトを当てるスタイルは、二分法の二分法によって消極的な部分から積極的な部分をとりだそうとする歴史の天使の仕事を遂行しようとするものだ。天使の仕事といっても、べつにお菓子のように甘くフワフワした夢見がちなものではない。それはもちろん「あらゆる人間的要素から遠ざかろうとする恒常的な努力」とともに、ダーウィンが開発した歴史科学の方法論に従う。しかし同時にそれは、救済を待つ過去の断片を拾い集めて私たちの眼前にもたらすという人間的、あまりに人間的な歴史へのコミットメントでもあるのである。グールドの仕事がもっとも輝くのはこの点においてではないかと私は思う。

私たちの「人間」をどうするか

道のりを振り返る——まとめと弁明

この本も大詰めである。これまでの道のりを簡単に振り返っておこう。

本書の考察は、生命の歴史における絶滅現象に目を向けることから出発した。第一章では「遺伝子か運か?」という問いをとりあげ、遺伝子と運が交叉する地点で起こる理不尽な絶滅に着目した。第二章では、現代社会で流通する進化論のイメージ、つまり私たち素人の進化論理解を理解することを目指した。そこでは私たちの進化論が「言葉のお守り」というかたちで用いられていることを確認し、それが自然淘汰説の（ある意味で）トートロジカルな性質によって導かれるものであると論じた。第三章では専門家の世界へ目を転じたが、そこでもまた自然淘汰説は問題の焦点であり、その地位をめぐって激しい論争が戦わされたということがわかった。それと同時に、自然淘汰説を中軸とする現代進化論（ネオダーウィニズム）がいかに優れた科学的方法論であるかもまた確認した。そしてこの終章では、スティーヴン・ジェイ・グールドの敗走を追いかけながら、第二章で見た素人の混乱と第三章で見た専門家の紛糾がともに、自然の説明と歴史の理解の真ん中に位置するという進化論独特の中間的性格に由来するものであり、そこで枢要な役割を演じるものこそ、第一章で見た進化の理不尽さ、つまり歴史の偶発性にたいする人間的・形而上学的感覚であると論じてきた。

ところで、進化論に携わる専門家やその知見に関心のある愛好家には、本章におけるグールドの大きな扱いに不満を覚える向きもあるかもしれない。彼はその大言壮語や政治的言動や論争での振る舞い等々の行状によって、いまだに被害をこうむった者たちから憎まれ口を叩かれる存在である。それになにより、学問共同体において彼の主流派批判が広く認められたことなどついぞなかったわけで、実際のところそのプレゼンスは決して大きくはないのである。

しかし、本章の主目的は進化研究の現況報告や業界地図の作成ではない。ここでは私たち自身の進化論理解を理解すること、あるいは進化論と私たちの関係を理解することが主目的であり、その関心を満たすためには本章で歩んできたようなグールド的迂回が必要だったのである。とはいえ、グールドの扱いがここまで大きくなったことには私も驚いている。

あるいは、本章の議論が耐えがたく退屈あるいは的外れなものに思えるかもしれない。この章でおもに議論してきたのは、進化学説の内容そのものではなく、それを受け取る私たちの側の人間的な都合や事情にすぎないからだ。進化論の驚嘆すべき成果に比べたら、それに接する私たちの反応などじつにみみっちいものだ。それに、私たち素人がどのように感じるかなど、進化研究の中身とはほとんど関係がない。その意味で本章の議論もまた進化研究の内実とはほとんど関係がない。

だが、まさに関係がないということこそ、この議論のポイントなのである。進化論はその中間的性格によって、「あらゆる人間的要素を除去しようとする恒常的な努力」である科学の人間にたいする遠心化作用と、歴史の循環的構造のなかで状況にコミットするという人間的な求心化作用という、水と油の二つの傾向が出会う格好の舞台となるからだ。そして素人の混乱も専門家の紛糾も、つまるところこの出会い――衝突あるいはすれちがい――によって生じるものだと私は考えるのである。

「人間」とは何者か——経験的＝先験的二重体

グールドの敗走を本章で論じたようなものとして理解し、そして私たち素人の進化論理解を彼の敗走と鏡像関係にあるものとして理解するとしたら、そこからどのような課題が浮かびあがってくるだろうか。それは、ひとことでいえば、私たちの「人間」をどうするか、という課題ではないかと思う。

「人間」とはいったい何者か。それはもちろん、具体的には私たち一人ひとりのことなのだが、もう少し一般的なかたちで述べるとどうなるだろうか。人間はホモ・サピエンスであったり、万物の尺度であったり、社会的動物であったり、考える葦であったり、取引をする動物であったり、どんなことにでも慣れる動物であったりするだろうが、ここで私は、一八世紀ドイツの哲学者イマヌエル・カントによる人間規定を念頭に置いている[51]（Kant [1781] 1787=2012; 1798=2003）。

カントこそ近代の「人間」を端的に定義してみせた人物だと、二〇世紀フランスの哲学者ミシェル・フーコーはいう。フーコーはカントによって定義された人間を「経験的＝先験的二重体」と名づけた（Foucault 1966=2020: 374）。

経験的とは、文字どおり経験によって、つまり感官を通して知ることができるものをいう。そして先験的とは、論理や数学のように、経験から独立に物事を認識する能力である。つまり経験的＝先験的二重体である人間とは、世界に存在するモノの一部であると同時に、モノをモノとして認識して世界に位置づけることができる知性的存在ということだ。近代において、人間は「知にとっての客体であるとともに認識する主体でもある、その両義的な立場をもってあらわれ」たのである（Foucault 1966=1974: 332）。人間が人間でありながら自らの人間的要素を除去して科学という絶対的な捉え方を構築できるのもそのためだ。近代科学の発展は、このような経験的＝先験的二重体によって可能になったといえる。

人間がそのようなものであるかぎり、人間にたいする遠心的な運動も求心的な運動も止まることはない。遠心化を止めようとするのは詮無いことだし、求心化を止めようとするのはもとより無理な相談だ。そこで、人間から知的に遠ざかる動きと人間として生を営む動きとをどのように調停するのかということが、近代人の大きな思考課題となったのである。近代哲学の歴史そのものがこの課題に答えようとする歴史であったともいえる。

ある悲劇——ジョージ・プライスとウィトゲンシュタインの壁

集団遺伝学者ジョージ・プライスは、自然淘汰説の数学的モデルの定式化に貢献した天才的研究者だった。ビル・ハミルトンが提出した血縁淘汰と包括適応度の概念を数学的に表現した「プライスの公式」などで知られる。それは個体の自己犠牲的な行動（個体の利他性）がなぜ栄えるのかを遺伝子の自己増殖（遺伝子の利己性）の観点から定式化して、ドーキンスの利己的遺伝子説の基礎になった。

そのプライスは、自らの見出した公式と自らの守りたい信念のあいだで激しく苦悩したといわれている（Harman 2010=2011; Brown 1999=2001; Segerstrale 2000=2005: 108-16）。彼の生涯は「利己主義から無私の精神への移行、そして最後には、苦悩のどん底での自殺へと至る」（Harman 2010=2011: 7）過程であったと、プライスにかんする伝記を書いたオレン・ハーマンは述べている。[52]

51　ここでの「人間」については、カント晩年の講義録『人間学』を参照（全集収録）。それを読み込むフーコーの『カントの人間学』は、学位論文『狂気の歴史』の副論文として提出された。このカント／人間論はその後『言葉と物』で近代の誕生を告げるメルクマールとして再登場する。ドイツにはカントを継承する「哲学的人間学」と呼ばれる伝統がある。代表的な作品には近年復刊されたマックス・シェーラー『宇宙における人間の地位』、ヘルムート・プレスナー『人間の条件を求めて——哲学的人間学論考』、アーノルト・ゲーレン『人間——その性質と世界の中の位置』など。少し外れるがエルンスト・カッシーラー『人間』という名著もある。概説としては奥谷浩一『哲学的人間学の系譜——シェーラー、プレスナー、ゲーレンの人間論』、菅野盾樹『人間学とは何か』を参照。

プライスは、利他的行動に遺伝的根拠があることを示唆するハミルトンの論文を読んだとき、ひどいショックを受けたという。そこで彼は、そこにはなにか不備があるにちがいないと感じて厳しく論文を検討したのだが、その結果として得られたのは、それを支持するさらに有力な公式であり、それが彼の業績になった[53]。

俗人から見れば、個体の利他的行動に遺伝的根拠があるということは、この世界は必ずしも冷酷な利己主義ばかりが跋扈する世界ではないということであり、それはすなわち私たち自身の利他主義をある程度までは期待してよいということであり、つまりそれは私たちの社会的紐帯を考えるさいの希望に思えるかもしれない。

しかしプライスは、真に無私の利他的行動、自己犠牲的な行為を追求する彼独自のキリスト教の信徒だった。彼にとって、個体の利他的行動に遺伝的根拠があるということは、希望どころか絶望の種にほかならなかった。そこでは、純然たる利他主義に見えるものが、じつはまったく別の利己主義（遺伝子の利己主義）に奉仕するものであることが暴露されているからである。

彼にとって、それは利己主義の跋扈する冷酷無比な世界などよりもはるかに恐ろしいものだった。通俗的ダーウィニズムが描く血塗られた世界は、いかにそれが残酷で露悪的なものであろうとも、少なくとも見かけどおりの偽りなき世界である。しかし彼が見出したのは、無限に尊く価値のある自己犠牲行為が、じつは見かけどおりのものではまったくない、それ自身の価値を無効にするような偽りの世界だったということなのである。

そのころ宗教的回心を経験したプライスは、強烈な衝動に駆られて自己犠牲的な行為へと邁進していく。イエスの説く絶対的で無条件的な利他主義が彼の指針だった。彼はホームレスのアルコール依存症患者にお金、衣類、所持品などを分け与え、文字どおり無一文になるまで彼らの支援に没頭した。そのうちに家を手放して研究室で寝泊まりするようになり、最後にはそれもできなくなって、空き家で不法占拠者として暮らしていた。

52　ハーマンによるプライス伝『親切な進化生物学者』は、プライスの生涯に利他的行動をめぐる科学史というもうひとつのストーリーがより合わされた重厚な読み物。数学的天才の悲劇的な物語として、ゲーム理論の数学者ジョン・ナッシュを描いた『ビューティフル・マインド』を想起した人もいるかもしれない。映画もいいものだったが、シルヴィア・ナサーによる原作は、映画から想像するよりずっと読みでのある作品。悲劇の数学者といえばレオポルト・インフェルトの古典的名作『ガロアの生涯』も忘れるわけにはいかない。あともうひとり、誠実かつエキセントリックな数学的天才の典型ウィトゲンシュタイン——ウィトゲンシュタインの二冊の伝記——ノーマン・マルコム『ウィトゲンシュタイン——天才哲学者の思い出』、レイ・モンク『ウィトゲンシュタイン』（全二巻）——も。

一九七五年の冬の朝、ジョージ・プライスは彼のその部屋で死体となって発見された。散髪用のハサミで頸動脈を切り裂いた自殺だった。現場に急行して身元を確認したのは、ビル・ハミルトンだった。

ひとの人生が幸福なものだったのか不幸なものだったのかとか、自殺の要因はなんだったのかなどということは簡単にわかることではないし、それを軽々しく吹聴することも趣味がいいとはいえない。ただ、彼が自身の学問的成果と人としての信念とのあいだの懸隔に苦しんだということはたしかなようである。ハーマンは、プライスがぶつかった壁を「ウィトゲンシュタインの壁」(Wittgenstein's wall) と呼ぶ。それは哲学者ルートヴィヒ・ウィトゲンシュタインの『論理哲学論考』にある、次の言葉からきたものだ。

たとえ可能な科学の問いがすべて答えられたとしても、生の問題は依然としてまったく手つかずのまま残されるだろう。これがわれわれの直感である。もちろん、そのときもはや問われるべき何も残されてはいない。そしてまさにそれが答えなのである。(Wittgenstein [1921] 1933=2003: 148)

プライスの悲劇は、たんに彼の個人的事情によるものだと思われるかもしれない。そのとおりであるが、ここで問題にしているのは、まさしく個人的事情である。ウィトゲンシュタインの壁はそうした個人的事情においてあらわれるからだ。学問に個人的事情はないが、人にはそれぞれ事情がある。もちろん私たちにもそれぞれ事情がある。その場こそウィトゲンシュタインの壁が立ち上がる場所であり、学問＝科学と人生の無関係

53　生物の利他的行動の問題は、進化論にとって重要なテーマでありつづけてきた。それが自然淘汰説にとって不可解な謎であったからというだけでなく、人間の道徳をどのように評価するかという議論にもつながる刺激的かつ危険なトピックであるからだ。これには二〇世紀後半に大きなブレークスルーがあった。それが血縁淘汰説と互恵的利他主義の提唱であり、ビル・ハミルトン、ジョン・メイナード・スミス、ロバート・トリヴァースという三人のスターがいる。血縁淘汰説は、個体にとっては不利益をもたらすが血縁個体には利益をもたらすような利他的行動が進化しうることを明らかにした。解説として岩波書店の『シリーズ進化学6　行動・生態の進化』収録の辻和希「血縁淘汰・包括適応度と社会性の進化」が有益。メイナード・スミスは進化論にゲーム理論のアイデアを導入したことで高名で、著書に『進化とゲーム理論』がある。互恵的利他主義のほうは、たとえば大型魚と掃除魚のように、血縁関係がない場合にも進化しうる利他的行動を説明するもので、トリヴァース自身の著書『生物の社会進化』が邦訳されている。ハミルトンの著書に邦訳はないが、彼が発展させた赤の女王仮説についてマット・リドレー『赤の女王』がある。最後に、これらすべてについての包括的な案内として、やはりリチャード・ドーキンスの『利己的な遺伝子』『延長された表現型』をあらためて挙げなければならないだろう。

の関係があらわになる場所であり、「そしてまさにそれが答えなのである」という以上にはなにも言うことができなくなるような場所なのだ。いや、どんなことでも言うことができるだろうが、それはこの「答え」（壁）の周囲をぐるぐる回るだけなのである。

人文主義の問い――それは人間／進化となんの関係があるのか

ウィトゲンシュタインの壁を前にしては、それ以上のことを言うことはできなくなる。本章で行ってきたのは、私たちはどのようにして誤りに陥るのか、先人たちはそれをどのように考えてきたのかについての概念の交通整理である。それはひょっとしたら誤りを回避する助けにはなるかもしれないが、この壁を前にしてなにをどうするのが正解であるのかを教えるものではない。それは人としてどのように生きるのが正しいのかを教えるようなものだからだ。

ただ、先人たちの知恵を借りることはできる（そしてそれが本書にできることのすべてである）。ここで召喚したいのは、一六世紀ルネサンス期の人文主義者たちである。彼らが教えてくれる一般的な指針について言及して、本書を終えることにしたい。

人文主義者《ユマニスト》（humanist/humaniste）とは、おもにヨーロッパのルネサンス期に活躍した「古典語・古典文学の研究者・愛好家」を指す。ギリシャ・ローマの古典研究によって教養を身につけるとともに、教会の権威から人間を解放する精神運動を担った人びと

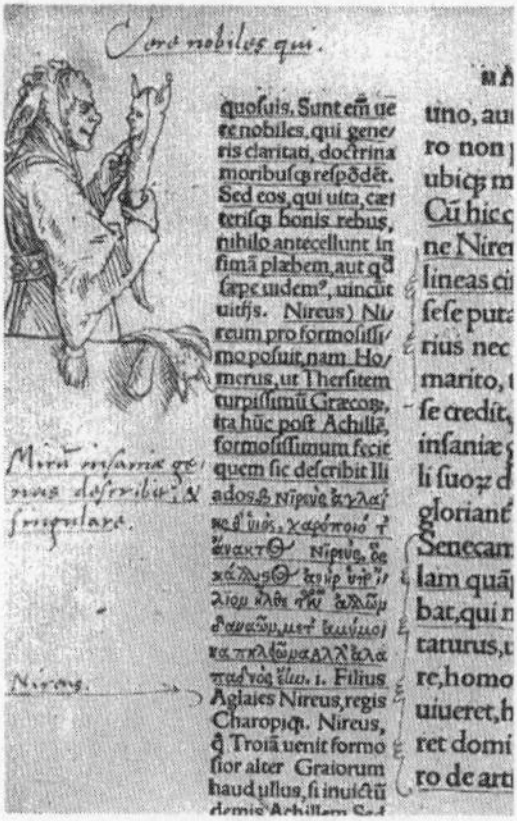

画家ハンス・ホルバインの落書きがなされた
エラスムス『痴愚神礼讃』初版本
（一五一五／Wikipedia）

であるペトラルカ、エラスムス、モンテーニュといった名前を聞いたことがあるかもしれない。なお、現代日本語における「ヒューマニズム／ヒューマニスト」とは意味合いが異なるので、混乱を避けるために本書では漢字で「人文主義／人文主義者」と表記する。

私が彼らに注目するのは次の理由による。すなわち、彼らが「それは人間であることとなんの関係があるのか」と問いつづけた者たちであったからである。これはフランス文学者であり自身も偉大な人文主義者であった渡辺一夫が行った人文主義者の規定である（渡辺[1973]2019）。

古代ローマ人が不毛な議論にたいして「それはメルクリウス（知恵の神）となんの関係があるのか」と問うたように、また宗教改革の時代に若い神学者たちが「それはキリストとなんの関係があるのか」と問うたように、私たちは学問＝科学の遠心化作用にたいして、あらためて「それは人間であることとなんの関係があるのか」と問わなければならない。そうすることによって、人間にたいする遠心化と求心化の作用がもたらす間隙を計測するのである[54]（ちなみに、ジョージ・プライスは晩年、自分が研究していた理論的・数学的な遺伝学は人間の問題とあまり関連がないと感じるようになったために経済学に転向したいという旨を履歴書に記している（Brown 1999=2001: 20））。

これは、科学に人間性を取り戻せとか、人間の顔をした科学が必要だとか、そういう話ではまったくない。進化論（進化生物学）には、人間的要素をほとんど含まない領域がある一方で、もっぱら人間的関心に駆動される領域もある。その守備範囲は、抽象的な数学的モデルの構築から具体的な生物種の栄枯盛衰を描く歴史物語、そして人種研究にいたるまで、非常に幅広いスペクトラムを形成する。そのような学問であるからこそ、考察する事象に応じて、人間から遠ざかったり近づいたりする視点の移動が必要となる。「事柄に即した真理」（©ガダマー）のために、人間からの遠心化作用と求心化作用とがどこでどのように交叉するのかを、その都度、見極めなければならないのである。このように、進化論の中間的性格が要求するのは、人間的要素を導入しろとか追放しろとかいうことではなく、「人間であること」の視点と「どこでもないところからの眺め」とのあいだの衝突とすれちがいをめぐる折衝なのである。

また、人文主義について語ったからといって、なにも「人文学」とか「人文科学」の優位性を説いているのでもないし、進化論は結局のところ人間への問いに行き着く、などという主張をしたいのでもない。そもそも人文書を読めば進化論を理解できるなどということがあるわけがない。当然ながら進化論のことは進化論を勉強しなければわからない。アリの研究はアリの研究であって人間の研究ではないし、擬人化は注意深く避けられなければならない。問題はあくまで、人間的要素の除去によって成り立つ知識と、人間的要素そのものとのあいだの往復運動にある。

私たちは昔の人文主義者とは異なり、近代の科学技術の世界に暮らしている。人文主義者にならって「それは人間であることとなんの関係があるのか」と問うことは有益で

54　日本が生んだ偉大なユマニスト渡辺一夫の著作として『ヒューマニズム考』『フランス・ルネサンスの人々』『狂気について――渡辺一夫評論選』。人文主義の王者エラスムスについては、沓掛良彦による概説『エラスムス』と新訳『痴愚神礼讃』。モンテーニュはその『エセー』がさまざまな体裁と編集で邦訳されている。評論・伝記としては堀田善衛の最晩年の大作『ミシェル　城館の人』三部作を推す。非常に長い作品だが、『エセー』からの翻訳あり解説あり歴史物語ありで、ものを読むのが好きな人ならきっと引き込まれるはずだ。モンテーニュにかんして書かれた優れた文章として、田島正樹の名著『ニーチェの遠近法』に収められた「モンテーニュ・ノート」も忘れがたい。

はあるが、しかし十分ではない。近代人たる私たちには、もうひとつの逆向きの問いが必要である。すなわち、「それは人間であることとなんの関係があるのか」と問うだけでなく、返す刀でこんどは、「それは進化／進化論となんの関係があるのか」とも問わなければならない。

馬鹿馬鹿しい問いかけだと思うかもしれないが、あえて問うてみる価値はあるのではないだろうか。というか、そう問わなければ私たちはもっと馬鹿になってしまうのではないだろうか。第二章で見たように、進化や進化論について話をしているとき、じつは私たちは進化や進化論（という学問＝科学）の話などいっさいしていないかもしれないのだから。

進化論を言葉のお守りとして用いる私たちは、どんな物事にも進化論を融通無碍に適用しているが、多くの場合、対象を是認したり否認したりしたい自分自身の「生活感情の表現」に進化論の言葉をかぶせているだけであり、じつのところその話は進化論や進化現象と関係ないどころか、学問＝科学とも関係がない。

さらにいえば、おそらく人類の九九・九パーセントは（私も含めて）素人である。そう考えるとなおさら、この問いが重要なものに思えてくるのではないだろうか。科学的知見の理解を邪魔するのは、多くの場合、私たちのなかの「人間」なのである。

適応主義、そして社会生物学をめぐる論争があのように激しいものになったのは、それが歴史認識や政治や宗教といった「人間的、あまりに人間的」な領域へのコミットメントと切り離しがたいトピックであるからだ。もちろん揉め事はないに越したことはない。しかし、私たち人間はいまだそうしたものから自由になったことはおそらく一度もないのである。もし、私たちがいまのような人間でなくなれば、つまりお釈迦様やニーチェの超人、あるいは『すばらしい新世界』の培養ビンで製造される従順な臣民のような存在に「進化」すれば事態も変わってくるだろうし、そうした可能性もなくはないだろうが、まだそうはなってはいないように思われる。

だからこそ、人間にたいする遠心的／求心的な往復運動、あるいは人間からの離脱と帰還の往復運動が必要なのだが、こうした「人文的」な問題のやっかいなところは、誰もがそれをよくわかっていると思い込み、見くびっているところにある。これは「科学リテラシー」とか「科学コミュニケーション」と呼ばれるような、より広い文脈で考える必要があるのかもしれない[55]。私たちの多くは、科学的知識を仕入れることそのものは比較的に得意としているが、それらと自分の足元の生活との関連を考えること、つまり日々の行動のために統計データを読み解いたりリスクを計算したりすることについては極端に不得手なようである（大震災と原子力発電所事故、そしてパンデミック以降、それはいっそう明らかになった）。

ここには、量子力学や相対性理論を理解するのとは別種のむずかしさがある。それは政治や社会問題と同じ種類のむずかしさであり、遠心化作用と求心化作用のあいだの折衝のむずかしさである。

物理学者の菊池誠は、原発問題やニセ科学について発言しながら、「頭で理解する」ことと「気持ちで納得する」ことのちがいについて、たびたび注意を喚起している。そして、あるデータや主張を前にして、自分が「理解しているが、納得はできていない」という状態にあるのではないかと疑ってみるのは、よい練習になるのではないかと言う（菊池ほか 2011: 62-3）。これが人間からの離脱と帰還のレッスンである。もし理屈と気持ちのあいだに折り合いをつけがたく感じるとしたら、それはまさにプライスが直面したような個人的事情の問題であろう。むずかしいことではあるが、問いの往復運動によってなんとか折り合いをつける必要がある。あるいは、少なくとも折り合いをつけるのが難しいということを認識する必要がある。

私たちの「人間」をどうするかという課題は、以上のように、「それは人間であることとなんの関係があるのか」と「それは進化／進化論となんの関係があるのか」という二つの逆向きの問いを発することによって、人間にかんする遠心化／求心化作用が示す軌跡を往復する運動にほかならない。それは、私たちは実際のところなにをしているのか、なにを求めているのかを認識する助けになるはずである。

ちなみに、経験的＝先験的二重体としての「人間」は近代とともに誕生した歴史の産物だと、先のフーコーは言った。そして「人間」は近い将来、「波打ちぎわの砂の表情のように消滅するであろう」という言葉を残した（Foucault 1966=2020: 455）。私には「人間」の行く末がどうなるかなどわからない。いま進行しているのは「人間の終焉」というより、経験的主体と先験的主体のあいだの懸隔の広がり、あるいは解離的共存であるようにも思われる。[56]

ただ、「人間」の誕生前からあった人文主義者の問いは、「人間」の消滅後も生き残るのではないかと感じる。大澤真幸は「人文」書を定義して、「人間としてなのか、生命としてなのか」を問わず「この世界に内在しつつ、世界に関わっている者にとって、まさに世界がどうであるかという真理を探究している書物」であると述べている（小林&大澤 2014: 18）。

55　科学リテラシー／科学コミュニケーションについては、戸田山和久『「科学的思考」のレッスン』と、アカデミック・ジャーナリズム「シノドス」が企画したセミナーの記録『もうダマされないための「科学」講義』。判断のむずかしい放射線のリスクについては、なにはなくとも田崎晴明『やっかいな放射線と向き合って暮らしていくための基礎知識』、菊池誠・小峰公子・おかざき真里『いちから聞きたい放射線のほんとう』、中西準子『原発事故と放射線のリスク学』の三冊を推す。

理不尽さというチケット――ライプニッツ主義パラダイムの下で

人文主義者たちが残した問いは、私たち（あるいは私たちの子孫である未来のそれ）が状況に巻き込まれながらそこにコミットする循環的構造のプレイヤーであるかぎりにおいて、そして感情と思考の能力を維持するかぎりにおいて、課題でありつづけるのではないだろうか。

一九五七年、ときの知識人の帝王ジャン＝ポール・サルトルは、「マルクス主義はわれわれの時代の乗り超え不可能な哲学である」と宣言した。サルトルにとって哲学とは、時代と社会を支配する理念である。近代の第一期におけるそれはデカルトとロック、第二期はカントとヘーゲル、そして第三期（当時）はマルクス主義である、というわけだ(Sartre 1960=1962: 16)。

この手の託宣はサルトルのような指導的人物が表明しなければ説得力がないのだが、いま私は、「ダーウィニズムこそ、われわれの時代の乗り超え不可能な哲学である」と叫びたい気分である。冥土のサルトルがどう思うかはわからないが、ダーウィニズムのために四つ目の王座を用意しなければならないだろう。

ダーウィニズムを「万能酸」にたとえたダニエル・C・デネットは、スティーヴン・ジェイ・グールドへの反批判において、適応主義をパングロス主義パラダイムと呼ぶのではなく、公明正大に「ライプニッツ主義パラダイム」と呼ぼうではないかと提案した[57](Dennett 1995=2000: 321)。これは売り言葉に買い言葉という以上の含意をもつと私は考える。複数の可能世界から最善のひとつが選びだされて現実世界が実現するというライプニッツの形而上学が、ダーウィニズムという方法を得て、包括的な万物理論として現代によみがえりつつあるかのようなのだ。リチャード・ドーキンスの「普遍的ダー

56　科学技術による人間の変容はもちろんSFが得意とするテーマだ。その成果はハヤカワ文庫のアンソロジー『スティーヴ・フィーヴァー――ポストヒューマンSF傑作選』で読むことができる。古典的作品としてオルダス・ハクスリー『すばらしい新世界』とオラフ・ステープルドン『最後にして最初の人類』、現代の古典として伊藤計劃『虐殺器官』『ハーモニー』。映画では、厳格な遺伝子的階級社会を舞台にした『ガタカ』、人類がとことん馬鹿に「進化」した未来社会を描く『26世紀青年』はどうだろうか。あるいは、『フューチャー・イズ・ワイルド』のドゥーガル・ディクソンが遺伝的に改造された未来の人類を描くイラスト図鑑『マンアフターマン』も楽しい。また、フランスの作家ミシェル・ウエルベックの小説『素粒子』も興味深い作品。新しいクローン技術によって、無駄で危険なだけの男女の性愛や勇猛だが無能な人間精神から解放された新種が誕生し、生き残った少数の旧人類に憐れみの視線が向けられる世界が描かれる。論考としては、粥川準二『ゲノム編集と細胞政治の誕生』、稲葉振一郎『銀河帝国は必要か?』、吉川浩満『人間の解剖はサルの解剖のための鍵である』など。

ウィニズム」はその青写真である(Dawkins 1983)。ひょっとすると、オーギュスト・コントの「三段階の法則」のいう形而上学的段階から実証的段階への移行とは、じつは形而上学的ライプニッツ主義から実証的ライプニッツ主義への、つまりダーウィニズムへの移行を指すのかもしれない。そうだとすれば、ダーウィニズムという万能酸はまだ世界の一部分しか浸食し終えていない。それが効いてくるのはむしろこれからであろう。私は、進化論(現代のネオダーウィニズム)の驚嘆すべき成果に触れるたびに、以上のような妄想めいたヴィジョンを振り払うことができない。クレー=ベンヤミンの歴史の天使は、進歩という強風にあおられて否応なく未来へと押しやられていき、積み上げられた瓦礫に手をつけがたいのではなかったか。いまやこの強風にはライプニッツ主義パラダイムという名がふさわしいように思われる。適応主義プログラムを中軸に据えるダーウィニズムは、それほどまでに科学的に強力であり、かつ形而上学的な魅力に満ちたものに映るのである。

しかし、そのような甘美なまどろみがなにものかによって中断されることがあることもまた告白しなければならない。この章の最初のほうで、私は次のように述べた。論争の敗者が自らを敗北せしむるにいたったその必敗の執着が、不意に胸騒ぎのようにしてあらわれて、安全地帯にいるはずの者を落ち着かない気分にさせることがあると。それこそ、グールドの「理不尽にたいする態度」にほかならない。

適応主義をめぐる論争は、グールドのいう偶発性が非方法的な「どうしてこうなった／ほかでもありえた」という人間的感覚にすぎなかったことを教える。しかし、それにたいする彼の固執――理不尽にたいする態度――は、私たちが知的世界へ入っていく際のアクセスポイントは、そうした人間的感覚にほかならないということもまた教える。それは、「この世界に内在しつつ、世界に関わっている者」である私たちが、そういう者として「世界がどうであるか」を語る際の根本的条件なのである。

57　「一七世紀の万能人」とも称されるライプニッツの仕事については、巨大な『ライプニッツ著作集』（第I～III期）が工作舎から刊行されている。パングロス博士の元ネタである最善説を本格的に展開した『弁神論』は第六、七巻に収録。ただ予想されるとおりたいへん手ごわい代物で、私は参考書として酒井潔『世界と自我――ライプニッツ形而上学論攷』、山本信『ライプニッツ哲学研究』、バートランド・ラッセル『ライプニッツの哲学』を愛用している。マシュー・スチュアート『宮廷人と異端者』は、異端者スピノザの哲学革命に挑戦する宮廷人ライプニッツの姿を通して、二つの偉大な哲学の対決を描く伝記風哲学史。ちなみに、本国ドイツにおけるライプニッツの完全版全集の作成は一九〇〇年以来国家事業として継続されているにもかかわらず、完結まであと何十年もかかるという。万能にもほどがある仕事量である。ハイデガーは自分の講義でライプニッツを「保険システムと計算機（コンピュータ）の発明者」と紹介していたりする。

グールドがウィトゲンシュタインの壁の周囲を回りながら打ち鳴らした銅鑼は、ダーウィニズム的説明の条件でありながらその説明から消去される偶発性への注意を執拗に呼び覚まそうとするものだった。戦いが学問的方法（リサーチ・プログラム）の領域でなされる以上、彼が勝つことはない。知的世界（「世界がどうであるか」）を支配するのは学問的方法以外にないからだ。しかし、彼が背にしているのは知的世界そのものの可能性の条件（「この世界に内在しつつ、世界に関わっている者にとって」）であり、そのかぎりにおいて彼は負け切ることもないのである（同じ壁の下の住人でも、グールドはプライスよりずっと鈍感で図々しかった。しかしそれは彼の能力でもあった）。

代替案として彼が差し出す方法は、独断のまどろみを破る目覚めというより、やはりもうひとつの夢であるだろう。しかし、千の否ののちにもなお残るその「理不尽にたいする態度」は、自らの足跡を消しながら進むライプニッツ主義パラダイムへの造反有理を伝える胸騒ぎとして、私たちに働きかけることをやめないように思われるのである。

胸騒ぎの訪れとともに、私たちは「それは人間であることとなんの関係があるのか」「それは進化／進化論となんの関係があるのか」という逆向きの問いの前に立たされることになる。本書とともに育んできた理不尽さの感覚が、問いの往復路線へのチケットになるかもしれない。

付録　パンとゲシュタポ

ブルックスここにありき／レッドも
——ブルックス・ヘイトレン／エリス・ボイド・レディング
（映画『ショーシャンクの空に』フランク・ダラボン監督）

「ウィトゲンシュタインの壁」再説

子どものころに読んだ新聞記事が忘れられない。日中戦争の時代を市井の人びとが回想したものだった。当時幼い娘であった中国人は次のように語った。「父はタバコを買いに行ったきり帰ってこなかった」。当時中国の都市を占領した陸軍兵であった日本人は次のように語った。「通りすがりの中国人を捕まえて麻袋に詰め、火を放ち、最後は川に投げ棄てた」。どこの新聞のいつの記事であったかはまったく覚えていないが、ふたりの話は脳裏にこびりついたままだ。

もうひとつ。特異な作風で死後に高い評価を得たポーランドのユダヤ系作家・画家ブルーノ・シュルツは、一九四二年、ナチス占領下にあったドロホブィチで殺害された。配給のパンを受け取りに行く途中、ゲシュタポによる無差別なユダヤ人殺戮に遭遇し、ゲシュタポの一人に路上で射殺されたのである（Schulz, [1998] 2005: 475)。

ここで論じたいのは、日本軍やナチスの残虐性ではない。それらが残虐行為であることは明らかである。また、そのような死に方があってはならないということでもない。タバコを買いに行って、あるいは散歩に出かけて、あるいは配給のパンを受け取りに行って虐殺されて当然という社会があってはならないことは明らかである。

私を引きつけたのは、これらの出来事に存するアンバランスさ——釣り合いのとれなさ、割に合わなさ、関係のなさ——のようなものであった。タバコを買いに行くことは二度と帰ってこないことと釣り合わない、散歩に出かけることは残虐な方法で殺されることと釣り合わない、パンの配給を受け取りに行くことは路上で射殺されることと釣り合わない、と。居心地のわるさというかバツの悪さというか、ある種の恥辱のような感覚だけが残っていくように思われた。

なぜ彼らは殺されなければならなかったのか？　たとえば軍国美談は、この居心地の悪さを糊塗するために用いられる常套手段である。彼らは立派にお国のために死んだのだといった美談は、彼らが散歩に出かけて、タバコを買いに行って、パンの配給を受け取りに行って殺されたという居心地の悪い事態を、美しい殉死の物語によって覆い隠そうとする。だがそれは、死者に対する礼を失しているばかりか生者を堕落させもする、恥知らずな行いではないだろうか。

だから私たちは事実の確認を放棄するわけにはいかないし、作り話による説明をひねりだすわけにもいかない。死者のためにも生者のためにも、彼らは散歩に出かけて、タバコを買いに行って、パンの配給を受け取りに行って殺されたのだと、正確に明らかにされ記憶されなければならない。かつて小田実が「散華」に「難死」を対置して論じたとおりである（小田［1969］2008）。

残された者としては、手を尽くして事実を確認したうえで、それらに適切な説明が与えられるよう務めるしかない。実際、さまざまな説明が可能であろう。当時の散歩やタバコの購買や配給の受け取りに関する制度や習慣について、日本陸軍やゲシュタポの組織形態や指揮系統について、戦時における兵士の心理的メカニズムについて、拳銃やライフルの殺傷能力について、麻袋の種類や材質や強度について等々、あらゆる可能な説明を模索しなければならない。

しかし、だからといって、なぜ彼らが？　どのような説明がなされようとも、私たちはきっと満足できないだろう。理解はできるが納得ができない、そんな感覚が残る。むしろ説明されればされるほど、この感覚は強まるのではないだろうか。この問いは、説明によって解消する類いのものではない。むしろ、あらゆる可能な説明の後でこそ浮かび上がる詮無き問いなのである。

こうした詮無き問いに対しては、いかなる説明もピントを外した詮無き答えにならざるをえない。いや、ピントを外しているどころか、恥知らずなものにさえなりうるだろう。なぜ彼が殺されなければならなかったのか？　という遺族の詮無き問いに対して、拳銃やライフルの殺傷能力、麻袋の種類や素材や強度に関する詮無き答えを与えてひとり悦に入る者を想像してみよ。

あらゆる可能な説明を模索することには、多大な（知的）誠実性が要求されるに違いない。だが、そうした説明によって詮無き問いが消えてなくなると考えることは、ピント外れであるばかりか、恥知らずな行いにもなりうるのである。

このとき私たちが立っているのは、詮無き問いと詮無き答え、説明を拒む問いと答えにならない説明が堂々めぐりを繰り返す地点である。この場所を終章では「ウィトゲンシュタインの壁」と呼んだ。

たとえ可能な科学の問いがすべて答えられたとしても、生の問題は依然としてまったく手つかずのまま残されるだろう。これがわれわれの直感である。もちろん、そのときもはや問われるべき何も残されてはいない。そしてまさにそれが答えなのである。（Wittgenstein［1921］1933=2003: 148）

念のために付言しておくと、なにも陰惨なケースばかりとはかぎらない。『沈黙の戦艦』（一九九二）という娯楽映画がある。元ネイビー・シールズ（アメリカ海軍の特殊部隊）のコックがテロリストに襲撃された戦艦を救うという筋立てである。スティーヴン・セガール演じるケーシー・ライバック兵曹は、かつてネイビー・シールズの伝説的な指揮官だったのだが、よんどころない事情によりコックとして戦艦ミズーリに勤務していた。そこへテロリストたちがのこのこ乗り込んでくる。よんどころない事情など知らぬ彼らにしてみれば、厨房スタッフが最強の特殊部隊員であるなど、およそありそうにない想定外の事態であった。結果として、当初容易と思われた戦艦の襲撃は彼らにとってまったく割に合わないものとなった。

似たことは現実社会でもしばしば生じる。記憶に新しいのはタリス銃乱射事件である。二〇一五年八月二一日、アムステルダムからパリに向かう高速列車タリスの車内において、自動小銃で武装したテロリストが無差別殺傷を試みた。だが、そこに居合わせたアメリカ空軍兵スペンサー・ストーン、オレゴン州兵アレク・スカラトス、ふたりの友人アンソニー・サドラーがテロリストを取り押さえたという出来事である。

タリスの事件ほど有名ではないが私の気に入りのケースとして、二〇一六年にフランス東部ブザンソンのマクドナルドで起きた事件がある。マクドナルドに押し入った強盗が、客として居合わせた特殊部隊員に追跡・逮捕された出来事である。強盗にとって不運なことに、押し入った店内で食事をしていた四〇人あまりの客のうち、じつに一一人がテロ対策や人質解放を専門とするフランスの特殊部隊・国家憲兵隊治安介入部隊（GIGN）の隊員であった。あるいは、路上で心臓発作を起こした老人が、そこを通りかかった医者に助けられて九死に一生を得たというような報道を、これまで何度か目にしたことがある。

こうしたことがときに起こるということは、多くの人が日々の経験からよく知っていることと思う。歴史を詳しく調べてみれば、個人史を詳しく聞いてみれば、そうしたことばかりではないかとさえ思えてくるほどである。だが、歴史とはそもそもそういうものであろう。そうでなければ固有の事実を調べることに意味はない。厳しい条件を課すことで一定の法則からすべてを演繹できるような環境を部分的につくりだすことは不可能ではないが、あいにく私たちの社会はそのようにはできていない。そして、もしそうだとすれば、私たちもその一部であるところの生物の歴史についても、同じことがいえるはずである。

理不尽さ、アート&サイエンス、識別不能ゾーン

これまで紹介してきたような事象を、本書では理不尽さと名づけた。生物の歴史、生物種の絶滅と存続の歴史を、この理不尽さの観点から眺めてみたらどうなるか、というのが本書のモチーフである。

理不尽さ、などという妙な言葉を選択したことには理由がある。端的にいえば、本書をアート（文学、芸術）の本にもサイエンス（学問、科学）の本にもしたくなかったから

だ。あるいは、アートもサイエンスも、という本にしたかったからである。

どういうことか。

私たちの世界と人生には、アート的な側面もあればサイエンス的な側面もある。もしアート的な側面に関心があるのならば、こうした事象にふさわしい言葉がすでに存在する。不条理性である。不条理なものと呼ぶならば——確かに不条理なものに違いないのだが——、そうした事象をもたらした生態学的環境の変化や進化メカニズムについての進化生物学的な知見が見失われるおそれがある。第一章で見たように、そもそもこうした不条理性そのものが進化生物学の知見によってこそ見出されるものだというのに。

もしサイエンス的な側面に関心があるのならば、蓋然性という概念がある。現代の進化生物学は確率論や統計学を動員して蓋然性の観点からこうした事象を説明する。だが、そうした事象を単に蓋然的なものと呼ぶならば——確かに蓋然的なものに違いないのだが——、そうした事象の唯一無二の固有性が見失われるおそれがある。第三章以降で見たように、そもそも進化生物学における大論争の震源地がそこにあったというのに。

アートもサイエンスも、ある程度まで自律的に存在している。アートの視点からアプローチするならば、とりあえずサイエンス的な側面を無視することになるし、サイエンスの視点からアプローチするならば、とりあえずアート的な側面を無視することになる。

それが自律的ということの意味である。否定ではなく無視というところがポイントだ。必ずしも一方が他方の存在を否定する必要はない。

とはいえ、両者は完全に独立して存在しているわけでもない。アートが存在するためには多かれ少なかれサイエンス的な知見が必要である。それがなければまったき混沌があるのみだろう。また、サイエンスが存在するためには多かれ少なかれアート的な感性が必要である。科学者のいうセンス・オブ・ワンダーがなければ、開始のきっかけや継続のモチベーションが得られないだろう。両者はたがいに依存しあっている。一方が他方の領域にそのままのかたちで姿をあらわすことはないけれども、他方にとって前提や環境のようなものとして存在している。

アートとサイエンス、どちらも込みで私たちの世界であり人生である。だが、その棲み分けはつねに完璧というわけではない。両者の識別不能ゾーンというべきものが存在し、しばしば私たちを混乱させる。

本書が照準を合わせたのは、この識別不能ゾーンである。そこでは、サイエンスの領域にアートが不法侵入し、アートの領域にサイエンスが不法侵入する。問いと答えをつないでいた関節が外れ、詮無き問いと詮無き答えの堂々めぐりがはじまる。本書で理不尽な絶滅（／生存）と呼んだ事象――恐竜の絶滅、珪藻類や哺乳類の生存――は、しばしば私たちをそうした領域へと迷い込ませる。それらは前節で見たブルーノ・シュルツの、ケーシー・ライバック兵曹の、タリス銃乱射事件のケースの生物史版である。

素人である私たちが進化生物学に魅惑され誤解するのも、玄人である専門家たちが唾を飛ばして大論争を繰り広げるのも、この識別不能ゾーンがあってこそである。そしてそれは、終章で見たように、事物が決定論的な自然法則に従いながら予測不能なカオス的な遍歴をたどるという、歴史というものの条件それ自体によってもたらされるのである。

本書がそこに照準を合わせたものである以上、私はそれをアートの観点から包摂することも、サイエンスの観点から包摂することも避けたかった。一方で他方を包摂することは、このゾーンをなかったことにすることになるからである。本書をアートの本にもサイエンスの本にもしたくなかった、あるいはアートもサイエンスもという本にしたかったというのは、そういう意味である。

本書の中心的モチーフを、単行本を刊行して数年が経ったいま語り直すとすれば、以上のようになるだろうか。以下では、その間に寄せられた反応や反響をうけて私が感じ考えたことについて簡単に述べてみたい。

反響その一――絶滅本ブーム、理不尽な進化本ブーム

二〇一四年に刊行した本書の単行本は、生硬な内容にもかかわらず、さいわいにして多くの読者に恵まれた。これは嬉しい驚きであった。執筆時、本書のモチーフがこんなに理解されるとは予想していなかった。

なかでも興味を引かれたのは、絶滅本ブーム、あるいは理不尽な進化本ブームというべき関連出版物の増加である。二〇一六年、「どうしてそうなった!?」というコピーとともに刊行された『おもしろい! 進化のふしぎ ざんねんないきもの事典』(今泉忠明監修、下間文恵・徳永明子・かわむらふゆみ絵、高橋書店)がベストセラーとなった。現在ではシリーズ全五点を数え、累計発行部数は三六〇万部を超えるという。二〇一八年には第二シリーズというべき『わけあって絶滅しました。世界一おもしろい絶滅したいきもの図鑑』(今泉忠明監修、丸山貴史著、サトウマサノリ・ウエタケヨーコ絵、ダイヤモンド社)が刊行され、こちらもシリーズ累計発行部数が八〇万部を超えているそうである。

両企画の後追い的な書籍も多数刊行された。

なにも本書がベストセラーの生みの親であるとかブームの火付け役になったなどと言

いたいわけではない。実情はおそらく逆であろう。つまり、すでに生物の絶滅や生物進化の理不尽さへの関心が多くの人びとのあいだに存在しており、ほかならぬ私もそのひとりであったにすぎない、と考えるのが妥当であろう。私としては、本書がこうした流れに棹さすことができたというだけで満足である。また、ベストセラーの多くが未来ある子どもたちに向けた書物であったという点にも意を強くしている。

反響その二——玄人筋からの批判

では、大人たちの反応はどうだったたか。素人の称賛と玄人の批判には耳を傾けよ（素人の批判と玄人の称賛には耳を貸すな）の格言のとおり、玄人筋からの批判には有益な内容が多く含まれていた。批判は多岐にわたったが、ここではとくに重要と感じたものを三つとりあげる。

まず、本書の内容全般に関して。進化生物学に詳しいと思われる読者から、「知っていることばかりだ」という否定的反応が多く寄せられた。もっともな反応であり、本書の性格をよくあらわしていると思う。

先に述べたとおり、本書はサイエンスの本であることを意図していないし、人の知らない新たな知見を提供したり新たな学説を提案したりするものでもない。本書が意図したのは、先の識別不能ゾーンにスポットライトを当てることであった。そして、その際に依拠したのはすでに人口に膾炙しているリチャード・ドーキンスやダニエル・C・デネットによって概括されたネオダーウィニズム（総合説）のスタンダードな知見である。詳しい人にとっては既知のものばかりであるのも当然であろう。

次に、本書が素人による進化生物学の理解／誤解というテーマに多くの紙幅を割いたことに関して。ある自然科学の専門家から次のような苦言が寄せられた。凡人の考えを撃ってなにがおもしろいのか、と。

言いたいことはよくわかる。専門家であれば、凡人になどかかずらうことなく、非凡な研究者や研究成果だけを相手にして、新しい知見を生みだす努力をすればよい。もちろん私も一進化論ファンとして研究の進展を願っている。だが、それは専門家の仕事である。私の仕事は、進化論を語るとき、凡人たる私たちは実際のところなにをしていることになるのか、これを理解することだった。

この社会に流通している進化論のイメージが、どうも専門家集団において運用されるそれと違うらしいということは、少しものを調べればすぐにわかる。だが、どうしてこのような乖離が生じるのか、それによって私たちにはどんな利得や損失があるのか、これを考えてくれる人はめったにいないのである。

もし凡人の考えを撃っているだけのように見えたとしたら残念である。私の関心は批判や教化を行うことではなく、あくまで理解することにあった。本書の考察は、私たち現代人のセルフ・ポートレート、あるいは現代社会の習俗を伝える民俗学的資料として、それなりに有用な知見になりうるのではないかと考えている。

最後に、理不尽さという本書のモチーフそのものに関して。これが進化生物学の擁護者を自認する人びとの一部から激しい反発と攻撃を受けた。その根本には、そのようないかがわしい、あるいは「文系チック」（実際に用いられた表現）な言葉づかいで進化生物学に関していかがわしい、あるいは非科学的な話をするなどまかりならん、という義憤があったのではないかと思う。

気持ちはわかる。わかるのだが、本書は進化生物学を改造・改善したり、新しい理論を提出したりすることを目論むものではない。理不尽さとはあくまで先の識別不能ゾーンに本書が与えた名前である。進化生物学の理論や学説の中に登場するものではないし、通常は登場すべきでもないだろう。だからそれが進化生物学の概念でも科学的な概念でもないのは当然である。そうならないようにするためにそう名づけたのだから。

本書の後半で考えたのは次のことである。私たちはカオス的な事象――端的には歴史。生物進化も含む――にコミットする当事者となったとき、それに対してある種の理不尽さの感覚を抱く。そうした感覚が進化的事実を理解しようとする際に独特のバイアスをもたらし、進化に関する誤解や論争の種となっているのではないか、これである。簡単のために単純化すれば、進化理論にまつわる私たちの認知バイアスの話をしているのだ、ということになる。

興味深いのは、この種の批判が罵倒や嘲笑という感情表出行動に傾きがちであるように見えることである。SNSでは有名無名顕名匿名さまざまなアカウントから同種の批判を浴びたのだが、どれも判で押したようによく似た罵倒・嘲笑のトーンを帯びていた（すべて同一人物によるものである可能性もなくはないのだが、さすがにそれは考えにくいように思われる）。

他人を口汚く罵るというのは、SNSではそれほど珍しくないことであるとはいえ、少なくともまともな行いであるとはいいがたいだろう。通常ならば当該人物の単なる人格的問題として片付けてすませるところかもしれない。だが、彼らにしてもあらゆる時にあらゆるテーマについてあらゆる相手に向かって罵詈雑言を投じているわけではなかろう。なんらかの選択が働いているに違いない。

以上のことを考慮に入れて、そもそもなぜ批判の際にそのような人格的問題が露呈しなければならないのか、とあらためて問うてみる。すると、この問題が本書のテーマと密接に関わるものであることに気づく。すなわち、これこそ先に述べたバイアスの問題の一事例なのではないか、ということである。例の識別不能ゾーンをめぐる認知バイアスが人の思考と行動に特有の偏りをもたらす、要するに人をまともでなくさせるのではないだろうか。

私たちは恥知らずにならなければならないのか

進化生物学の擁護者を自認する人びとの一部からの批判については、もう少し言っておかなければならないことがある。判で押したようであるのは、罵倒・嘲笑という感情表出行動のモードだけではない。論法もまたそうであるということだ。

典型的な論法は次のようなものである。まず、本書のいう理不尽さを「偶然性」(ランダムネス)と読み換えたうえで、本書は進化なんて偶然の産物にすぎないと主張している、つまり「偶然主義」の進化論を提唱しているのだと解釈する。そのうえで、本書で扱うような事象もすべて生物進化が有する「必然性」――たとえば生物進化における「定向進化」的傾向――によって説明がつくはずだと反駁する。以上で論破完了、というわけである。

本文で論じたとおり、共通の自然法則があらゆる物質のふるまいを制限しており、収斂進化と呼ばれる現象が多数見られることを考えれば、定向進化的な傾向が存在するということ自体はなんら不思議ではない。実際、どんな場合にどの程度それが存在するのかが、各種の進化実験や生物物理学などによってさかんに研究されている。

　近年そうした知見が増えつつあるのはよろこばしいことだ。なんの異論もない。だが、これまで縷々《るる》述べてきたように、本書はなんらかの進化理論——「偶然主義」の進化論など——を提唱するものではない。進化それ自体が必然であるとか偶然であるとかいう話をしているのではないのだ。そんな大雑把な問いには、かつてジャック・モノーが、その後ドーキンスやデネットが大雑把な話をする際にしたように、必然と偶然の組み合わせだと答えるしかないであろう。

　本書がどんな話をしているのかといえば、先に述べたように、進化生物学にまつわる人間的、あまりに人間的な認知バイアスの話をしているのである。人間は物事の理由（原因）だけでなく、意味（目的）をも——たとえそこになんらの意味や目的がなくとも——求めてしまう生き物である。私たちが世界と人生に感じる理不尽さ（＝識別不能ゾーン＝ウィトゲンシュタインの壁）は、こうしたバイアスの産物にほかならないが、進化生物学という学問にはそれが集約的なかたちで現れる。私たちが進化生物学に魅惑され、また混乱する理由の源泉はそこにあるのではないか、という話をしているのである。

　本書のテーマは、進化生物学の理論や学説そのものの中には出てこないし、おそらく通常は出てきてはならないものである。だが、私たちの世界と人生という広い文脈においては、さまざまな時と場合にさまざまな姿で顔をのぞかせる。進化生物学を擁護する人びと――私もそのひとりである――の世界と人生においても同じことがいえるにちがいない。それをたとえば「定向進化」の説明によってなかったことにできると考えるとすれば、それはピント外れというものであろう。

ピント外れですめばまだよい。それは恥知らずな行いにもなりうるのではないだろうか。それは、なぜ彼が殺されなければならなかったのか？　という遺族の詮無き問いに対して、拳銃やライフルの殺傷能力、麻袋の種類や素材や強度に関する詮無き答えを与えてひとり悦に入ることと、いったいなにが違うというのだろうか。

件のウィトゲンシュタインにはこんなエピソードがある。一九三九年のこと、ウィトゲンシュタインと弟子のノーマン・マルコムが川沿いを散歩中、最近（当時）発覚したヒトラー暗殺計画はイギリス政府の扇動によるものだとドイツ政府が非難声明を出したという報道が話題にのぼった。ウィトゲンシュタインは「これが事実だとしても驚かない」と言ったが、それに対してマルコムは、イギリス政府がそんな卑劣なことをするはずがない、そんな計画はイギリス人の国民性に反する、と反論した。弟子の言葉にウィトゲンシュタインは激怒して、そんなことを言うのは大馬鹿者だ、それは君が自分の講義からなにも得ていない証拠だと激しい口調で論難し、いっさい口を利こうとしなくなった。これ以降、習慣となっていたふたりの散歩もやめてしまった。ウィトゲンシュタインはこの小さな出来事を何年間も忘れずにいて、後にこんな手紙をマルコムに送った。

君のことを思うときは、いつも、あの出来ごとを――僕にとっては、きわめて重大なできごとを思い出させられるのだ。二人で川沿いに鉄橋の方に向かって歩いていたとき、君が言い出した〝国民性〟について激論したね。あのとき、僕は君の意見のあまりの幼稚さに驚歎した。僕は、あのとき、こう思った。哲学を勉強することは何の役に立つのだろう。もし論理学の深遠な問題などについて、もっともらしい理窟がこねられるようになるだけしか哲学が君の役に立たないのなら、また、もし哲学が日常生活の重要問題について君の考える力を進歩させないのなら、そして、もし〝国民性〟というような危険きわまりない語句を自分勝手な意味にしか使えないジャーナリスト程度の良心ぐらいしか、哲学が君に与えるものがないとしたら、哲学を勉強するなんて無意味じゃないか。御存知のように、〝確実性〟とか〝蓋然性〟〝認識〟などについて、ちゃんと考えることは難しいことだと思う。けれども、君の生活について、また他人の生活について、真面目に考えること、考えようと努力することは、できないことではないとしても、哲学よりも、ずっとむずかしいことなんだ。その上、こまったことに、俗世間のことを考えるのは、学問的にはりあいのないことだし、どっちかというと、まったくつまらないことが多い。けれども、そのつまらない時が、実は、もっとも大切なことを考えているときなんだ。

(Malcolm 1958=1998: 41-2)

私にとって進化生物学は比類なく重要な学問である。それどころか誰にとっても重要なものであるに違いないと考えている。だが、もし人が進化生物学を学んだせいで、日常生活の重要問題、自分の生活や他人の生活や俗世間、つまり私たちの世界と人生の問題に関して恥知らずになるのだとしたら、それを勉強することに、どんな意味があるだろうか。

私の考えでは、進化生物学を学んだとしても、人は必ずしも恥知らずになる必要はない。というより、恥知らずな行いを避けるためにも進化生物学は必要である。まずそれは、事実の解明と説明の努力によって作り話を回避する。犠牲者の死を美談にすることなく、父がタバコを買いに行ったまま帰ってこなかったこと、シュルツが配給のパンを受け取りに行って射殺されたことを正確に知るためには、歴史や生活史に関する調査と研究が必要である。『沈黙の戦艦』の痛快さを十分に味わうためにさえ、伝説の特殊部隊指揮官であったライバック兵曹がどのような事情によりコックとして勤務することになったのかについて詳細を知らなければならない。同じように、恐竜たちが小惑星落下後の「衝突の冬」に適応できず理不尽な絶滅にいたったこと、珪藻類が季節的変化に対応するために身につけていた休眠機能によって、また哺乳類が恐竜絶滅後に空いた間隙によって理不尽な生存を遂げたことを知るためには、ぜひとも進化生物学の助けが必要である。

次なる局面は、ある意味ではさらに難しい。あらゆる可能な説明を尽くして、これ以上によい説明は不可能だという地点まで進むことが進化生物学の目標であるが、それはまたウィトゲンシュタインの壁が立ち上がる地点でもあるからだ。その意味で、ウィトゲンシュタインの壁は単なる障害物ではなく、私たちの目的地でもある。

壁の両側にはダークサイドが広がっている。終章で見た形而上学的・神学的・宇宙論的暗愚学とスカイフックのダークサイド、つまり恥知らずと空想家のダークサイドである。私たちの世界と人生に現れる理不尽さ＝識別不能ゾーン＝ウィトゲンシュタインの壁をなかったことにしたいと感じたとき、私たちは簡単にダークサイドに墜ちてしまう。持ちこたえ続けるのは容易なことではないだろう。だが、そのための手立てを提供してくれるのもまた、進化生物学なのである。

知識を追究できるだけの賢さと、恥知らずな行いを控えられるだけの勇気と、その場に踏みとどまれるだけの力が、私たちとともにあらんことを。

あとがき

『理不尽な進化』の原型は、朝日出版社第二編集部ブログ（http://asahi2nd.blogspot.jp/）にて二〇一一年五月から二〇一三年一二月まで、全二八回にわたって掲載された。その後、全篇にわたり大幅な加筆削除修正を施したうえで、ここに単行本として刊行する。

本書の着想は、私が学生時代に読んだ二冊の本から生まれた。その二冊とは、動物行動学者リチャード・ドーキンスの名著『利己的な遺伝子』と、社会学者の真木悠介が著した『自我の起原』である。

勉学などとは無縁の卓球少年だった私は、わけもわからぬまま迷い込んだ大学の図書館でこれらの書物と出会い、いっぺんに進化論の魅力にとらわれてしまった。前者を読んで、生き物たちの見せる適応の精妙さと、それを快刀乱麻を断つがごとくに説明してしまう現代進化論の威力に目がくらんだ。後者を読んだときには、そうした進化論の知見が、人間の社会を理解するよすがになるというだけでなく、私たち一人ひとりの自己理解をも変容させずにはいないだろうという予感に震えた。

これらの書物に導かれて大学のゼミで書いた論文もどきが、この本の原型となった。一九九四年のことだ。でも、なにかが足りなかった。数年後、古生物学者デイヴィッド・ラウプの著書『大絶滅』に出会い、絶滅という観点を得て、ようやくすべてのピースがそろったと感じた。本書の大まかな構想が固まったのは、文筆業をはじめる直前の一九九九年ごろである。この本は、それから十数年、学生時代の進化論への耽溺から数えると足かけ二〇年のあいだにかたちをなしてきた、一連の問いと答えの報告である。

ここで、ささやかな個人的感慨を記すことをお許しいただきたい。

だしぬけにそんなことを言われても困ると思うが、私にとって本を書くというのはとても恥ずかしいことだ（ほかの人のことは知らない。あくまで私のことである）。なぜかというと、私の書くものは立派でないからである。

私にとって立派なものとは、端的にいえば、アートとサイエンス、そしてテクノロジーである。それは世の中になにか新しい感受性や知識、そして技術をもたらす。そしていまある地面の上になにかを積み上げる（別のなにかを押し退けるかもしれないがそれは問題ではない）。人の糧になるのはそうした文物であるし、私もそこから多大な恩恵を受けてきた。

それにひきかえ、私の本の書き方は正反対である。私は自分で掘った穴を自分で埋めるようなやり方で本を書くのだ。はじめに躓きがある。原因を探るために地面を掘り返すのだが、土を掘り返したところでそれが見つかるわけではない。躓いたのは地表においてなのだから。そこで今度は掘り返した土を埋め戻すことになる。新たな目標は、もはや躓く余地がないほど地面を平坦にすることだ。その埋め戻し分が書き物になるという次第なのである。

当然ながら埋め戻す土は掘り返した土と同量なわけだから、地面の上になにかが積み上げられることはない。つまり誰の糧になるわけでもない。このように、どうも私は徹頭徹尾、新しいものを生み出すのではなく、自分の納得のためにだけ本を書いているようなのである。私が恥ずかしさを感じる理由はここにある。なにかがまちがっていると は思うのだが、どうしようもない。

ただ、少しずつわかってきたことは、この世には私のような者が一定数いるらしいということだ。ちなみにこれは躓くことができる選ばれし者の恍惚と不安といった話ではない。本当にそうであればその躓きは誰にも真似できない芸術的なものであるだろう。いま話しているのは、人間の思考回路にみられる凡庸かつ典型的なパターンとしての躓きについてだ。だからこそ一定数の割合で私と同じように躓く人が見受けられるのである。

ともかく、いったん躓いたなら起き上がらねばならないし、掘り返したなら埋め戻さねばならない。もし一定数そのような人がいるなら、彼らもまた同じように起き上がり掘り返し、そして埋め戻さなければならないだろう。私はそのような納得の作業を必要とした自分自身と、ひょっとしたらそれを必要とするかもしれない人びとのためにこの本を書いた（だから恥ずかしながら最後までやり通さなければならなかった）。

とても創造的な仕事とはいえないだろうが、このような集団的な掘り返しと埋め戻しが、意図せざる結果として、私たちの土地を耕すことになるかもしれないとは思う。そして人の糧になるようなアートとサイエンス、そしてテクノロジーを生みだす肥沃な土地をつくる（かもしれない）。私はこれを知のニューディール政策と呼ぶ。私の筋金入りの凡庸さによる掘り返しと埋め戻しが、それに資するものになればと思う。

さて、こうして本が完成したのは、朝日出版社第二編集部の赤井茂樹氏のおかげである。企画の相談から連載場所の提供、内容にかんする助言と忠告、時に訪れる窮地での叱咤激励、そして書籍化の作業まで、なにからなにまでお世話になった。しかもこんな誰に読んでもらえるかもよくわからない本のためにである。氏の併走がなければ本書はいまだに影も形もなかったにちがいない。考えてみれば、本を書くなどということをはじめたのも、十数年前に赤井氏から誘いを受けたことがきっかけだった。氏の存在なかりせば、本書が世にでることはなかったどころか、そもそも私がこの稼業に首を突っ込むこともなかっただろう。本当になんとお礼を申してよいやらわからない。いまはただ、すばらしい編集者との出会いをアレンジしてくれた書物の神に向かって、静かに首を垂れるばかりである（とはいえ、こんな世界に引きずり込まれて、たまに恨みの念がわいてくることも念のため記しておく）。

本書が成るにあたっては、じつに多くの人びとや動物たち、書物や映画、店舗やサーヴィス、文具やデジタルガジェットなどによる支援と協力、援助、応援、誘惑や妨害があった。いまはそのすべてに感謝する。なかでも次の方々にはたいへんお世話になった。第二編集部の大槻美和氏にはウェブ連載中から協力していただいた。同編集部の鈴木久仁子氏は行き詰まる著者に卓球大会の開催など気を配ってくれた。組版を手がけてくれたのが中村大吾氏であったのは幸運だった。氏のおかげで原稿にあった多くの、じつに多くの不備が正された。そして、本の装幀をお願いした鈴木成一氏。氏の卓抜な解釈（＝ブックデザイン）に包まれて世に出ることで、私には思いもよらないような読者との出会いが拙稿に訪れる予感がして、喜びと緊張に震えている。

恩師の赤木昭夫先生には長いあいだ不義理を重ねているが、執筆中つねに念頭にあったのは、もし先生ならどうするだろうかということだった（うまくできたかどうかはわからない）。また、敬愛する批評家の絓秀実氏からは鋭い助言をいただいただけでなく、なによりその著述と行動から大きな刺激を受けた（ろくに助言を活かせず申し訳なく思う）。

社会学者の大澤真幸氏は、挫けそうな私に心強い励ましをくれた(ともに正しい人の励まし方を教えてくれた)。友人の竹中朗氏、中島晴氏、阿久津若菜氏、瀧澤昭広氏、西野厚志氏、村田智子氏の各氏は、拙稿について頭の痛くなるようなコメントをくれた。文筆業の相棒である山本貴光は、共著・共訳の次回作について話し合う過程でたくさんのヒントを提供してくれた。もちろん、かつての同僚で赤井氏と私を引き合わせてくれた友人の湯川カナにはいまでも感謝している。

最後に、妻の亜子、愛犬マルティナと愛鳥こより、故郷の愛子、恵美、美結に感謝をささげる。彼女らのおかげで私は生きている。

二〇一四年九月　父の命日に

吉川浩満

文庫版あとがき

本書の単行本を刊行して六年半が経った。その間あまりに多くのことがあったが、本書についても同じである。まず、幸いにも予想をはるかに超える数の読者——三十億（「まえがき」）とはいかないまでも——に恵まれた。また、いくつもの大学や大学院の入試問題に使用された。国語の教科書や副教材に収録されたりもした（平成三〇年度『精選 現代文B』教育出版、岩間輝生ほか編『ちくま科学評論選 高校生のための科学評論エッセンス』筑摩書房）。驚いたことに韓国語版まで出た（요시카와 히로미쓰《어이없는 진화 유전자와 운 사이》양지연 옮김、목수책방、二〇一六）。

文庫化に際して、六年半の空白を埋めるべく次のような改訂を行った。まず、書誌情報のアップデート。最新の情報に置き換えるとともに少数ながら関連文献の追加を行った。次に、本文の若干の改訂。本書の趣旨は文庫版でも変わっていないが、可読性の観点から冗長ないし説明不足と思える箇所について不十分ながら改訂を行った。単行本よりは読みやすくなったと思う。ただ、そのぶん文章が少し薄味になっているかもしれない。「味濃いめ・油多め・麺硬め」がお好みの向きには単行本もおすすめしておきたい。

最後に、文庫版付録の追加。現在の私から見て本書がどのような書物であるかを別の言葉で語りなおす著者解題のような内容になった。本書を初めてお読みになる方は、この付録から読みはじめてもいいかもしれない。

正直にいうと、いまや本書は私にとって、老作家が自身の「若書き」に対して抱くかもしれないような気恥ずかしさや苦々しさを感じさせるところがある。とはいえ、これは現在の私が本書で取り組んだ問題を解決したり乗り超えたりしていることを意味するのではない。実際、文庫化のために本書を読み返し、その問題意識を共有したとたん、私の考えは本書が敷いたレールから外れることができなくなった。文庫版付録が著者解題のようになったのは、以上のような理由からである。

もし本書の趣旨になんらかの変更を加えようとすれば、別の本を書かなければならなくなるだろう。現にいまの私は本書とはだいぶ異なる内容のものを、だいぶ異なるスタイルで書いている。本書（単行本）の刊行そのものが、そのような変化の原因となったと考えれば、本書は私にとって大きな区切りとなる仕事であったと思う。

そんなわけで、いまや本書は私にとって少しばかり疎遠な存在になってしまった。だが、それはこの本を書いたのが私自身であったという個人的事情によるにすぎないのかもしれない。ひょっとしたら、かつての私のように、本書の問題意識を必要としている人がいるかもしれない。いや、きっといるにちがいない。そう私は踏んでいる。

だから、このたび文庫版を江湖に問う私の心境は、単行本刊行時に「まえがき」で引いた大西巨人のそれとまったく同じである。すなわち、もし自著（文庫版）が本書を必要とする有志具眼の読者三百人に出会うことができたなら、それは望外のよろこびである。同じように、もしそれが三千部も売れたならば、「以て瞑すべし」であろう。しかし、著書をあえて公に刊行した以上、それが三億部か三十億部か売れることも願望せざるをえない。

思い返せば、私が大西巨人と出会ったのは、ちくま文庫版『神聖喜劇』によってであった。そのちくま文庫レーベルの末席に本書が連なることになろうとは。本書の著者にとってこれ以上のよろこびはない。

最後に簡単ながら謝辞を述べたい。まず、本書の単行本をお読みくださった読者のみなさん。みなさんの存在なかりせば今回の文庫化もかなわなかった。深く感謝するとともに、よかったら文庫版もご覧いただけたらと思う。また、本書のそもそもの生みの親である編集者の赤井茂樹氏。文庫化を快諾くださった朝日出版社の原雅久社長、第二編集部の鈴木久仁子氏と大槻美和氏、営業部の橋本亮二氏。文庫化を提案くださったちくま文庫編集部の永田士郎氏と校閲、営業、制作、業務のご担当、さらに書店員の方々。恩師の赤木昭夫先生と学友の山本貴光氏。ブックデザインは単行本と同様、鈴木成一デザイン室による。たくさんの人が本書を手にとってくれるとしたら、それは優れたブックデザインのおかげである。そして、すてきな文庫版解説を書いてくださった養老孟司氏、推薦文を寄せてくださった諸氏に感謝する。

二〇二一年三月

吉川浩満

解説

養老孟司

私たちは進化論が大好き。著者はそう書き出す。私も進化論が好きで、高校生の頃から進化の本を読み漁《あさ》った。懐かしい。自分にもそういう時代があったなあ。そう思って読み始めたら、アレッだまされたかな、と思う。でも面白いから読み続けて、とうとう全部読み終えてしまった。疲れた。なぜって立派な哲学書を読まされてしまったからである。

序章から第一章の中心は理不尽について、である。生物の進化や法則というけれど、じつは絶滅した種が九九・九パーセントを占める。恐竜が典型である。巨大隕石《いんせき》が落ちて環境が激変し、いなくなった。では、絶滅の方から進化を眺めたらどうなるのだろうか。ここは終章への伏線にもなっている。

第二章は進化論の俗流理解を扱う。自然淘汰《とうた》あるいは適者生存とはどういう意味か。どう理解すればいいのか。「最適者生存なら、世界はどうしてヒトだけにならないんですか」。その種の質問をする人は、ここをよく読んだ方がいいかもしれない。

第三章は進化論者の近年の大立者二人の対立を扱う。スティーヴン・ジェイ・グールドとリチャード・ドーキンスである。そんな人、どっちも知らないよ。そういう人にはちょっと向かないかもしれないが、それでも著者の主旨はわかると思う。この章で確定されるのは、二人の論争はドーキンスの勝ちだったというものである。さらにダニエル・デネットのダメ押しが加えられる。

終章がいわば本番になる。ドーキンスの勝ちというが、それで終わりにしていいのだろうか。グールドが死ぬまで頑張り続けた理由がなにか別にあったのではないだろうか。生物が最適な戦略をとっていることは間違いない。それは多くの実例が示す。しかしその説明に問題はないか。現在生物が示す状況がいかによく環境に適応しているか、という説明を続けるなら、そこには過去つまり歴史がない。古生物学者でもあったグールドが歴史性にこだわるのは当然である。絶滅もその一つといっていいであろう。しかも現代進化論を支える大きな柱は二本あって、一つは自然淘汰だが、もう一つは系統樹すなわち歴史なのである。この先は実際に本を読んでいただくのが一番であろう。ぜひ読んでくださいね。

現代医学では患者は検査結果の集合として把握される。その検査結果を正常値に戻す。それがいまの医師の仕事である。患者としてのあなたは、それで満足するだろうか。病気を治してくれりゃいいんだよ。そういう患者がほとんどかもしれないが。

でもこういう例がある。ある患者が尿が出なくなって入院した。原因は頸椎《けいつい》にあり、それを矯正して排尿が可能になった。患者は現代医学の能力にいたく感銘を受けていた。しかし私とその話をしてからしばらく経《た》って、あっ、あれだ、と叫んだ。本人はじつは特攻に出ることが決まっていたが、終戦となり機会を失した。それで戦後、二度首を吊《つ》って死のうとしたが失敗した。その古傷が原因だと気づいたのである。上山春平氏である。

進化論の面白さはどこにあるか、なぜそれが専門家の間でも極端な論争を呼ぶのか、本書はそこをみごとに説明する。近代の欧米思想史にもなっている。著者は自分の本の書き方は自分で掘った穴を自分でまた埋め戻しているようなものだと謙遜する。でも私は近年ここまでよくできた思想史を読んだ覚えがない。人文社会学の分野には近年良い著作が出る。個人的にそう感じる。経済だけではなく、日本社会は変わりつつあるのではないか。

（初出「毎日新聞朝刊」二〇一四年一一月九日付）

事項索引

あ

『青きドナウの乱痴気』 385
アステカ 187-188,194
「新しい天使」 388
アナバチ 200-204,210,213,215,248
「ア・ハード・デイズ・ナイト」 233
アルゴリズム 232-240,336
「アルゴリズムたいそう」 232
『アンナ・カレーニナ』 31,373
安楽椅子 353
生き残り 7-8,22-23,35-36,49,52,56-57,74,97-98,175,362
イグアノドン晩餐会 220
イズム／ロジー 28-29
依存しつつの抵抗 257-258,262,342,382,384,387,389
偽りの詩 247,334,337,367,370-371
イデオロギー 119,153,180,205
遺伝学 17,28,51,146,166,183,215,269,397,404
遺伝子 12,16-17,26,36-37,39-40,42,49-50,52,57-60,78,80,83-90,94-95,131,138-139,174,225,286-287,289,341,363,392,397-398,401,411,436
遺伝子か運か 36-37,39-40,88,392
『岩波生物学辞典』 118,120
因果 68,279,297,299,311,333,344,364,383
ウィトゲンシュタインの壁 396,400-402,414,416,419,431,435
宇宙人→地球外生命体探査
運 26,36-37,39-43,45-46,49-52,54,57-60,62,64,66,68,71,74,77-78,80,83-90,94-95,139,161,174,289,359,363-364,392
エンジニアリング 227,231-233,235-237,240,268,272-273
遠心化／求心化 359,408
『延長された表現型』 16-17,198,401
『嘔吐』 368
お守り 104,106-111,121-123,128,130,132,136-137,139,141-144,159,161,164-165,167-168,170-171,175,178,248,264,374,383,393,406

か

回帰する疑似問題 351-353,355-356
解釈学 301-302,308,310-311,351,353
解釈学的循環 308,311
科学革命 296-297,321,341,352
科学哲学 123,179,214,254,269,328,338,344,363
科学リテラシー／コミュニケーション 407,409
科学理論 9,12-13,16,101,108-109,122-123,144,167,171,175,177-178,182,241,296,341-342
獲得形質の遺伝 148-149,215
革命 83,113,145-147,151,154-155,158,160,166-167,170,180,229-231,240,245-246,289,296-297,305,317,321-322,341-342,352,354,362,385,387,413
確率 24,45,118,364,422
化石 24,34,36,42,43,51,75,210,220,

308,378-379
家族的類似　347-348
カテゴリー錯誤　284-287,295,314,356
神　17,32,113,116-117,123,153,155,191-192,219,221-222,228-230,251,273,336-337,361,403,440
「雷のような音」 320
カモメ　273
ガラパゴス　13,17,19,160-161
瓦礫　364,389-391,412
『カンディードまたは最善説』 173,191
記憶の暗殺者　140
キツネ　371-374,384
機能　98,101,103,114,121,160,168-169,188,219,222-223,225,236,248,271,275,279,287,308,340,362,435
機能主義　179,218,224,226,238,252,280,286-287
恐竜　19,23-24,33,41,53-59,62-64,68-71,74,77-78,80,84,89-91,96,270,320-321,341,386,423,434-435,446
近代科学　297,332,337,341-342,396
近代社会　146,153,352
『偶然と必然』 225
偶発性　254,316-317, 321-324,331-334,337-338,340,342,357-358,364,366,368-371,383,387,393,413-414
クレイジーケンバンド　37
クレーン　334-338,340
経験的=先験的二重体　395-396,408
経済学　245,285-286,352,404
形而上学的・神学的・宇宙論的暗愚学　193,195,309,313-315,332,384,435
形而上の責任　364-366,370
芸術　67,345,348-351,369,372,421,438
啓蒙主義　330-331
結果論　123,125-126,362
決定論的カオス　318,321,323, 364
ケプラーの第一法則　134
言語ゲーム　347
現在的有用性／歴史的起源　269-270,272,277-279,281,288-289,316,321
公正世界仮説　65-66,83
公正なゲーム　44,47,49-50,52,54,58-60,71,73-75,84
甲虫への異常な溺愛　32
合目的性　223,225
荒野の時計　221,228,230
凍りついた歴史の偶発事　277-278
古生物学　19,33-34,37-38,43-44,94,99,174,182,255,437,447
「言葉のお守り的使用法について」 104
『〈子供〉の誕生』 385
コミットメント　252,302,304,306-308,310-312,314,382,392
『コラテラル』 11
コンコルドの誤謬　199,201,215

さ

最強の進化生物学者　246-248
最善説　173,191,193-194,413
最適性／最適化　210-213,215,237,247,267,293
サヴァイヴァルゲーム　22-23,57,78-

79,82-83,94,97,133, 174-175
『サウンド・オブ・サンダー』 320
サンゴ礁原理 379
三段階の法則 299,412
「サン・マルコ寺院のスパンドレルとパングロス主義パラダイム」 182,195-196,198,202,226,241-243,248-249,271,292,313,339
三葉虫 23-24,73-74,96
『自我の起原』 436
市場 48,83,151
地震／震災 66,192-193,364,367,407
自然科学／文化科学 155,296-300,302-303,308,310-311,330-331,341,344-345,348,358, 385
自然神学 222-223,228-229
『自然神学』 221-222,228
自然淘汰 8,29,42-43,87,92-99,101-104,108,111,114-118,120-122,124-125,128-134,136-142,144,154-155,163-166,168-170,175-176,182-183,196,200,203,207,215,228-231,234-238,240,246,248,254,261,266-270,272-273,279-281,286-287,289,292,295,312,315,329,336-337,361-362,382-384,387,389-390,393,396,401,446-447
自然法則 133-136,141,164,169,175,259,297,299-300,316,318,359,366,376,381,424,430
時代精神（ツァイトガイスト） 111,153,166,180
実証主義 290,296,298-300,302-303,330-331,339-341,344,346
資本主義 151,165
『社会経済史年報』（アナール） 384
社会史 45,384-387
社会進化論／社会ダーウィニズム 150,154,163,165
社会生物学 179,187,189,195,406
弱肉強食 96,98,119, 362
種 8,16-19,26,32-36,38-39,41-42,47,51,75,77-82,89,94-95,99,102,115-118,120,147,157,174,210,215,225,228,243,254-255,322,363,404,421,446
宗 教 17,113,153,205-206,209,219,228,251,363,369,399,403,407
主張的／表現的 104-108,142
『種の起源』 99,114-117,215,228,322
寿命 38-39,75
衝突の冬 55-60,62,69-71,79,89,90,132,434
神 学 32,156-157,181,193,195,219,221-223,228-229,290-291,299,309,313-315,332,379,384,403,435
進化心理学 189
進化的に安定な戦略（ESS） 202
「進化論は計算しないとわからない」 128,169
『神聖喜劇』 10
人文／人文科学／人文主義／人文主義者 9,179,197,298-299,345,348,353,385,387,402-403,405,407,409-410
進 歩 151,153,159-160,165,299,322,324-352,331,389,412,433
真 理 179,290,301-302,305,313,343,347-351,356-358,367,374,404,409
心理学 65,189,238,369,376

人類学　51,187-188,298
数学　202,232,311-312,319,365,377,395,396,399,404
スカイフック　334-338,340,367,435
『素晴らしき哉、人生！』 318
スパンドレル　182,185-188,211-212,278
スパンドレル論文→「サン・マルコ寺院のスパンドレルとパングロス主義パラダイム」
斉一性　378-380
精神科学　302,330-331,344-345
生存闘争　47,114-115,120,151
生存バイアス　161
『生物学原理』 113
生物学の哲学　125,179
生命史のテープ　317
生命の樹　156,158,215,254,269-270,279,289,295,315,329
制約　86-187,198,202-204,207,212-213,215,247,249,253,278,303,307,313,314,324-325
世界像　12-13,15,83,101-103,108,111,117,131,144,146,158,163-171,175,305,363
絶対的な捉え方　359-360,364,396
説明と理解　288,290,292,296,301-302,325-326,342-344,347,351,354-358,367
絶滅　7-9,13,18-26,32,34-64,68-69,71-90,94-98,103,139,157,161,174,255,289-290,321,363,365,368,392,421,423,425-426,434-435,437,446-447
絶滅危惧種　19,26
『戦争と平和』 372-373
全体主義　330-331,334,337,340,342-343
全体性　337,339-341,385
選択性　50,52,74
先入見　306-309,313
専門家と素人　84,144,175
総合説　28,155,166,176-177,183,204,209,241,262,427
創造説／創造論　122-123,223,273
相対性理論　101,362,407
造反有理　384,414
『祖先の物語』 17,249
存在論　293,295-296,307-308,310-311,314

た

ダーウィン革命／非ダーウィン革命　113,145-147,154-155,158,160,166-167,170,180,322,354
『ダーウィンの危険な思想』 208-209.319
『大絶滅』 437
大量絶滅　19,37,56,74-80,90,97,255,289
多元主義的アプローチ　203,242,244,249,253
卓球　209,436,440
『ためしてガッテン』 234
弾幕の戦場　44-47,49-50,52,54-55,58-60,71,73-75,84
地球外生命体探査（SETI） 79
チクシュルーブ・クレーター　46-47,54
『地中海』 385
チャーハン　233-234

中傷効果　282,286-287,352
定向進化　430,432
ティラノサウルス　55,188-190,327
適応　11-14,18,23,35-36,42,45,49,52,54,56-57,59-60,62-63,68,73-74,78,87,89,95,97-98,117-118,120,122-126,132-133,137-139,149,155,164,166,174-175,177-179,181-183,185-190,194,196-216,218-219,224-227,237-238,240-244,246-253,256-257,260-264,266-268,276-282,286-289,292-296,309-310,312-316,325,329,331-333,336-338,340,342-343,357-358,373,381,383-384,386,397,401,406,410,412-413,434,436,447
適応主義プログラム　182,198-199,201,205,214,216,219,225-227,238,241-244,246,250,253,260-261,266,268,281,286-289,295-296,309,313,316,331-333,336-338,342,357-358,383,412
適応的説明　187,216,218,247,249,257,261,267,281,286,292,383
『適応と自然淘汰』　248
適者生存　26,91,95,110-113,115-130,132-137,140-142,149,151,163-165,446
デザイン　185,211,222-224,228,238,240,248-249,252-254,268-272-273,286,296
哲学　15,66,94,102,104,113,123,124-125,140,148,153,165,179,190-191,198,207-208,214,254,268-269,282,290-292,298,300-303,305,311,313,319,321,326,328,330-331,338,343-344,346-349,351-353,355,359,363-364,368,371-373,387,389,395-397,399-400,410,413,433,446
天体衝突　19,46,53-55,57-58,60,64,69-71,74-77,84,87,89,289
ドイツ社会学における実証主義論争　339,341
統計／統計学　33,37,43,407,422
どうしてこうなった　366,413
道徳における運　66,68,359
ドードー　20,89
トートロジー　111,120-128,130-133,136,140-142,144,164-165,169,175,177,182,383
独身者　122,124,134-135
どこでもないところからの眺め　360,404
ドリフ　299

な

なぜなぜ物語　182,184,190,196,204,206,208,243
ナチス　140,387,416
『ナチュラル・ヒストリー』　261,271,319,381
二次的評価語　159-160,166
人間的、あまりに人間的　357,382,407,431
認知バイアス　65-66,83,229,361-362,429,431
ネアンデルタール人　48,51
ネオダーウィニズム→**総合説**
乗り超え不可能な哲学　410

は
バージェス頁岩　316-317,319
ハード・コア　214-215,315
ハーレーダビッドソン　212-213
配列　324,378-379,380
白亜紀　46,53,55,62,74-77,90,289,320-321
博物学　114-115,147,149,163,219-220
『博物学の黄金時代』 220
『パサージュ論』 389-390
バタフライ効果　319-320
発展的進化論　146-149,151,154-158,160-163,165-167,180,317,332,354
花の原理　379
パラダイム　182,190,244,246,313,341,410-412,414
ハリネズミ　371,372-374,384
『ハリネズミと狐』 371
パングロス主義パラダイム　182,190-194,196,200,204,207,213,246,279,289,313,384,410
パンダ原理　276,380
パンダの親指　269,273,322,380
万能酸　12,15,180-181,205,410,412
ビートルズ，ザ　233
『ピタゴラスイッチ』 232
人身御供　187-188
ヒューリスティクス　208-213,237-238
フェアプレー精神　83
符合　379-380
不条理　174,368-370,422
不調和　272,276,380
物理学　14,208,296,299-300,303,310-311,318,328,346-347,358,360,376,380,408,431
「普遍的ダーウィニズム」 411
ブリコラージュ　235-236
文学　10,153,184,197,205-206,311,331,343,355,369,374-375,382,402-403,421-422
ペルム紀　75,77
変化をともなう由来　322
弁証法　339-341,345,389
忘却の穴　140
法則定立的／個性記述的　302
方法と真理　343,347,351,356-357,367
ポエム　110,164
ほかでもありえた　194,317,320,332-333,365-366,387,390,413
ポップ・サイエンス　286,352
哺乳類　69-71,78-80,90,96,132-133,148,273,321,386,423,435
本当の歴史　267,287-288

ま
マルクス主義　153,339,341,410
ミーム　239
自らの足跡を消す　137,164,382
『向う岸からの世界史』 385
眼　99,361
明治　14,113,151,153-154
『明治の表象空間』 153
メカニズムと出来事　289
『盲目の時計職人』 17,230,237,249,322,383
目的論　228-229,297,361-362

や
優勝劣敗　95-98,119,152,362
「ヨブ記」　369

ら
ライプニッツ主義パラダイム　410-412,414
ラン原理　380
理解（了解）　9,12-13,21,24,39,42,49,54,58,66,81-82,84-87,92-93,95-102,104,110-111,121,130,142,154-155,164,170,175-176,228,246,255-257,262,265,269,276,279,288,290,292,296,300-303,307-309,311,314-315,325-327,330,342-352,354-358,361-363,366-369,374-375,387,393-395,405-408,418,425,427-428,437,446
利己主義／利他主義　397-399,401
『利己的な遺伝子』　16-17,401,436
リサーチ・プログラム　214-215,240-242,244,250,253,294-295,338,343,357,414
リバース・エンジニアリング　236-237,240
理不尽さ　8-9,43,82,84-88,90,95,97,171,179-180,182,258,263-265,357-358,366-367,369-371,393,410,414,421,426,428,430-431,435
理不尽な絶滅　44,52,54,56-61,63,68-69,71-78,80-83,85,87-89,94-98,103,139,174,289,367,392,423,434
量子力学　101,311,362,407
ルール　48,58-61,63,70,72,74,78,90,94,97,174
ルネサンス　402,405
ルビコン川　304
歴史科学　272,276,281,328-329,375-377,380,382,392
歴史学　298,300,302,311-312,328,331,344-345,347,384-387
歴史主義のアポリア　355
「歴史の概念について」　388-389
歴史の天使　388-391,412
ローリング・ストーンズ，ザ　21
ロックンロール　21
ロマン主義　330-331,334,340,342-343
ロマンに満ちた巨大な空虚　247,334
論理学　124,127,433
『論理哲学論考』　400

わ
『ワンダフル・ライフ』　249,316,318-319

欧文
DNA　12-13,51,277,327
evolution　112,125,146,150,179,271,319,321-322
extinction　37-38,44,75
natural selection　29,114,116,165,254
skyhook　334,336
survival of the fittest　113,115,124,135
wanton　44,60

人名索引

あ

アーペル，カール＝オットー　301,344,347
アーレント，ハンナ　140
アドルノ，テオドール　339,340-341
阿部謹也　385
網野善彦　385
アリエス，フィリップ　385
アリストテレス　297,361
アルキロコス　371,374
アルバート，ハンス　339
イエス・キリスト　399,403
伊勢田哲治　328,363
井上哲次郎　113
忌野清志郎　130
ヴィダル＝ナケ，ピエール　140
ウィトゲンシュタイン，ルートヴィヒ　259,301,319,347,396,399-403,414,416,419,431-433,435
ウィリアムズ，ジョージ・C.　248-249
ウィリアムズ，バーナード　66,359
ウィルソン，エドワード・オズボーン　187,189
ヴィンデルバント，ヴィルヘルム　302
ウェーバー，マックス　162
ヴォルテール　173,190,193
ウォレス，アルフレッド・ラッセル　29,115
エジソン，トーマス　25
エラスムス，デジデリウス　403,405
エルドリッジ，ナイルズ　242,287
大澤真幸　359,364,409,441
大西巨人　10,375,444

か

カー，エドワード・ハレット　304
カエサル，ユリウス　304-305
ガダマー，ハンス＝ゲオルク　301-303,305,308,311,313,343,346-351,355,358,404
加藤弘之　152
ガリレオ・ガリレイ　296-297
カルナップ，ルドルフ　108
川谷拓三　179
カント，イマヌエル　395,397,410
菊池誠　408-409
キプリング，ラドヤード　184,204
キャプラ，フランク　318
ギンズブルグ，カルロ　265
グールド，スティーヴン・ジェイ　33,179,182-184,186-188,190,194-204,206-208,211,213,216,218,226-227,241-247,249-258,260-273,276,278-279,281-282,287-292,294-295,309-310,313-314,316-319,323,325-326,329-334,336-343,354-358,370-371,373-382,384,386-387,391-395,410,412-414,447

クリック，フランシス　277
クルーグマン，ポール　245
クレー，パウル　388,412
クレオパトラ　319
ゲイツ，ビル　25,161
ケプラー，ヨハネス　134-135,296
ゴーギャン，ポール　67
小島寛之　363
後藤和久　19,54
コペルニクス，ニコラウス　296
コンウェイ＝モリス，サイモン　81,325
コント，オーギュスト　150,298-299,370,412

さ

酒井泰斗　129
サルトル，ジャン＝ポール　293,368,410
釈迦　407
ジャコブ，フランソワ　235-236
ジョーダン，マイケル　63
ショーペンハウアー，アルトゥル　281
スターリン，ヨシフ・ヴィッサリオノヴィチ　121
スティーヴンソン，チャールズ　159
ステレルニー，キム　179,254-255
スペンサー，ハーバート　112-113,115,117,120,129,149-154,158,162-163,165-166,180,298-299,317
セガール，スティーヴン　198,419
ソーバー，エリオット　123,125-126,214,269,362
ソクラテス　355

た

ダーウィン，エラズマス　29
ダーウィン，チャールズ　11-12,17,28-29,42-43,91,99-100,112-119,120,129,145-149,153-156,158-160,162-163,165-167,170,179-180,208-209,215,220,222,228-231,235,240,254,257,272,276,280,315,317,319,322,354,361,376-381,392
タイラー，エドワード・バーネット　298
高山宏　221
垂水雄二　30,179,363
鶴見俊輔　104,159
ディルタイ，ヴィルヘルム　301-303,330-331,344,355
デカルト，ルネ　410
デネット，ダニエル・C．15,180,198,205-212,216,218,225-228,231,235,239-241,253,260,262,268,272,319,334,336-337,410,427,431,447
ドーキンス，リチャード　16-18,30,156,179,196,198-201,203-208,218,222-223,226-227,230,239,241,246-247,249-256,260,262,291,310,319,322,325,330-331,334,337,370,374-375,381,383,386,397,401,411,427,431,436,447
ドブジャンスキー，テオドシウス　269
トリヴァース，ロバート　249,401

トルストイ，レフ・ニコラエヴィチ　31,371-373
ドロイゼン，ヨハン・グスタフ　300,302-303,331

な
中島みゆき　18
ニーチェ，フリードリヒ　405,407
ニュートン，アイザック　296

は
パーソンズ，タルコット　311
ハーナー，マイケル　187
ハーマン，オレン　397,399-400
バーリン，アイザイア　371-373
ハイデガー，マルティン　301-303,305,309,311,346,358,413
パスカル，ブレーズ　319,323
ハミルトン，ウィリアム・ドナルド　249,396,398,400-401
ヒトラー，アドルフ　121,432
ヒューウェル，ウィリアム　379
フーコー，ミシェル　395,397,409
フォード，ヘンリー　25
プライス，ジョージ　396-400,404,408,414
ブラッドベリ，レイ　320
プラトン　157,355
プランク，マックス　358,363,370
ブランソン，リチャード　25
ブローデル，フェルナン　385
フローベール，ギュスターヴ　373
フンボルト，アレクサンダー・フォン　298
ペイリー，ウィリアム　221-222,228,230
ヘーゲル，ゲオルク・ヴィルヘルム・フリードリヒ　301,410
ヘッケル，エルンスト　159,339
ペトラルカ，フランチェスコ　403
ヘンペル，カール　344
ベンヤミン，ヴァルター　340,387-390,412
ホイル，フレッド　50
ホールデン，J.B.S.　32-33
星野力　128
ポパー，カール　214,339,341,344

ま
マイア，エルンスト　124,339
真島昌利　85
松井孝典　54
松浦寿輝　153
松下幸之助　25
マルクス，カール　85,142,153,339,341,410
マン，マイケル　11
三浦俊彦　125,362
三中信宏　33,159,271
ミル，ジョン・スチュアート　150,208
メイナード・スミス，ジョン　202,249,257,343,401
メンデル，グレゴール・ヨハン　146,149,215,245
毛沢東　121
モノー，ジャック　225,235,287,

431
モンテーニュ，ミシェル・ド 403,405

や
ヤスパース，カール 364-365

ら
ライプニッツ，ゴットフリート・ヴィルヘルム 191,410-414
ライル，ギルバート 282,285
ラウプ，デイヴィッド 26,34,36-38,44,47,49-50,60,64,66,73,76-77,79-80,94,174,367,437
ラカトシュ，イムレ 214
良知力 385
ラマルク，ジャン＝バティスト 29,147-149,151,158,162-163,166,229,361
ランケ，レオポルト・フォン 298
リチャーズ，キース 21
リッケルト，ハインリヒ 302
ルウォンティン，リチャード・C. 183,195-196,198,226,241,292,339,341
ルース，マイケル 179,338
ルクセンブルク，ローザ 245
レヴィンズ，リチャード 339,341
ローティ，リチャード 25,311
魯迅 83
ロック，ジョン 410
ロックフェラー，ジョン 25

わ
渡辺一夫 403,405
渡辺政隆 45,115

参考文献

Adorno, Theodor W. et al., 1969, *Der Positivismusstreit in der deutschen Soziologie*, Hermann Luchterhand.（= 1979，城塚登・浜井修訳『社会科学の論理——ドイツ社会学における実証主義論争』河出書房新社.）

Alcock, John, 2001, *The Triumph of Sociobiology*, Oxford University Press.（= 2004，長谷川眞理子訳『社会生物学の勝利——批判者たちはどこで誤ったか』新曜社.）

Alexander, Richard D., 1979, *Darwinism and Human Affairs*, University of Washington Press.（= 1988，山根正気・牧野俊一訳『ダーウィニズムと人間の諸問題』思索社.）

Allmon, Warren D., Patricia Kelley and Robert Ross eds., 2009, *Stephen Jay Gould: Reflections on His View of Life*, Oxford University Press.

Apel, Karl-Otto, 1979, *Die Erklären: Verstehen-Kontroverse in transzendentalpragmatischer Sicht*, Suhrkamp.（=1984, *Understanding and Explanation: A Transcendental-Pragmatic Perspective*, trans. by Georgia Warnke, MIT Press.)

Arendt, Hannah, 1951, *The Origins of Totalitarianism*, Harcourt, Brace & World.（= 2017，大久保和郎ほか訳『全体主義の起原 新版』1-3, みすず書房.）

Ariès, Philippe, 1960, *L'enfant et la vie familiale sous l'Ancien Régime*, Plon.（= 1980，杉山光信ほか訳『〈子供〉の誕生——アンシャン・レジーム期の子供と家族生活』みすず書房.）

Ayer, Alfred Jules, 1986, *Ludwig Wittgenstein*, Penguin.（= 1988，信原幸弘訳『ウィトゲンシュタイン』みすず書房.）

Barber, Lynn, 1980, *The Heyday of Natural History: 1820-1870*, Doubleday.（= 1995，高山宏訳『博物学の黄金時代』国書刊行会.）

Barton, Nicholas H. et al., 2007, *Evolution*, Cold Spring Harbor

Laboratory Press.（= 2009, 宮田隆・星山大介監訳『進化——分子・個体・生態系』メディカル・サイエンス・インターナショナル.）

Benjamin, Walter, 1974, "Über den Begriff der Geschichte," *Gesammelte Schriften*, I-II, Suhrkamp.（= 1995, 浅井健二郎訳「歴史の概念について」浅井健二郎編訳『ベンヤミン・コレクション I 近代の意味』ちくま学芸文庫.）

———, 1982, *Das Passagen-Werk, Gesammelte Schriften*, V-1-2, Suhrkamp.（= 2003, 今村仁司ほか訳『パサージュ論』1-5, 岩波現代文庫.）

Berlin, Isaiah, 1953, *The Hedgehog and the Fox: An Essay on Tolstoy's View of History*, Weidenfeld and Nicolson.（= 1997, 河合秀和訳『ハリネズミと狐——『戦争と平和』の歴史哲学』岩波文庫.）

Berlinski, David, 2000, *The Advent of the Algorithm: The Idea That Rules the World*, Harcourt.（= 2012, 林大訳『史上最大の発明アルゴリズム——現代社会を造りあげた根本原理』ハヤカワ文庫.）

Börner, Katy, 2010, *Atlas of Science: Visualizing What We Know*, MIT Press.

Bowler, Peter J., 1984, *Evolution: The History of an Idea*, University of California Press.（= 1987, 鈴木善次ほか訳『進化思想の歴史』上・下, 朝日選書.）

———, 1988, *The Non-Darwinian Revolution: Reinterpreting a Historical Myth*, Johns Hopkins University Press.（= 1992, 松永俊男訳『ダーウィン革命の神話』朝日新聞社.）

Braudel, Fernand, [1949] 1966, *La Méditerranée et le monde méditerranéen à l'époque de Philippe II*, Armand Colin.（= 2004, 浜名優美『普及版 地中海』I–V, 藤原書店.）

Brown, Andrew, 1999, *The Darwin Wars: How Stupid Genes Became Selfish Gods*, Simon & Schuster.（= 2001, 長野敬・赤松眞紀訳『ダーウィン・ウォーズ——遺伝子はいかにして利己的な神となったか』青土社.）

Buck-Morss, Suzan, 1989, *The Dialectics of Seeing: Walter Benjamin*

and the Arcades Project, MIT Press.（= 2014，高井宏子訳『ベンヤミンとパサージュ論——見ることの弁証法』勁草書房.）

Butterfield, Herbert, 1949, *The Origins of Modern Science: 1300–1800*, G. Bell & Sons.（= 1978，渡辺正雄訳『近代科学の誕生』上・下，講談社学術文庫.）

Carr, Edward Hallett, 1961, *What is History?*, Macmillan.（= 1962，清水幾太郎訳『歴史とは何か』岩波新書.）

Cartwright, John H., 2001, *Evolutionary Explanations of Human Behaviour*, Routledge.（= 2005，鈴木光太郎・河野和明訳，『進化心理学入門』新曜社.）

Cassirer, Ernst, 1944, *An Essay on Man: An Introduction to a Philosophy of Human Culture*, Yale University Press.（= 1997，宮城音弥訳『人間——シンボルを操るもの』岩波文庫.）

Chalmers, A. F., 1999, *What is This Thing Called Science?*, Third Edition, University of Queensland Press.（= 2013，高田紀代志・佐野正博訳『改訂新版 科学論の展開——科学と呼ばれているのは何なのか？』恒星社厚生閣.）

Cockell, Charles, 2018, *The Equations of Life: How Physics Shapes Evolution*, Basic Books.（= 2019，藤原多伽夫訳『生命進化の物理法則』河出書房新社.）

Comte, Auguste, 1822, "Plan des travaux scientifiques nécessaires pour réorganiser la société," *Appendice général du système de politique positive, contenant tous les opuscules primitifs de l'auteur sur la philosophie sociale*, 47–136.（= 2013，杉本隆司訳「社会再組織のための科学的研究プラン」『コント・コレクション ソシオロジーの起源へ』白水社.）

Conway Morris, Simon, 2003, *Life's Solution: Inevitable Humans in a Lonely Universe*, Cambridge University Press.（= 2010，遠藤一佳・更科功訳『進化の運命——孤独な宇宙の必然としての人間』講談社.）

Crick, Francis Harry Compton, 1968, "The Origin of the Genetic Code," *Journal of Molecular Biology*, 38: 367–79.

Danto, Arthur C., 1965, *Analytical Philosophy of History*, Cambridge University Press.（= 1989，河本英夫訳『物語としての歴史――歴史の分析哲学』国文社.）

Darwin, Charles, 1845, *Journal of Researches into the Natural History and Geology of the Countries Visited during the Voyage of H. M. S. Beagle Round the World*, Second Edition, John Murray.（= 2013, 荒俣宏訳『新訳 ビーグル号航海記』上・下，平凡社.）

———, 1859, *On the Origin of Species by Means of Natural Selection, or the Preservation of Favoured Races in the Struggle for Life*, John Murray.（= 2009，渡辺政隆訳『種の起源』上・下，光文社古典新訳文庫.）

———, 1868, *The Variation of Animals and Plants under Domestication*, John Murray.（= 1938–9，永野為武・篠遠喜人訳『ダーウィン全集 4–5 家畜・栽培植物の変異』上・下，白揚社.）

———, 1871, *The Descent of Man, and Selection in Relation to Sex*, John Murray.（= 1999–2000，長谷川眞理子訳『ダーウィン著作集 1–2 人間の進化と性淘汰』I–II，文一総合出版.）

———, 1872, *The Expression of the Emotions in Man and Animals*, John Murray.（= 1931，濱中濱太郎訳『人及び動物の表情について』岩波文庫.）

———, 1881, *The Formation of Vegetable Mould, through the Action of Worms*, John Murray.（= 1994，渡辺弘之訳『ミミズと土』平凡社ライブラリー.）

Dawkins, Richard, 1976, *The Selfish Gene*, Oxford University Press.（= 2018，日高敏隆ほか訳『利己的な遺伝子 40周年記念版』紀伊國屋書店.）

———, 1982, *The Extended Phenotype: The Gene as the Unit of Selection*, Oxford University Press.（= 1987，日高敏隆ほか訳『延長された表現型――自然淘汰の単位としての遺伝子』紀伊國屋書店.）

———, 1983, "Universal Darwinism," D. S. Bendall ed., *Evolution from Molecules to Man*, Cambridge University Press, 403–25.

——, 1986, *The Blind Watchmaker*, W. W. Norton.（= 2004, 日高敏隆監修・中島康裕ほか訳『盲目の時計職人——自然淘汰は偶然か？』早川書房.）

——, 1996, "A Survival Machine," John Brockman ed., *Third Culture*, Simon & Schuster, 75–95.

——, 1998, *Unweaving the Rainbow: Science, Delusion and the Appetite for Wonder*, Houghton Mifflin.（= 2001, 福岡伸一訳『虹の解体——いかにして科学は驚異への扉を開いたか』早川書房.）

——, 2003, *A Devil's Chaplain: Reflections on Hope, Lies, Science, and Love*, Houghton Mifflin.（= 2004, 垂水雄二訳『悪魔に仕える牧師——なぜ科学は「神」を必要としないのか』早川書房.）

——, 2004, *The Ancestor's Tale: A Pilgrimage to the Dawn of Life*, Houghton Mifflin.（= 2006, 垂水雄二訳『祖先の物語——ドーキンスの生命史』上・下, 小学館.）

——, 2006, *The God Delusion*, Houghton Mifflin.（= 2007, 垂水雄二訳『神は妄想である——宗教との決別』早川書房.）

——, 2013, *An Appetite for Wonder: The Making of a Scientist*, Ecco Press.（= 2014, 垂水雄二訳『好奇心の赴くままに ドーキンス自伝 I 私が科学者になるまで』早川書房.）

——, 2015, *Brief Candle in the Dark: My Life in Science*, Bantam Press.（= 2017, 垂水雄二訳『ささやかな知のロウソク ドーキンス自伝 II 科学に捧げた半生』早川書房.）

Dawkins, Richard and H. Jane Brockmann, 1980, "Do Digger Wasps Commit the Concorde Fallacy?," *Animal Behaviour*, 28: 892–6.

Dennett, Daniel C., 1991, *Consciousness Explained*, Little, Brown.（= 1997, 山口泰司訳『解明される意識』青土社.）

——, 1995, *Darwin's Dangerous Idea: Evolution and the Meaning of Life*, Simon & Schuster.（= 2000, 山口泰司監訳『ダーウィンの危険な思想——生命の意味と進化』青土社.）

——, 2003, *Freedom Evolves*, Viking Press.（= 2005, 山形浩生訳『自由は進化する』NTT出版.）

———, 2006, *Breaking the Spell: Religion as a Natural Phenomenon*, Penguin Group.（= 2010, 阿部文彦訳『解明される宗教——進化論的アプローチ』青土社.）

———, 2017, *From Bacteria to Bach and Back: The Evolution of Minds*, W. W. Norton.（= 2018, 木島泰三訳『心の進化を解明する——バクテリアからバッハへ』青土社.）

Desmond, Adrian and James Moore, 1991, *Darwin*, Michael Joseph.（= 1999, 渡辺政隆訳『ダーウィン——世界を変えたナチュラリストの生涯』I–II, 工作舎.）

Diamond, Jared and James A. Robinson eds., 2010, *Natural Experiments of History*, Belknap Press.（= 2018, 小坂恵理訳『歴史は実験できるのか——自然実験が解き明かす人類史』慶應義塾大学出版会.）

Dixon, Dougal, 1981, *After Man: A Zoology of the Future*, St. Martin's Press.（= 2004, 今泉吉典監訳『アフターマン——人類滅亡後の地球を支配する動物世界』ダイヤモンド社.）

———, 1988, *The New Dinosaurs: An Alternative Evolution*, Salem House Publishers.（= 2005, 疋田努監修・土屋晶子訳『新恐竜——進化し続けた恐竜たちの世界』ダイヤモンド社.）

———, 1990, *Man After Man: An Anthropology of the Future*, St. Martin's Press.（= 1993, 城田安幸訳『マンアフターマン——未来の人類学』太田出版.）

Dixon, Dougal and John Adams, 2003, *The Future Is Wild*, Firefly Books.（= 2004, 松井孝典監修・土屋晶子訳『フューチャー・イズ・ワイルド——驚異の進化を遂げた2億年後の生命世界』ダイヤモンド社.）

Dobzhansky, Theodosius, 1973, "Nothing in Biology Makes Sense except in the Light of Evolution," *The American Biology Teacher*, 35(3): 125–9.

Dray, William Herbert, 1957, *Laws and Explanation in History*, Oxford University Press.

Droysen, Johann Gustav, 1858, *Grundriss der Historik*, Veit.（= 1937, 樺俊雄訳『史学綱要』刀江書院.）

Eldredge, Niles, 1995, *Reinventing Darwin: The Great Debate at the High Table of Evolutionary Theory*, John Wiley and Sons.（= 1998, 新妻昭夫訳『ウルトラ・ダーウィニストたちへ――古生物学者から見た進化論』シュプリンガー・フェアラーク東京.）

Eldredge, Niles and Stephen Jay Gould, 1972, "Punctuated Equilibria: An Alternative to Phyletic Gradualism," Thomas J. M. Schopf ed., *Models in Paleobiology*, Freeman Cooper, 82–115.

Ellis, John, 1975, *The Social History of the Machine Gun*, Campbell Thomson & McLaughlin.（= 2008, 越智道雄訳『機関銃の社会史』平凡社ライブラリー.）

Engels, Friedrich, [1883] 1962, *Dialektik der Natur*, *Marx-Engels-Werke*, Bd. 20, Karl Dietz.（= 1970, 菅原仰訳『自然の弁証法』1–2, 国民文庫.）

Erasmus, Desiderius, *Moriae encomium*, 1511.（= 2014, 沓掛良彦訳『痴愚神礼讃 ラテン語原典訳』中公文庫.）

Finlayson, Clive, 2009, *The Humans Who Went Extinct: Why Neanderthals Died Out and We Survived*, Oxford University Press.（= 2013, 上原直子訳『そして最後にヒトが残った――ネアンデルタール人と私たちの50万年史』白揚社.）

Fontcuberta, Joan and Pere Formiguera, 1989, *Fauna* (Exhibition Catalogue), Junta de Andalucía, Consejería de Cultura; Fundació Caixa de Catalunya.（= 2007, 荒俣宏監修・管啓次郎訳『秘密の動物誌』ちくま学芸文庫.）

Foucault, Michel, 1966, *Les mots et les choses: Une archéologie des sciences humaines*, Gallimard.（= 2020, 渡辺一民・佐々木明訳『言葉と物――人文科学の考古学』新潮社.）

――, [1961] 2008, *Introduction à l'Anthropologie de Kant*, Vrin.（= 2010, 王寺賢太訳『カントの人間学』新潮社.）

Frank, Robert H., 2011, *The Darwin Economy: Liberty, Competition,*

and the Common Good, Princeton University Press.（= 2018，若林茂樹訳『ダーウィン・エコノミー——自由、競争、公益』日本経済新聞出版.）

Gadamer, Hans-Georg, 1960, *Wahrheit und Methode: Grundzüge einer philosophischen Hermeneutik*, Mohr.（= 1986–2012，轡田收ほか訳『真理と方法——哲学的解釈学の要綱』I–III，法政大学出版局.）

———, 1976, *Vernunft im Zeitalter der Wissenschaft*, Suhrkamp.（= 1988，本間謙二・座小田豊訳『科学の時代における理性』法政大学出版局.）

———, 1983, *Lob der Theorie: Reden und Aufsätze*, Suhrkamp.（= 1993, 本間謙二・須田朗訳『理論を讃えて』法政大学出版局.）

———, 1993, *Hermeneutik, Ästhetik, praktische Philosophie*, Universitätsverlag Carl Winter.（= 1995，巻田悦郎訳『ガーダマーとの対話——解釈学・美学・実践哲学』未來社.）

Galilei, Galileo, 1632, *Dialogo sopra i due massimi sistemi del mondo*.（= 1959–61，青木靖三訳『天文対話』上・下，岩波文庫.）

———, 1638, *Discorsi e dimostrazioni matematiche, intorno à due nuove scienze*.（= 1937–48，今野武雄・日田節次訳『新科学対話』上・下，岩波文庫.）

Gehlen, Arnold, 1940, *Der Mensch: Seine Natur und seine Stellung in der Welt*, Junker und Dünnhaupt.（= 2008，池井望訳『人間——その性質と世界の中の位置』世界思想社.）

Gladwell, Malcolm, 2008, *Outliers: The Story of Success*, Little, Brown and Company.（= 2014，勝間和代訳『天才！——成功する人々の法則』講談社.）

Gleick, James, 1987, *Chaos: Making a New Science*, Vintage.（= 1991，上田晥亮監修・大貫昌子訳『カオス——新しい科学をつくる』新潮文庫.）

Godart, G. Clinton, 2017, *Darwin, Dharma, and the Divine: Evolutionary Theory and Religion in Modern Japan*, University of Hawai'i Press.（= 2020，碧海寿広訳『ダーウィン、仏教、神——近

代日本の進化論と宗教』人文書院.）
Gould, Stephen Jay, 1977a, *Ontogeny and Phylogeny*, Harvard University Press.（= 1987, 仁木帝都・渡辺政隆訳『個体発生と系統発生――進化の観念史と発生学の最前線』工作舎.）
———, 1977b, *Ever Since Darwin: Reflections in Natural History*, W. W. Norton.（= 1995, 浦本昌紀・寺田鴻訳『ダーウィン以来――進化論への招待』ハヤカワ文庫.）
———, 1980, *The Panda's Thumb: More Reflections in Natural History*, W. W. Norton.（= 1996, 櫻町翠軒訳『パンダの親指――進化論再考』上・下, ハヤカワ文庫.）
———, 1985, *The Flamingo's Smile: Reflections in Natural History*, W. W. Norton.（= 2002, 新妻昭夫訳『フラミンゴの微笑――進化論の現在』上・下, ハヤカワ文庫.）
———, 1986, "Evolution and the Triumph of Homology, or Why History Matters," *American Scientist*, 74(1): 60–9.
———, 1987, *An Urchin in the Storm: Essays about Books and Ideas*, W. W. Norton.（= 1991, 渡辺政隆訳『嵐のなかのハリネズミ』早川書房.）
———, 1989, *Wonderful Life: The Burgess Shale and the Nature of History*, W. W. Norton.（= 2000, 渡辺政隆訳『ワンダフル・ライフ――バージェス頁岩と生物進化の物語』ハヤカワ文庫.）
———, 1993, "Fulfilling the Spandrels of Word and Mind," Jack Selzer ed., *Understanding Scientific Prose*, University of Wisconsin Press, 310–36.
———, 1995, *Dinosaur in a Haystack: Reflections in Natural History*, Harmony Books.（= 2000, 渡辺政隆訳『干し草のなかの恐竜――化石証拠と進化論の大展開』上・下, 早川書房.）
———, 1996, *Full House: The Spread of Excellence from Plato to Darwin*, Harmony Books.（= 2003, 渡辺政隆訳『フルハウス 生命の全容――四割打者の絶滅と進化の逆説』ハヤカワ文庫.）
———, 2002a, *I Have Landed: Splashes and Reflections in Natural*

History, Vintage.（= 2011，渡辺政隆訳『ぼくは上陸している——進化をめぐる旅の始まりの終わり』上・下，早川書房.）

———, 2002b, *The Structure of Evolutionary Theory*, Belknap Press.

———, 2003, *The Hedgehog, the Fox, and the Magister's Pox: Mending the Gap Between Science and the Humanities*, Harmony Books.

Gould, Stephen Jay and Niles Eldredge, 1977, "Punctuated Equilibria: The Tempo and Mode of Evolution Reconsidered," *Paleobiology*, 3 (2): 115–151.

Gould, Stephen Jay and Richard Lewontin, 1979, "The Spandrels of San Marco and the Panglossian Paradigm: A Critique of the Adaptationist Programme," *Proceedings of the Royal Society of London*, Series B, 205 (1161): 581–98.

Haldane, J. B. S., 1924, *Daedalus; Or, Science and the Future*, E. P. Dutton.

Harman, Oren, 2010, *The Price of Altruism: George Price and the Search for the Origins of Kindness*, W. W. Norton.（= 2011，垂水雄二訳『親切な進化生物学者——ジョージ・プライスと利他行動の対価』みすず書房.）

Heidegger, Martin, 1927, *Sein und Zeit*, Max Niemeyer.（= 2013，熊野純彦訳『存在と時間』1–4，岩波文庫.）

———, 1950, *Die Zeit des Weltbildes*, Vittorio Klostermann.（= 1962，桑木務訳『ハイデッガー選集 13 世界像の時代』理想社.）

———, 1953, *Einführung in die Metaphysik*, Max Niemeyer.（= 1994，川原栄峰訳『形而上学入門』平凡社ライブラリー.）

———, 1957, *Der Satz vom Grund*, Günther Neske.（= 1962，辻村公一訳『根據律』創文社.）

Hillis, W. Daniel, 1998, *The Pattern on the Stone: The Simple Ideas That Make Computers Work*, Basic Books.（= 2014，倉骨彰訳『思考する機械コンピュータ』草思社文庫.）

Houellebecq, Michel, 1998, *Les Particules élémentaires*, Flammarion.（= 2006，野崎歓訳『素粒子』ちくま文庫.）

Hoyle, Fred and Nalin Chandra Wickramasinghe, 1981, *Evolution from Space*, Simon & Schuster.（= 1983, 餌取章男訳『生命は宇宙から来た——ダーウィン進化論は、ここが誤りだ』光文社.）

Hübner, Kurt, 1978, *Kritik der wissenschaftlichen Vernunft*, Karl Alber.（= 1992, 神野慧一郎ほか訳『科学的理性批判』法政大学出版局.）

Hutchinson, G. E., 1959, "Homage to Santa Rosalia or Why are There So Many Kinds of Animals?," *The American Naturalist*, 93 (870): 145–59.

Huxley, Aldous, 1932, *Brave New World*, Chatto & Windus.（= 2017, 大森望訳『すばらしい新世界 新訳版』ハヤカワepi文庫.）

Infeld, Leopold, 1948, *Whom the Gods Love: The Story of Évariste Galois*, Whittlesey House.（= 2008, 市井三郎訳『ガロアの生涯——神々の愛でし人』日本評論社.）

Jacob, François, 1982, *The Possible and the Actual*, Pantheon Books.（= 1994, 田村俊秀・安田純一訳『可能世界と現実世界——進化論をめぐって』みすず書房.）

Jameson, Fredric, 1971, *Marxism and Form: Twentieth-Century Dialectical Theories of Literature*, Princeton University Press.（= 1980, 荒川幾男ほか訳『弁証法的批評の冒険——マルクス主義と形式』晶文社.）

——, 1990, *Late Marxism: Adorno, or, the Persistence of the Dialectic*, Verso.（= 2013, 加藤雅之ほか訳『アドルノ——後期マルクス主義と弁証法』論創社.）

Jaspers, Karl, 1946, *Die Schuldfrage*, Lambert Shneider.（= 1998, 橋本文夫訳『戦争の罪を問う』平凡社ライブラリー.）

Jay, Martin, 1984, *Marxism and Totality: The Adventures of a Concept from Lukács to Habermas*, University of California Press.（= 1993, 荒川幾男ほか訳『マルクス主義と全体性——ルカーチからハーバーマスへの概念の冒険』国文社.）

Kant, Immanuel, [1781] 1787, *Kritik der reinen Vernunft*, Johann Friedrich Hartknoch.（= 2012, 熊野純彦訳『純粋理性批判』作品

社.）

———, 1798, *Anthropologie in pragmatischer Hinsicht*, Friedrich Nicolovius.（= 2003, 渋谷治美・高橋克也訳『カント全集 15 人間学』岩波書店.）

Kenrick, Douglas T., 2011, *Sex, Murder, and the Meaning of Life: A Psychologist Investigates How Evolution, Cognition, and Complexity are Revolutionizing our View of Human Nature*, Basic Books.（ = 2014, 山形浩生・森本正史訳『野蛮な進化心理学——殺人とセックスが解き明かす人間行動の謎』白揚社.）

Kolbert, Elizabeth, 2014, *The Sixth Extinction: An Unnatural History*, Henry Holt and Company.（= 2015, 鍛原多惠子訳『6度目の大絶滅』NHK 出版.）

Krugman, Paul, 1996, "What Economists Can Learn from Evolutionary Theorists," A Talk Given to the European Association for Evolutionary Political Economy, November.（= 山形浩生訳「経済学者は進化理論家から何を学べるだろうか。」2020年12月17日取得, http://cruel.org/krugman/evolutej.html）

———, 1997, "The Power of Biobabble: Pseudo-economics Meets Pseudo-evolution," *The Slate*, October 24.（= 山形浩生訳「お笑いバイオノミックス：インチキ経済学とインチキ進化論の遭遇」2020年12月17日取得, http://cruel.org/krugman/biobabblej.html）

Kuhn, Thomas S., 1962, *The Structure of Scientific Revolutions*, University of Chicago Press.（= 1971, 中山茂訳『科学革命の構造』みすず書房.）

Kushner, Harold S., 1981, *When Bad Things Happen to Good People*, Random House.（= 2008, 斎藤武訳『なぜ私だけが苦しむのか——現代のヨブ記』岩波現代文庫.）

Lakatos, Imre, 1978, *The Methodology of Scientific Research Programmes*, Philosophical Papers Vol. 1, Cambridge University Press.（= 1986, 村上陽一郎ほか訳『方法の擁護——科学的研究プログラムの方法論』新曜社.）

Lamarck, Jean-Baptiste, 1809, *Philosophie zoologique, ou Exposition des considérations relatives à l'histoire naturelle des animaux...*, Dentu.（= 1988, 木村陽二郎編・高橋達明訳『科学の名著 第II期 5 ラマルク 動物哲学』朝日出版社.）

Leibniz, Gottfried Wilhelm, 1710, *Essais de Théodicée sur la bonté de Dieu, la liberté de l'homme et l'origine du mal.*（= 2019, 佐々木能章訳『ライプニッツ著作集 6–7 宗教哲学『弁神論』』上・下, 工作舎.）

Lerner, Melvin J., 1980, *The Belief in a Just World: A Fundamental Delusion*, Plenum Press.

Levi, Primo, [1947] 1958, *Se questo è un uomo*, Einaudi.（= 2017, 竹山博英訳『改訂完全版 アウシュヴィッツは終わらない これが人間か』朝日選書.）

———, 1986, *I sommersi e i salvati*, Einaudi.（= 2019, 竹山博英訳『溺れるものと救われるもの』朝日文庫.）

Levins, Richard and Richard Lewontin, 1985, *The Dialectical Biologist*, Harvard University Press.

Lionni, Leo, 1976, *La botanica parallela*, Gallucci.（= 1998, 宮本淳訳『平行植物』ちくま文庫.）

Losos, Jonathan B., 2017, *Improbable Destinies: Fate, Chance, and the Future of Evolution*, Riverhead Books.（= 2019, 的場知之訳『生命の歴史は繰り返すのか？——進化の偶然と必然のナゾに実験で挑む』化学同人.）

Lovejoy, Arthur Oncken, 1936, *The Great Chain of Being: A Study of the History of an Idea*, Harvard University Press.（= 2013, 内藤健二訳『存在の大いなる連鎖』ちくま学芸文庫.）

McCauley, Robert N., 2000, "The Naturalness of Religion and the Unnaturalness of Science," Frank C. Keil and Robert A. Wilson eds., *Explanation and Cognition*, MIT Press, 61–85.

MacCormick, John, 2011, *Nine Algorithms That Changed the Future*, Princeton University Press.（= 2012, 長尾高弘訳『世界でもっとも

強力な9のアルゴリズム』日経BP社.)

Malcolm, Norman, 1958, *Ludwig Wittgenstein: A Memoir*, Oxford University Press.（= 1998, 板坂元訳『ウィトゲンシュタイン――天才哲学者の思い出』平凡社ライブラリー.）

Maynard Smith, John, 1982, *Evolution and the Theory of Games*, Cambridge University Press.（= 1985, 寺本英・梯正之訳『進化とゲーム理論――闘争の論理』産業図書.）

――, 1995, "Genes, Memes, & Minds," *The New York Review of Books*, Nov. 30.

Mayr, Ernst, 1988, *Toward a New Philosophy of Biology: Observations of an Evolutionist*, Harvard University Press.（= 1994, 八杉貞雄・新妻昭夫訳『進化論と生物哲学――一進化学者の思索』東京化学同人.）

Mendoza-Denton, Rodolfo, 2011, "Earthquake and Tsunami: When are People Likely to Blame Victims?," *Psychology Today*, March 18.（= 2011, 平島太郎日本語要約「地震と津波：人々は，どのような場合に被災者を責めるようになる？」2020年12月17日取得, https://sites.google.com/site/jsspjishin/home/kaigai-news/pt-bjw）

Monk, Ray, 1991, *Ludwig Wittgenstein: The Duty of Genius*, Vintage.（= 1994, 岡田雅勝訳『ウィトゲンシュタイン――天才の責務』1-2, みすず書房.）

Monod, Jacques, 1970, *Le hasard et la nécessité : Essai sur la philosophie naturelle de la biologie moderne*, Éditions du Seuil.（= 1972, 渡辺格・村上光彦訳『偶然と必然――現代生物学の思想的な問いかけ』みすず書房.）

Montaigne, Michel Eyquem de, 1580, *Les Essais*.（= 2005-16, 宮下志朗訳『エセー』1-7, 白水社.）

Nasar, Sylvia, 1998, *A Beautiful Mind*, Simon & Schuster.（= 2013, 塩川優訳『ビューティフル・マインド――天才数学者の絶望と奇跡』新潮文庫.）

Ohno, Sohsuke, et al., 2014, "Production of Sulphate-rich Vapour

during the Chicxulub Impact and Implications for Ocean Acidification," *Nature Geoscience*, 7: 279–82.

Paley, William, 1802, *Natural Theology: Or, Evidences of the Existence and Attributes of the Deity*, J. Faulder.

Parker, Andrew, 2003, *In the Blink of an Eye: How Vision Sparked the Big Bang of Evolution*, Perseus Publishing.（= 2006，渡辺政隆・今西康子訳『眼の誕生——カンブリア紀大進化の謎を解く』草思社.）

Parsons, Talcott and Edward Shils eds., 1951, *Toward a General Theory of Action*, Harvard University Press.

Pigliucci, Massimo and Jonathan Kaplan, 2000, "The Fall and Rise of Dr. Pangloss: Adaptationism and the Spandrels Paper 20 Years Later," *Trends in Ecology and Evolution*, 15(2): 66–70.

Pinker, Steven, 1997, *How the Mind Works*, W. W. Norton.（= 2013，椋田直子・山下篤子訳『心の仕組み』上・下，ちくま学芸文庫.）

Planck, Max Karl Ernst Ludwig, 1909, *Die Einheit des physikalischen Weltbildes*, Hirzel.（= 1978，河辺六男訳「物理学的世界像の統一」湯川秀樹・井上健編『世界の名著80現代の科学II』中公バックス.）

Plato, *Φαίδων*.（= 1998，岩田靖夫訳『パイドン』岩波文庫.）

Plessner, Helmuth, [1961] 1976, *Die Frage nach der Conditio humana: Aufsätze zur philosophischen Anthropologie*, Suhrkamp.（= 1985，谷口茂訳『人間の条件を求めて——哲学的人間学論考』思索社.）

Pöggeler, Otto ed., 1972, *Hermeneutische Philosophie: 10 Aufsätze*, Nymphenburger Verlagsbuchhandlung.（= 1977，瀬島豊ほか訳『解釈学の根本問題』晃洋書房.）

Popper, Karl R., 1976, *Unended Quest: An Intellectual Autobiography*, Open Court.（= 2004，森博訳『果てしなき探求——知的自伝』上・下，岩波現代文庫.）

Prindle, David F., 2009, *Stephen Jay Gould and the Politics of Evolution*, Prometheus Books.

Raup, David M., 1991, *Extinction: Bad Genes or Bad Luck?*, W. W. Norton.（= 1996，渡辺政隆訳『大絶滅——遺伝子が悪いのか運が悪

いのか？』平河出版社.）

Ridley, Matt, 1993, *The Red Queen: Sex and the Evolution of Human Nature*, Viking Books.（= 2014，長谷川眞理子訳『赤の女王——性とヒトの進化』ハヤカワ文庫NF.）

Rorty, Richard, 1982, "Method, Social Science, and Social Hope," *Consequences of Pragmatism: Essays, 1972–1980*, University of Minnesota Press, 191–210.（= 2014，浜日出夫訳「方法・社会科学・社会的希望」室井尚ほか訳『プラグマティズムの帰結』ちくま学芸文庫.）

Ruse, Michael, 2000, *The Evolution Wars: A Guide to the Debates*, ABC-CLIO.

———, 2003, *Darwin and Design: Does Evolution Have a Purpose?*, Harvard University Press.（= 2008，佐倉統ほか訳『ダーウィンとデザイン——進化に目的はあるのか？』共立出版.）

Russell, Bertrand, 1900, *A Critical Exposition of the Philosophy of Leibniz*, Cambridge University Press.（= 1959，細川董訳『ライプニッツの哲学』弘文堂.）

Ryle, Gilbert, 1949, *The Concept of Mind*, Hutchinson's University Library.（= 1987，坂本百大ほか訳『心の概念』みすず書房.）

———, 1954, *Dilemmas*, Cambridge University Press.（= 1997，篠澤和久訳『ジレンマ——日常言語の哲学』勁草書房.）

Sartre, Jean-Paul, 1938, *La Nausée*, Gallimard.（= 2010，鈴木道彦訳『嘔吐』人文書院.）

———, [1957] 1960, *Questions de méthode*, Gallimard.（= 1962，平井啓之訳『サルトル全集 25 方法の問題 弁証法的理性批判序説』人文書院.）

Scheler, Max, 1928, *Die Stellung des Menschen im Kosmos*, Otto Reichl.（= 2012，亀井裕・山本達訳『宇宙における人間の地位』白水社.）

Schnädelbach, Herbert, 1974, *Geschichtsphilosophie nach Hegel: Die Probleme des Historismus*, Karl Alber.（= 1994，古東哲明訳『ヘーゲル以後の歴史哲学——歴史主義と歴史的理性批判』法政大学出版

局.）

Schultz, Bruno, [1998] 2005, 工藤幸雄訳『シュルツ全小説』平凡社ライブラリー.

Searle, John Rogers, 2004, *Mind: A Brief Introduction*, Oxford University Press.（= 2018, 山本貴光・吉川浩満訳『MiND 心の哲学』ちくま学芸文庫）

Segerstrale, Ullica, 2000, *Defenders of the Truth: The Battle for Science in the Sociobiology Debate and Beyond*, Oxford University Press.（= 2005, 垂水雄二訳『社会生物学論争史——誰もが真理を擁護していた』1・2, みすず書房.）

Sepkoski, J. John, Jr., 1996, "Patterns of Phanerozoic Extinction: A Perspective from Global Data Bases," O. H. Walliser ed., *Global Events and Event Stratigraphy*, Springer, 35–51.

Sober, Elliott, 1993, *The Nature of Selection: Evolutionary Theory in Philosophical Focus*, Second Edition, University of Chicago Press.

———, 2000, *Philosophy of Biology*, Second Edition, Westview Press.（= 2009, 松本俊吉ほか訳『進化論の射程——生物学の哲学入門』春秋社.）

——— ed., 2006, *Conceptual Issues in Evolutionary Biology*, Third Edition, MIT Press.

Spencer, Frank, 1990, *Piltdown: A Scientific Forgery*, Oxford University Press.（= 1996, 山口敏訳『ピルトダウン——化石人類偽造事件』みすず書房.）

Spencer, Herbert, 1864, *The Principles of Biology*, Vol. 1, Williams and Norgate.（= 1994, 八杉龍一訳「生命の進化」〔部分訳〕八杉龍一編訳『ダーウィニズム論集』岩波文庫.）

———, 1867, *The Principles of Biology*, Vol. 2, D. Appleton.

———, 1876–96, *The Principles of Sociology*, Vols. 1–3, Williams and Norgate.

Stapledon, William Olaf, 1930, *Last and First Men*, Methuen.（= 2004, 浜口稔訳『最後にして最初の人類』国書刊行会.）

Steiner, Christopher, 2012, *Automate This: How Algorithms Came to Rule our World*, Portfolio.（= 2013, 永峯涼訳『アルゴリズムが世界を支配する』角川ＥＰＵＢ選書.）

Sterelny, Kim, 1999, "Dawkins' Bulldog," *Philosophy and Phenomenological Research*, 59(1): 255–62.

———, 2001, *Dawkins vs. Gould: Survival of the Fittest*, Icon Books.（= 2004, 狩野秀之訳『ドーキンス vs. グールド——適応へのサバイバルゲーム』ちくま学芸文庫.）

Stevenson, Charles Leslie, 1944, *Ethics and Language*, Yale University Press.（= 1976, 島田四郎訳『倫理と言語』内田老鶴圃.）

Stewart, Matthew, 2006, *The Courtier and the Heretic: Leibniz, Spinoza, and the Fate of God in the Modern World*, W. W. Norton.（= 2011, 桜井直文・朝倉友海訳『宮廷人と異端者——ライプニッツとスピノザ、そして近代における神』書肆心水.）

Stümpke, Harald, 1961, *Bau und Leben der Rhinogradentia*, Gustav Fischer.（= 1999, 日高敏隆・羽田節子訳『鼻行類——新しく発見された哺乳類の構造と生活』平凡社ライブラリー.）

Taleb, Nassim Nicholas, 2001, *Fooled by Randomness: The Hidden Role of Chance in Life and in the Markets*, Random House.（= 2008, 望月衛訳『まぐれ——投資家はなぜ、運を実力と勘違いするのか』ダイヤモンド社.）

Taylor, Paul D. ed., 2004, *Extinctions in the History of Life*, Cambridge University Press.

Thucydides, *Historiae*, I–II, 1942, Henry Stuart Jones and Johannes Enoch Powell eds., Oxford University Press.（= 2013, 小西晴雄訳『歴史』上・下, ちくま学芸文庫.）

Tolstoy, Lev Nikolayevich, 1869, *Voyna i mir*.（= 2006, 藤沼貴訳『戦争と平和』1–6, 岩波文庫.）

———, 1878, *Anna Karenina*.（= 2008, 望月哲男訳『アンナ・カレーニナ』1–4, 光文社古典新訳文庫.）

———, 1908, *Krug chtenia*.（= 2003–4, 北御門二郎訳『文読む月日』

上・中・下，ちくま文庫.）

Trivers, Robert L., 1985, *Social Evolution*, Benjamin/Cummings.（= 1991，中嶋康裕ほか訳『生物の社会進化』産業図書.）

Turchin, Peter, 2003, *Historical Dynamics: Why States Rise and Fall*, Princeton University Press.（= 2015，水原文訳『国家興亡の方程式——歴史に対する数学的アプローチ』ディスカヴァー・トゥエンティワン.）

Voltaire, 1759, *Candide, ou l'Optimisme*.（= 2005，植田祐次訳『カンディード 他五篇』岩波文庫.）

Waldrop, M. Mitchell, 1992, *Complexity: The Emerging Science at the Edge of Order and Chaos*, Simon & Schuster.（= 2000，田中三彦・遠山峻征訳『複雑系——科学革命の震源地・サンタフェ研究所の天才たち』新潮文庫.）

Webb, Stephen, 2015, *If the Universe Is Teeming with Aliens... Where is Everybody?*, Springer.（= 2018，松浦俊輔訳『広い宇宙に地球人しか見当たらない75の理由』青土社.）

Weiner, Jonathan, 1994, *The Beak of the Finch: A Story of Evolution in Our Time*, Vintage Books.（= 2001，樋口広芳・黒沢令子訳『フィンチの嘴——ガラパゴスで起きている種の変貌』ハヤカワ文庫.）

Whewell, William, 1840, *The Philosophy of the Inductive Sciences: Founded upon their History*, J. W. Parker.

Wilkinson, Matt, 2016, *Restless Creatures: The Story of Life in Ten Movements*, Basic Books.（= 2019，神奈川夏子訳『脚・ひれ・翼はなぜ進化したのか——生き物の「動き」と「形」の40億年』草思社.）

Williams, Bernard, 1981, *Moral Luck: Philosophical Papers 1973-1980*, Cambridge University Press.（= 2019，伊勢田哲治監訳『道徳的な運——哲学論集一九七三〜一九八〇』勁草書房.）

——, 1985, *Ethics and the Limits of Philosophy*, Harvard University Press.（= 2020，森際康友・下川潔訳『生き方について哲学は何が言えるか』ちくま学芸文庫.）

Williams, George C.,［1966］1996, *Adaptation and Natural Selection: A*

Critique of Some Current Evolutionary Thought, Princeton University Press.

Wilson, Edward Osborne, 1975, *Sociobiology: The New Synthesis*, Harvard University Press.（= 1999, 伊藤嘉昭ほか訳『社会生物学 合本版』新思索社.）

Wittgenstein, Ludwig, [1921] 1933, *Tractatus Logico-Philosophicus*, Second Edition, Routledge and Kegan Paul.（= 2003, 野矢茂樹訳『論理哲学論考』岩波文庫.）

———, [1953] 2009, *Philosophische Untersuchungen*, Revised Fourth Edition by P. M. S. Hacker and Joachim Schulte, Wiley-Blackwell.（= 2020, 鬼界彰夫訳『哲学探究』講談社.）

Wright, Georg Henrik von, 1971, *Explanation and Understanding*, Cornell University Press.（= 1984, 木岡伸夫・丸山高司訳『説明と理解』産業図書.）

York, Ricard and Brett Clark, 2011, *The Science and Humanism of Stephen Jay Gould*, Monthly Review Press.

Zimmer, Carl, 2010, *The Tangled Bank: An Introduction to Evolution*, Roberts and Company Publishers.（= 2012, 長谷川眞理子監修『進化——生命のたどる道』岩波書店.）

阿部謹也, [1974] 1988,『ハーメルンの笛吹き男——伝説とその世界』ちくま文庫.

———, [1983] 2010,『中世の星の下で』ちくま学芸文庫.

網野善彦, [1978] 1996,『無縁・公界・楽——日本中世の自由と平和』平凡社ライブラリー.

———, 1997,『日本社会の歴史』岩波新書.

池谷裕二, 2016,『自分では気づかない、ココロの盲点 完全版——本当の自分を知る練習問題 80』講談社ブルーバックス.

石川統, 2003,「脱「進化論」、あるいは進化学のすすめ」『科学』73 (11), 岩波書店, 1181.

伊勢田哲治，2003，『疑似科学と科学の哲学』名古屋大学出版会.
———，2009，「歴史科学における因果性と法則性」飯田隆ほか編『岩波講座哲学 11 歴史／物語の哲学』岩波書店，95-119.
井田徹治，2010，『生物多様性とは何か』岩波新書.
伊丹十三，［1968］2011，『問いつめられたパパとママの本』中公文庫.
伊藤計劃，［2007］2010，『虐殺器官』ハヤカワ文庫.
———，［2008］2010，『ハーモニー』ハヤカワ文庫.
稲葉振一郎，2019，『銀河帝国は必要か？』ちくまプリマー新書.
今村仁司，2000，『ベンヤミン「歴史哲学テーゼ」精読』岩波現代文庫.
内井惣七，2009，『ダーウィンの思想——人間と動物のあいだ』岩波新書.
内田樹，［2001］2003，『ためらいの倫理学——戦争・性・物語』角川文庫.
ＮＨＫスペシャル深海プロジェクト取材班・坂元志歩，2013，『ドキュメント深海の超巨大イカを追え！』光文社新書.
ＮＨＫ「ポスト恐竜」プロジェクト，2010，『恐竜絶滅——ほ乳類の戦い』ダイヤモンド社.
大澤真幸，1990，『身体の比較社会学 I』勁草書房.
———，2000，「責任論——自由な社会の倫理的根拠として」『論座』(57)，朝日新聞社，158-99.
———，2010，『現代宗教意識論』弘文堂.
———，2012，『夢よりも深い覚醒へ——3.11後の哲学』岩波新書.
———，2015，『社会システムの生成』弘文堂.
奥谷浩一，2004，『哲学的人間学の系譜——シェーラー、プレスナー、ゲーレンの人間論』梓出版社.
小田実，［1969］2008，『「難死」の思想』岩波現代文庫.
加藤典洋，1988，『君と世界の戦いでは、世界に支援せよ』筑摩書房.
加藤弘之，1882，『人権新説』谷山楼.
粥川準二，2018，『ゲノム編集と細胞政治の誕生』青土社.
河合信和，2010，『ヒトの進化七〇〇万年史』ちくま新書.
河田雅圭，1990，『はじめての進化論』講談社現代新書.

菊池誠ほか，2011，飯田泰之・SYNODOS編『もうダマされないための「科学」講義』光文社新書．

菊池誠・小峰公子・おかざき真里，2014，『いちから聞きたい放射線のほんとう――いま知っておきたい22の話』筑摩書房．

木島泰三，2015，“Japanese Translations of Natural Selection and the Remnants of Social Darwinism”『国際日本学研究叢書』22，法政大学国際日本学研究所，97-136．

沓掛良彦，2014，『エラスムス――人文主義の王者』岩波書店．

黒崎政男，1997，『カオス系の暗礁めぐる哲学の魚』ＮＴＴ出版．

小島寛之，2004，『確率的発想法――数学を日常に活かす』ＮＨＫブックス．

後藤和久，2011，『決着！恐竜絶滅論争』岩波書店．

小林康夫・大澤真幸，2014，「世界と出会うための読書案内」『文藝』53(2)，河出書房新社，
12-44．

酒井潔，1987，『世界と自我――ライプニッツ形而上学論攷』創文社．

篠田謙一，2019，『新版 日本人になった祖先たち――ＤＮＡから解明する多元的構造』ＮＨＫブックス．

清水幾太郎，[1978] 2014，『オーギュスト・コント』ちくま学芸文庫．

―――編，1980，『世界の名著46 コントスペンサー』中公バックス．

絓秀実，1982，『花田清輝――砂のペルソナ』講談社．

菅野盾樹，1999，『人間学とは何か』産業図書．

鈴木忠，2006，『クマムシ?!――小さな怪物』岩波科学ライブラリー．

田崎晴明，2012，『やっかいな放射線と向き合って暮らしていくための基礎知識』朝日出版社．

田島正樹，[1996] 2003，『ニーチェの遠近法』青弓社．

垂水雄二，2009，『悩ましい翻訳語――科学用語の由来と誤訳』八坂書房．

―――，2012，『進化論の何が問題か――ドーキンスとグールドの論争』八坂書房．

―――，2014，『科学はなぜ誤解されるのか――わかりにくさの理由を

探る』平凡社新書.
辻和希，2006，「血縁淘汰・包括適応度と社会性の進化」石川統ほか編『シリーズ進化学６　行動・生態の進化』岩波書店，55-120.
鶴見俊輔，［1946］1992，「言葉のお守り的使用法について」『鶴見俊輔集　3　記号論集』筑摩書房，389-410.
戸田山和久，2005，『科学哲学の冒険――サイエンスの目的と方法をさぐる』ＮＨＫブックス.
――，2011，『「科学的思考」のレッスン――学校で教えてくれないサイエンス』ＮＨＫ出版新書.
中西準子，2014，『原発事故と放射線のリスク学』日本評論社.
仲正昌樹，2011，『ヴァルター・ベンヤミン――「危機」の時代の思想家を読む』作品社.
中谷宇吉郎，1958，『科学の方法』岩波新書.
鳴沢真也，2013，『宇宙人の探し方――地球外知的生命探査の科学とロマン』幻冬舎新書.
新妻昭夫，2010，『進化論の時代――ウォーレス＝ダーウィン往復書簡』みすず書房.
貫成人，2010，『歴史の哲学――物語を超えて』勁草書房.
長谷川英祐，2010，『働かないアリに意義がある』メディアファクトリー新書.
長谷川寿一・長谷川眞理子，2000，『進化と人間行動』東京大学出版会.
長谷川眞理子，2005，『クジャクの雄はなぜ美しい？　増補改訂版』紀伊國屋書店.
平野弘道，1993，『繰り返す大量絶滅』岩波書店.
――，2006，『絶滅古生物学』岩波書店.
星野力，1998，『進化論は計算しないとわからない――人工生命白書』共立出版.
堀田善衞，［1991-3］2004，『ミシェル城館の人』1-3，集英社文庫.
堀川大樹，2013，『クマムシ博士の「最強生物」学講座――私が愛した生きものたち』新潮社.
真木悠介，［1993］2008，『自我の起原――愛とエゴイズムの動物社会

学』岩波現代文庫.
松井孝典，2009，『新版再現！ 巨大隕石衝突――6500万年前の謎を解く』岩波科学ライブラリー.
松浦寿輝，2014，『明治の表象空間』新潮社.
松永俊男，2009，『チャールズ・ダーウィンの生涯――進化論を生んだジェントルマンの社会』朝日選書.
松本俊吉，2014，『進化という謎』春秋社.
丸岡照幸，2010，『96％の大絶滅――地球史におきた環境大変動』技術評論社.
三浦俊彦，2006，『ゼロからの論証』青土社.
―――，2007，『多宇宙と輪廻転生――人間原理のパラドクス』青土社.
三中信宏，2006，『系統樹思考の世界――すべてはツリーとともに』講談社現代新書.
―――，2009，『分類思考の世界――なぜヒトは万物を「種」に分けるのか』講談社現代新書.
―――，2010，『進化思考の世界――ヒトは森羅万象をどう体系化するか』ＮＨＫブックス.
三中信宏・杉山久仁彦，2012，『系統樹曼荼羅――チェイン・ツリー・ネットワーク』ＮＴＴ出版.
八杉龍一ほか編，1996，『岩波生物学辞典 第４版』岩波書店.
山岸真編，2010，『スティーヴ・フィーヴァー――ポストヒューマンＳＦ傑作選』ハヤカワ文庫.
山下重一，1983，『スペンサーと日本近代』御茶の水書房.
山本貴光・吉川浩満，［2004］2016，［『心脳問題「脳の世紀」を生き抜く』朝日出版社］『脳がわかれば心がわかるか――脳科学リテラシー養成講座』太田出版.
―――，2006，『問題がモンダイなのだ』ちくまプリマー新書.
―――，2020，『その悩み、エピクテトスなら、こう言うね。――古代ローマの大賢人の教え』筑摩書房.
―――，2021，『人文的、あまりに人文的――古代ローマからマルチバースまでブックガイド20講＋α』本の雑誌社.

山本信，1953，『ライプニッツ哲学研究』東京大学出版会.
山本義隆，2003，『磁力と重力の発見』1–3，みすず書房.
———，2007，『一六世紀文化革命』1–2，みすず書房.
———，2014，『世界の見方の転換』1–3，みすず書房.
吉川浩満，2012，「バーナード・ウィリアムズ——道徳における運」大澤真幸編『3.11後の思想家25』左右社，185–95.
———，2018，『人間の解剖はサルの解剖のための鍵である』河出書房新社.
吉田重人・岡ノ谷一夫，2008，『ハダカデバネズミ——女王・兵隊・ふとん係』岩波科学ライブラリー.
吉村仁，2005，『素数ゼミの謎』文藝春秋.
良知力，[1978] 1993，『向う岸からの世界史——一つの四八年革命史論』ちくま学芸文庫.
———，[1985] 1993，『青きドナウの乱痴気——ウィーン1848年』平凡社ライブラリー.
渡辺一夫，[1964] 1973，『ヒューマニズム考——人間であること』講談社現代新書.
———，[1964] 1992，『フランス・ルネサンスの人々』岩波文庫.
———，1993，大江健三郎・清水徹編『狂気について 他二十二篇——渡辺一夫評論選』岩波文庫.
渡邊二郎，[1989] 1994，『構造と解釈』ちくま学芸文庫.
———，[1995] 1999，『歴史の哲学——現代の思想的状況』講談社学術文庫.
渡辺正雄，1976，『日本人と近代科学——西洋への対応と課題』岩波新書.

本書は、二〇一四年一〇月三一日に朝日出版社から刊行された『理不尽な進化――遺伝子と運のあいだ』に加筆修正を加え、「文庫版付録　パンとゲシュタポ」を増補して文庫化したものです。

解剖学教室へようこそ　養老孟司

解剖すると何が「わかる」のか。動かぬ肉体という具体から、どこまで思考が拡がるのか。養老ヒト学の原点を示す記念碑的一冊。（南直哉）

考えるヒト　養老孟司

意識の本質とは何か。私たちはそれを知ることができるのか。脳と心の関係を探り、無意識に目を向ける。自分の頭で考えるための入門書。（玄侑宗久）

身近な雑草の愉快な生きかた　稲垣栄洋　三上修・画

名もなき草たちの暮らしぶりと生き残り戦術を愛情とユーモアに満ちた視線で観察、紹介した植物エッセイ。繊細なイラストも魅力。（宮田珠己）

身近な虫たちの華麗な生きかた　稲垣栄洋　小堀文彦・画

地べたを這いながらも、いつか華麗に変身することを夢見てしたたかに生きる身近な虫たちを紹介する。精緻で美しいイラスト多数。（小池昌代）

クマにあったらどうするか　姉崎等　片山龍峯

「クマは師匠」と語り遺した狩人が、アイヌ民族の知恵と自身の経験から導き出した超実践クマ対処法。クマと人間の共存する形が見えてくる。（遠藤ケイ）

木の教え　塩野米松

かつて日本人は木と共に生き、木に学んだ教訓を受け継いできた。効率主義に囚われた現代にこそ生かしたい「木の教え」を紹介。（丹羽宇一郎）

脳はなぜ「心」を作ったのか　前野隆司

「意識」とは何か。どこまでが「私」なのか。死んだら「心」はどうなるのか。——「意識」と「心」の謎に挑んだ話題の本の文庫化。（夢枕獏）

錯覚する脳　前野隆司

「意識のクオリア」も五感も、すべては脳が作り上げた錯覚だった！　ロボット工学者が科学的に明らかにする衝撃の結論を信じられますか。（武藤浩史）

増補 へんな毒 すごい毒　田中真知

フグ、キノコ、火山ガス、細菌、麻薬……自然界にあふれる毒の世界。その作用の仕組みから解毒法、さらには毒にまつわる事件なども交えて案内する。

ニセ科学を10倍楽しむ本　山本弘

「血液型性格診断」「ゲーム脳」など世間に広がるニセ科学。人気SF作家が会話形式でわかりやすく教える、だまされないための科学リテラシー入門。

いのちと放射能　柳澤桂子

放射性物質による汚染の怖さ。癌や突然変異が引き起こされる仕組みをわかりやすく解説し、命を受け継ぐ私たちの自覚を問う。（永田文夫）

熊を殺すと雨が降る　遠藤ケイ

山で生きるには、自然についての知識を磨き、己れの技量を謙虚に見極めねばならない。山村に暮らす人びとの生業、猟法、川漁を克明に描く。

ダダダ菜園記　伊藤礼

畑づくりの苦労、楽しさを、滋味とユーモア溢れる文章で描く。自宅の食堂から見える庭いっぱいの農場で〝伊藤式農法〟確立を目指す。（宮田珠己）

哺育器の中の大人［精神分析講義］　伊丹十三　岸田秀

愛や生きがい、子育てや男（女）らしさなど具体的な問題について対話し、幻想・無意識・自我など精神分析の基本を分かりやすく解き明かす。（春日武彦）

こころの医者のフィールド・ノート　中沢正夫

こころの病に倒れた人と一緒に悲しみ、怒り、闘う医師がいる。病ではなく〝人〟のぬくもりをしみじみと描く感銘深い作品。（沢野ひとし）

本番に強くなる　白石豊

メンタルコーチである著者が、禅やヨーガの方法をとりいれつつ、強い心の作り方を解説する。「ここ一番」で力が出ないというあなたに！（天外伺朗）

自分を支える心の技法　名越康文

対人関係につきものの怒りに気づき、「我慢する」のでなく、それを消すことをどう続けていくか。人気精神科医からのアドバイス。長いあとがきを附す。

加害者は変われるか？　信田さよ子

家庭という密室で、DVや虐待は起きる。「普通の人」がなぜ？　加害者を正面から見つめ分析し、再発を防ぐ考察につなげた、初めての本。（牟田和恵）

人生の教科書［人間関係］　藤原和博

人間関係で一番大切なことは、相手に「！」を感じてもらうことだ。そのための、すぐに使えるヒントが詰まった一冊。（茂木健一郎）

バナナの皮はなぜすべるのか？　黒木夏美

定番ギャグ「バナナの皮すべり」はどのように生まれたのか？　マンガ、映画、文学……あらゆるメディアを調べつくす。（パオロ・マッツァリーノ）

ギリシア悲劇（全4巻）

荒々しい神の正義、神意と人間性の調和、人間の激情と心理。三大悲劇詩人（アイスキュロス、ソポクレス、エウリピデス）の全作品を収録する。

バートン版
千夜一夜物語（全11巻）

大場正史訳
古沢岩美・絵

めくるめく愛と官能に彩られたアラビアの華麗な物語――奇想天外の面白さ、世界最大の奇書の名訳による決定版。鬼才・古沢岩美の甘美な挿絵付。

ガルガンチュア
ガルガンチュアとパンタグリュエル1

フランソワ・ラブレー
宮下志朗訳

巨人王ガルガンチュアの誕生と成長、冒険の数々、さらに戦争とその顛末……笑いと風刺が炸裂するラブレーの傑作を、驚異的に読みやすい新訳でおくる。

文読む月日（上・中・下）

トルストイ
北御門二郎訳

一日一章、一年三六六章。古今東西の聖賢の名言・箴言を日々の心の糧となるよう、晩年のトルストイが心血を注いで集めた一大アンソロジー。

ランボー全詩集

アルチュール・ランボー
宇佐美斉訳

束の間の生涯を閃光のようにかけぬけた天才詩人ランボー――稀有な精神が紡いだ清冽なテクストを、世界的ランボー学者の美しい新訳でおくる。

ボードレール全詩集I

シャルル・ボードレール
阿部良雄訳

詩人として、批評家として、思想家として、近年重要度を増しているボードレールのテクストを世界的な学者の個人訳で集成する初の文庫版全詩集。

高慢と偏見（上・下）

ジェイン・オースティン
中野康司訳

互いの高慢さから偏見を抱いて反発しあう知的な二人がやがて真実の愛にめざめてゆく……絶妙な展開で深い感動をよぶ英国恋愛小説の名作の新訳。

分別と多感

ジェイン・オースティン
中野康司訳

冷静な姉エリナーと、情熱的な妹マリアン。好対照をなす姉妹の結婚への道を描くオースティンの永遠の傑作。読みやすくなった新訳で初の文庫化。

荒涼館（全4巻）

C・ディケンズ
青木雄造他訳

上流社会、政界、官界から底辺の貧民、浮浪者まで巻き込んだ因縁の訴訟事件。小説の面白さをすべて盛り込み壮大なスケールで描いた代表作。（青木雄造）

ソーの舞踏会

バルザック
柏木隆雄訳

名門貴族の美しい末娘は、ソーの舞踏会で理想の男性と出会うが身分は謎だった……驕慢な娘の悲劇を描く表題作に、『夫婦財産契約』『禁治産』を収録。

コスモポリタンズ　サマセット・モーム　龍口直太郎訳

舞台はヨーロッパ、アジア、南島から日本まで。故国を去って異郷に住む〝国際人〟の日常にひそむ事件のかずかず。珠玉の小品30篇。（小池滋）

眺めのいい部屋　E・M・フォースター　西崎憲／中島朋子訳

フィレンツェを訪れたイギリスの令嬢ルーシーは、純粋な青年ジョージに心惹かれる。恋に悩み成長する若い女性の姿と真実の愛を描く名作ロマンス。

ダブリンの人びと　ジェイムズ・ジョイス　米本義孝訳

20世紀初頭、ダブリンに住む市民の平凡な日常をリアリズムに徹した手法で描いた短篇小説集。リズミカルで斬新な新訳。各章の関連地図と詳しい解説付。

オーランドー　ヴァージニア・ウルフ　杉山洋子訳

エリザベス女王お気に入りの美少年オーランドー、ある日目をさますと女になっていた――4世紀を駆ける万華鏡ファンタジー。（小谷真理）

バベットの晩餐会　I・ディーネセン　桝田啓介訳

バベットが祝宴に用意した料理とは……。一九八七年アカデミー賞外国語映画賞受賞作の原作と遺作「エーレンガート」を収録。（田中優子）

キャッツ　T・S・エリオット　池田雅之訳

劇団四季の超ロングラン・ミュージカルの原作新訳版。あまのじゃく猫におちゃめ猫、猫の犯罪王に鉄道猫。15の物語とカラーさしえ14枚入り。

ヘミングウェイ短篇集　アーネスト・ヘミングウェイ　西崎憲編訳

ヘミングウェイは弱く寂しい男たち、冷静で寛大な女たちを登場させ「人間であることの孤独」を描く。繊細で切れ味鋭い14の短篇を新訳で贈る。

動物農場　ジョージ・オーウェル　開高健訳

自由と平等を旗印に、いつのまにか全体主義や恐怖政治が社会を覆っていく様を痛烈に描き出す。『一九八四年』と並ぶG・オーウェルの代表作。

トーベ・ヤンソン短篇集　トーベ・ヤンソン　冨原眞弓編訳

ムーミンの作家にとどまらないヤンソンの作品の奥行きと背景を伝える短篇のベスト・セレクション。「愛の物語」「時間の感覚」「雨」など、全20篇。

誠実な詐欺師　トーベ・ヤンソン　冨原眞弓訳

〈兎屋敷〉に住む、ヤンソンを思わせる老女性作家。彼女に対し、風変わりな娘がめぐらす長いたくらみとは？　傑作長編がほとんど新訳で登場。

武士の娘　杉本鉞子　大岩美代訳
明治維新期に越後の家に生れ、厳格なしつけと礼儀作法を身につけた少女が開化期の息吹にふれて渡米、近代的女性となるまでの傑作自伝。

ハーメルンの笛吹き男　阿部謹也
「笛吹き男」伝説の裏に隠された謎はなにか？　十三世紀ヨーロッパの小さな村で起きた事件を手がかりに中世における「差別」を解明。（石牟礼道子）

隣のアボリジニ　上橋菜穂子
大自然の中で生きるイメージとは裏腹に、町で暮らすアボリジニもたくさんいる。そんな「隣人」アボリジニの素顔をいきいきと描く。（池上彰）

サンカの民と被差別の世界　五木寛之
歴史の基層に埋もれた、忘れられた日本を掘り起こす。漂泊に生きた海の民・山の民。身分制で賤民とされた人々。彼らが現在に問いかけるものとは。

世界史の誕生　岡田英弘
世界史はモンゴル帝国と共に始まった。東洋史と西洋史の垣根を超えた世界史を可能にした、中央ユーラシアの草原の民の活動。

日本史の誕生　岡田英弘
「倭国」から「日本国」へ。そこには中国大陸の大きな政治のうねりがあった。日本国の成立過程を東洋史の視点から捉え直す刺激的論考。

島津家の戦争　米窪明美
薩摩藩の私領・都城島津家に残された日誌を丹念に読み解き、幕末・明治の日本を動かした最強武士団の実像に迫る。薩摩から見たもう一つの日本史。

それからの海舟　半藤一利
江戸城明け渡しの大仕事以後も旧幕臣の生活を支え、徳川家の名誉回復を果たすため新旧相撃つ明治を生き抜いた勝海舟の後半生。（阿川弘之）

その後の慶喜　家近良樹
幕府瓦解から大正まで、若くして歴史の表舞台から姿を消した最後の将軍の〝長い余生〟を近しい人間の記録を元に明らかにする。（門井慶喜）

幕末維新のこと　司馬遼太郎　関川夏央編
「幕末」について司馬さんが考えて、書いて、語ったことの真髄を一冊に。小説以外の文章・対談・講演から、激動の時代をとらえた19篇を収録。

沈黙博物館　小川洋子
「形見じゃ」老婆は言った。死の完結を阻止するために形見が盗まれる。死者が残した断片をめぐるやさしくスリリングな物語。（堀江敏幸）

星間商事株式会社社史編纂室　三浦しをん
二九歳「腐女子」川田幸代、社史編纂室所属。恋の行方も友情の行方も五里霧中。仲間と共に「同人誌」を武器に社の秘められた過去に挑む!?（金田淳子）

つむじ風食堂の夜　吉田篤弘
それは、笑いのこぼれる夜。――食堂は、十字路の角にぽつんとひとつ灯をともしていた。クラフト・エヴィング商會の物語作家による長篇小説。

通天閣　西加奈子
このしょーもない世の中に、救いようのない人生に、ちょっぴり暖かい灯を点す驚きと感動の物語。第24回織田作之助賞大賞受賞作。（津村記久子）

この話、続けてもいいですか。　西加奈子
ミッキーこと西加奈子の目を通すと世界はワクワク、ドキドキ輝く。いろんな人、出来事、体験がてんこ盛りの豪華エッセイ集！（中島たい子）

君は永遠にそいつらより若い　津村記久子
22歳処女。いや「女の童貞」と呼んでほしい――。日常の底に潜むうっすらとした悪意を独特の筆致で描く。第21回太宰治賞受賞作。（松浦理英子）

アレグリアとは仕事はできない　津村記久子
彼女はどうしようもない性悪だった。すぐ休み単純労働をバカにし男性社員に媚を売る。大型コピー機とミノベとの仁義なき戦い！（千野帽子）

まともな家の子供はいない　津村記久子
セキコには居場所がなかった。うちには父親がいる。うざい母親、テキトーな妹。まともな家なんてどこにもない！　中3女子、怒りの物語。（岩宮恵子）

こちらあみ子　今村夏子
あみ子の純粋な行動が周囲の人々を否応なく変えていく。第26回太宰治賞、第24回三島由紀夫賞受賞作。書き下ろし「チズさん」収録。（町田康／穂村弘）

さようなら、オレンジ　岩城けい
オーストラリアに流れ着いた難民サリマ。言葉も不自由な彼女が、新しい生活を切り拓いてゆく。第29回太宰治賞受賞・第150回芥川賞候補作。（小野正嗣）

冠・婚・葬・祭　中島京子

人生の節目に、起こったこと、出会ったひと、考えたこと。冠婚葬祭を切り口に、鮮やかな人生模様が描かれる。第143回直木賞作家の代表作。（瀧井朝世）

とりつくしま　東直子

死んだ人に「とりつくしま係」が言う。モノになってこの世に戻れますよ。妻は夫のカップに弟子は先生の扇子になった。連作短篇集。（大竹昭子）

虹色と幸運　柴崎友香

珠子、かおり、夏美。三〇代になった三人が、人に会い、おしゃべりし、いろいろ思う一年間。移りゆく季節の中で、日常の細部が輝く傑作。（江南亜美子）

星か獣になる季節　最果タヒ

推しの地下アイドルが殺人容疑で逮捕!? 僕は同級生のイケメン森下と真相を探るが――。歪んだピュアネスが傷だらけで疾走する新世代の青春小説！

ピスタチオ　梨木香歩

棚（たな）がアフリカを訪れたのは本当に偶然だったのか。不思議な出来事の連鎖から、水と生命の壮大な物語「ピスタチオ」が生まれる。（管啓次郎）

図書館の神様　瀬尾まいこ

赴任した高校で思いがけず文芸部顧問になってしまった清（きよ）。そこでの出会いが、その後の人生を変えてゆく。鮮やかな青春小説。（山本幸久）

マイマイ新子　髙樹のぶ子

昭和30年山口県国衙。きょうも新子は妹や友達と元気いっぱい。戦争の傷を負った大人、変わりゆく時代、その懐かしく切ない日々を描く。（片渕須直）

話虫干　小路幸也

夏目漱石「こころ」の内容が書き変えられた！ それは話虫の仕業。新人図書館員が話の世界に入り込み、「こころ」をもとの世界に戻そうとするが……。

包帯クラブ　天童荒太

傷ついた少年少女達は、戦わないかたちで自分達の大切なものを守ることにした。生きがたいと感じるすべての人に贈る長篇小説。大幅加筆して文庫化。

うれしい悲鳴をあげてくれ　いしわたり淳治

作詞家、音楽プロデューサーとして活躍する著者の小説&エッセイ集。彼が「言葉」を紡ぐと誰もが楽しめる「物語」が生まれる。（鈴木おさむ）

超芸術トマソン　赤瀬川原平
都市にトマソンという幽霊が！　街歩きに新しい楽しみを、表現世界に新しい衝撃を与えた超芸術トマソンの全貌。新発見珍物件増補。　（藤森照信）

日本美術応援団　赤瀬川原平　山下裕二
雪舟の「天橋立図」凄いけどどこかヘン!?　光琳にはなくて宗達にはある"乱暴力"とは？　教養主義にとらわれない大胆不敵な美術鑑賞法!!

ぼくなりの遊び方、行き方　横尾忠則
日本を代表する美術家の自伝。登場する人物、起こる出来事その全てが日本のカルチャー史！　壮大な物語はあらゆるフィクションを超える。（川村元気）

モチーフで読む美術史　宮下規久朗
絵画に描かれた代表的な「モチーフ」を手掛かりに美術を読み解く、画期的な名画鑑賞の入門書。カラー図版約150点を収録した文庫オリジナル。

しぐさで読む美術史　宮下規久朗
西洋美術では、身振りや動作で意味や感情を伝える。古今東西の美術作品を「しぐさ」から解き明かす『モチーフで読む美術史』姉妹編。図版200点以上。

春画のからくり　田中優子
春画では、女性の裸だけが描かれることはなく、男女の絡みが描かれる。男女が共に楽しんだであろう性表現に凝らされた趣向とは。図版多数。

ROADSIDE JAPAN 珍日本紀行 東日本編　都築響一
秘宝館、意味不明の資料館、テーマパーク……。路傍の奇跡ともいうべき全国の珍スポットを走り抜ける旅のガイド、東日本編一七六物件。

ROADSIDE JAPAN 珍日本紀行 西日本編　都築響一
蝋人形館、怪しい宗教スポット、町おこしの苦肉の策が生んだ妙な博物館。日本の、本当の秘境は君のすぐそばにある！　西日本編一六五物件。

既にそこにあるもの　大竹伸朗
画家、大竹伸朗「作品への得体の知れない衝動」を伝える20年間のエッセイ。文庫では新作を含む木版画、未発表エッセイ多数収録。　（森山大道）

私の好きな曲　吉田秀和
永い間にわたり心の糧となり魂の慰藉となってきた、最も愛着の深い音楽作品について、その魅力を語る、限りない喜びにあふれる音楽評論。　（保苅瑞穂）

グレン・グールド　青柳いづみこ

20世紀をかけぬけた衝撃の演奏家の遺した謎をピアニストの視点で追い究め、ライヴ演奏にも着目、つねに斬新な魅惑と可能性に迫る。（小山実稚恵）

Ai ジョン・レノンが見た日本　ジョン・レノン絵　オノ・ヨーコ序

ジョン・レノンが、絵とローマ字で日本語を学んだスケッチブック。「おだいじに」「毎日生まれかわります」などジョンが捉えた日本語の新鮮さ。

アンビエント・ドライヴァー　細野晴臣

はっぴいえんど、YMO……日本のポップシーンで様々な花を咲かせ続ける著者の進化し続ける自己省察。帯文＝小山田圭吾（テイ・トウワ）

skmt 坂本龍一とは誰か　坂本龍一＋後藤繁雄

坂本龍一は、何を感じ、どこへ向かっているのか？　独特編集者・後藤繁雄のインタビューにより、独創性の秘密にせまる。予見に満ちた思考の軌跡。

ゴッチ語録 決定版　後藤正文

ロックバンドASIAN KUNG-FU GENERATIONのフロントマンが綴る音楽のこと。対談＝宮藤官九郎他。コメント＝谷口鮪（KANA-BOON）

ホームシック　ECD＋植本一子

ラッパーのECDが、写真家・植本一子に出会い、家族になるまで。植本一子の出産前後の初エッセイも。二人の文庫版あとがきも収録。（窪美澄）

キッドのもと　浅草キッド

生い立ちから凄絶な修業時代、お笑い論、家族への思いまで。孤高の漫才コンビが仰天エピソード満載で送る笑いと涙のセルフ・ルポ。（宮藤官九郎）

小津安二郎と「東京物語」　貴田庄

小津安二郎の代表作「東京物語」はどのように誕生したのか？　小津の日記や出演俳優の発言、スタッフの証言などをもとに迫る。文庫オリジナル。

しどろもどろ　岡本喜八

「面白い映画は雑談から生まれる」と断言する岡本喜八。映画への思い、戦争体験……、シリアスなことでもユーモアを誘う絶妙な語り口が魅了する。

ゴジラ　香山滋

今も進化を続けるゴジラの原点。太古生命への讃仰、原水爆への怒りなどを込めた、原作者による小説・エッセイなどを集大成する。（竹内博）

ちくま文庫

理不尽《りふじん》な進化《しんか》　増補新版《ぞうほしんぱん》
――遺伝子《いでんし》と運《うん》のあいだ

二〇二一年四月十日　第一刷発行
二〇二一年五月十日　第二刷発行

著　者　吉川浩満（よしかわ・ひろみつ）
発行者　喜入冬子
発行所　株式会社 筑摩書房
東京都台東区蔵前二―五―三　〒一一一―八七五五
電話番号　〇三―五六八七―二六〇一（代表）
装幀者　安野光雅
印刷所　凸版印刷株式会社
製本所　凸版印刷株式会社

ISBN978-4-480-43739-6 C0145